Visual C# 2010
從零開始

資訊教育研究室 著

Studying from the Beginning Level

從零開始系列

博碩文化

Visual C# 2010 從零開始

作　　者：資訊教育研究室

發 行 人：詹亢戎

出　　版：博碩文化股份有限公司

　　　　　新北市汐止區新台五路一段 112 號 10 樓 A 棟

　　　　　TEL / (02)2696-2869・FAX / (02)2696-2867

郵撥帳號：17484299

律師顧問：劉陽明

出版日期：西元 2011 年 8 月初版一刷
　　　　　西元 2015 年 2 月初版九刷

ISBN -13： 978-986-201-497-4

博碩書號：PG30049

建議售價：NT$ 560元

Visual C# 2010從零開始 / 資訊教育研究室 作.
-- 初版. -- 新北市：博碩文化, 2011.08
　　面；　　公分

　ISBN 978-986-201-497-4（平裝附光碟片）
　1. C#（電腦程式語言）

　312.32C　　　　　　　　　　　100011809

Printed in Taiwan

本書如有破損或裝訂錯誤，請寄回本公司更換

作者序

微軟於 2002 年推出 Visual Studio .NET，於 2003 年改版，2005 年發表 Visual Studio 2005(簡稱 VS 2005)，2008 年發表 Visual Studio 2008(簡稱 VS 2008)，到了 2010 年發表 Visual Studio 2010(簡稱 VS 2010)。Visual Studio 是一組完整的開發工具所組成，可用來建置視窗應用程式、ASP .NET Web 應用程式、Silverlight 應用程式、XML Web Services 及 Windows Phone 行動裝置應用程式的一套完整開發工具，且 VS 2010 將 Visual Basic、Visual C++、Visual C# 全都使用相同的整合式開發環境 (簡稱 IDE)。所以 Visual Studio 是一個能夠建置桌面與小組架構的企業 Web 應用程式的完整套件。除了能建置高效能桌面應用程式之外，還可以使用 Visual Studio 強大的元件架構開發工具和其他的技術，簡化企業方案的小組架構式設計、開發及部署。

程式設計本身就是一門尖澀難懂的技術，尤其是使用 Visual Studio 2010 這個巨大的軟體怪獸來學習程式設計。本研究室成員來自大專院校及補教界資深資訊教師，編寫本書的主要目標是為因應如何讓初學者能快速進入 Visual C# 2010 程式設計的殿堂，並將所學應用到職場上而編寫的教科書。為避免讓初學者開始學習程式設計便產生挫折感，先由簡單的程式基本流程，透過書中精挑細選的範例程式學習程式設計技巧，使得初學者具有紮實和獨立程式設計能力，花費最短的時間，獲得最高的學習效果，是一本適用教師教授 Visual C# 2010 的入門書，也是一本初學者自學的書籍。本書內容由淺入深涵蓋：

第一部分：第 1~5 章為主控台應用程式設計，介紹程式設計基本流程，培養初學者基本電腦素養和程式設計能力。

第二部分：第 7~12 章為視窗應用程式開發，完整介紹表單和常用與進階控制項的屬性、方法、事件處理以及視窗與各類型的控制項應用，使初學者具有開發視窗應用程式的能力。

第三部份：第 6 章以主控台應用程式介紹物件導向程式設計，包括類別的定義，類別中資料成員與成員函式(方法)的定義、靜態成員與類別繼承的使用，透過主控台應用程式以繼承 Windows Form 類別的方式建立簡單的視窗應用程式，讓您了解視窗應用程式底層的原理，以提昇物件導向程式設計能力。

作者序

第四部份：第 13 章介紹 GDI+ 繪圖與多媒體程式設計，以便撰寫出簡單的 Windwos 多媒體應用程式，如播放聲音、播放影片、繪圖以及其他媒體檔之技巧。

第五部份：第 14,15 章為資料庫程式設計，介紹如何使用 SQL Express 建立資料庫、資料控制項及資料集設計工具的活用，資料庫的存取與繫結技術介紹，以及介紹新一代的資料查詢技術 LINQ，透過 LINQ 一致性的語法可快速查詢陣列、集合物件、SQL Server Express 資料庫的資料，讓您快速的在 Windows 平台下存取資料來源。(此部份提供教學影片)

第六部份：第 16 章為 ASP .NET Web 應用程式開發，介紹如何使用 Visual Web Developer 2010 Express 快速開發 ASP .NET 4.0 Web 應用程式，並配合資料控制項，快速開發 Client/Server 架構的 Web 資料庫應用程式。(此部份提供教學影片)

本書第 1~2 部分必學，第 3~6 部分依需要擇取學習。教學或自學流程建議如下：

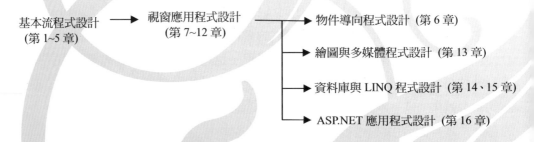

若初學者想要學習 C#，可連到「http://www.microsoft.com/visualstudio/en-us/products/2010-editions/visual-csharp-express」網址下載 Visual C# 2010 Express 的安裝程式。或是可以到 VS 2010 官網下載所需要的 VS 2010 版本，下載網址是「http://www.microsoft.com/taiwan/vstudio/2010/download/default.aspx」。本書亦提供教學投影片與習題，若您為採用本書的教師請與博碩業務聯繫索取投影片與習題。若您發覺本書有疏漏之處或是對本書有任何疑問，歡迎來信不吝指正 (E-Mail 信箱：jaspertasi@gmail.com)，我們會誠摯地感激。為提升本書的品質，您寶貴的建議於本書改版時會加以斟酌。

資訊教育研究室 編著

2011 年 7 月

Chapter 3 流程控制與例外處理

Chapter **4 陣列**

Chapter **5 方法**

Chapter **6 物件與類別**

Chapter 7 視窗應用程式開發

Chapter **8 表單輸出入介面設計**

Chapter **9 常用控制項(一)**

Chapter **10 常用控制項(二)**

Chapter 11 視窗事件處理技巧

Chapter 12 對話方塊與功能表控制項

Chapter **13 繪圖與多媒體**

Chapter 14 資料庫應用程式

目錄
Contents

CHAPTER

認識 Visual Studio 2010 與主控台應用程式

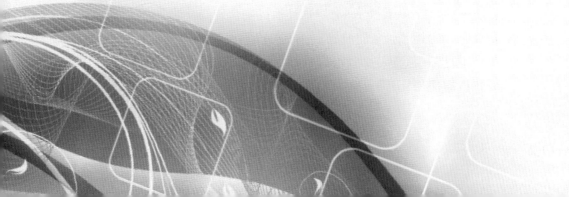

1.1 Visual Studio 2010 介紹

　　Visual Studio 2010 (簡稱VS 2010) 是一組完整的開發工具所組成,可用來建置主控台應用程式、視窗應用程式、ASP .NET Web 應用程式、XML Web Service及行動裝置應用程式的一套完整開發工具。VS 2010 將Visual Basic 2010、Visual C++ 2010、Visual C# 2010以及Visual Web Developer 2010 (ASP .NET 4.0的開發工具) 全都使用相同的整合式開發環境 (簡稱IDE:Integrated Develop Environment),該環境讓它們能共用工具和建立混合語言的方案,彼此分享工具並共同結合各種語言的解決方案。此外,這些語言可利用 .NET Framework 強大的功能,簡化 ASP .NET Web 應用程式與XML Web Service 開發的工作。所以Visual Studio 2010 是一個能夠建置桌面與小組架構的企業 Web 應用程式的完整套件。除了能建置高效能桌面應用程式之外,還可以使用 Visual Studio 2010 強大的元件架構開發工具和其他的技術,簡化企業方案的小組架構式設計、開發及部署。所以「.NET Framework」是新的計算平台,設計用來簡化高分散式 Internet 環境的應用程式開發作業。在 .NET Framework 上執行的軟體可在任何地方透過SOAP 執行的軟體通訊,並可在本機或經由 Internet 散發來使用標準物件。因此,開發人員可以全力專注於功能而不是在探索上。所以,.NET Framework 是提供建置、部署及執行 XML Web Service 與應用程式的多語言環境。Visual Studio 2010 主要特色如下:

1. Common Language Runtime (簡稱CLR) 共通語言執行時期

    Common Language Runtime 負責管理記憶體配置、啟動及停止執行緒和處理序 (Process thread),並且執行安全原則,同時還要滿足元件對其他元件的相依性。開發過程中,由於執行許多自動化 (例如記憶體管理),因此讓開發人員覺得很簡單。並大幅減少開發人員將商務邏輯轉換為重複使用元件時所需撰寫的程式碼數目。

2. 統一程式設計的 .NET Framework類別庫

為程式設計人員提供統一、物件導向、階層式及可擴充的.NET Framework類別庫。目前，C++ 開發人員使用 Microsoft Foundation Class，而 Java 開發人員使用 AWT 或 Swing 元件，而 C++ 和 Java 使用的類別庫並不同。在 .NET 架構統一了這些不同的模型，並且讓 Visual Basic、C++、C# 程式設計人員都能存取 .NET Framework 類別庫。Common Language Runtime 透過建立跨越所有程式設計語言的通用 API 集，可以進行跨越語言的繼承、錯誤處理和偵錯。從 JScript 至 C++，所有的程式語言存取架構的方式都十分相似，因此開發人員也可以自由選擇要使用的語言。簡單的說Visual Basic開發的類別庫可讓 C++、C#...等微軟提供的語言存取，而C# 寫的類別庫也可以讓Visual Basic 或 C++ 呼叫。

3. ASP .NET

ASP .NET 建置在 .NET Framework 的程式設計類別上，為 Web 應用程式模型提供一組控制項和基礎結構，讓建置 ASP .NET Web 應用程式變得簡單。ASP .NET 包含一組控制項，將常用的 HTML 使用者介面項目 (例如文字方塊和下拉式功能表) 封裝起來。不過，這些控制項會在 Web 伺服器上執行，並且以 HTML方法將其使用者介面推入瀏覽器。在伺服器上，控制項會公開物件導向程式設計模型，帶給 Web 開發人員物件導向程式設計的豐富內容。ASP .NET 也提供基礎結構服務，例如工作階段狀態管理和處理緒(Process Thread)回收，進一步減少開發人員必須撰寫的程式碼數量，並且提高應用程式的穩定性。此外，ASP .NET 也使用相同的概念，讓開發人員提供軟體做為服務。ASP .NET 開發人員使用 XML Web Service 功能，可以撰寫自己的商務邏輯，並且使用 ASP .NET 基礎架構，透過 SOAP 提供該服務。ASP .NET 4.0 還內建 AJAX 擴充功能，讓 Web 應用程式設計師更容易開發 Web 2.0 網站。

4. LINQ資料查詢

Language-Integrated Query (LINQ) 是 .NET Framework 3.5 的新增功能。其最大的特色是具備資料查詢的能力以及和語言進行整合的能力，LINQ 具備像 SQL Query 查詢能力的功能，可以直接和VB 2010、C# 2010語法進行整合，並可以使用統一的語法來查詢陣列、集合、XML、DataSet資料集以及 SQL Server 資料庫的記錄…等資料來源。

由上可知，Visual Studio 2010主要特色包含Common Language Runtime、.NET Framework、用來建立及執行 ASP .NET Web 應用程式、用來建立及執行視窗應用程式的 Windows Forms 以及 LINQ 資料查詢技術。所以，.NET Framework 提供了一個管理完善的應用程式來改善生產力，並增加應用程式的可靠性與安全性。本書介紹如何使用 C# 程式語言來開發 .NET 應用程式。

1.2 Visual Studio 2010 版本分類

Visual Studio 2010 的版本分類主要分為用戶端版本、伺服器端版本、其它產品版本三大類。用戶端版本包含用於各種軟體開發、架構設計、測試等。伺服器產品版本用於程式碼版本控制管理、專案管理、報表管理、團隊共同開發、測試實驗室管理等；其它產品版本可用於存取伺服器產品，或是用於管理異質平台開發，例如在其它作業系統 (Unix/Linux/Mac) 上供開發人員使用。關於伺服器端版本與其它產品版本的產品功能說明可連結到「http://www.microsoft.com/visualstudio/zh-tw/」網址查詢。若初學者想要學習 C#，可以連到VS 2010官網下載所需要的VS 2010版本，下載網址是「http://www.microsoft.com/taiwan/vstudio/2010/download/default.aspx」。

以下簡單介紹VS 2010用戶端版本的各項產品。

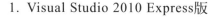

1. Visual Studio 2010 Express版

   主要為初學者提供精簡、易學易用的開發工具，以滿足想學習程式開發或評估 .NET Framework 者。VS 2010 Express 版提供：Visual Basic 2010、Visual C# 2010、Visual C++ 2010、Visual Web Developer 2010 等Express版，以供學生、初學者、兼職人員、程式開發熱愛者依需求選擇使用。目前微軟允許使用者免費下載安裝註冊 Visual Studio 2010 Express，下載網址是「http://www.microsoft.com/visualstudio/en-us/products/2010-editions/express-iso」；Visual C# 2010 Express下載網址是「http://www.microsoft.com/visualstudio/en-us/products/2010-editions/visual-csharp-express」。

2. Visual Studio 2010 Professional 專業版(入門開發)

   是專業的工具，適用個人工作室、專業顧問或小團隊成員，用來建立關聯性任務、多層式架構的智慧型用戶端、RIA 與 WPF 應用程式、Web 及行動裝置應用程式。可簡化各種平台(包含SharePoint 與 Cloud)上建立、偵錯和部署的應用程式。

3. Visual Studio 2010 Premium 企業版(企業應用開發)

   是一套完整的工具集，可以簡化個人或小組團隊的應用程式開發。提供自動化UI測試、建置與簡化資料庫開發、測試或偵錯，都可依照自己的工作方式來運作強大的工具以提高工作效率及產能。

4. Microsoft Visual Studio 2010 Ultimate 企業旗艦版(企業應用與團隊開發)

   主要對象為架構設計人員、系統分析人員、程式開發人員、軟體測試人員。延伸 Visual Studio 的產品線。包含流程導向與高生產力開發團隊所必須的軟體開發生命週期工具組，讓團隊能在 .NET Framework 中提供現代化、以及以服務為導向的解決方案，協助他們更有效率地溝通及協同作業，讓開發人員確保從設計到部署的高品質結果。不論是建立新方案或增強現有的應用程式，都可讓您鎖定逐漸增加的平台與技術，包含雲端與平行運算。

5. Microsoft Visual Studio 2010 Test Professional 品管人員版

用於專案測試小組的專業工具集，可簡化測試規劃與手動測試執行。此
版本可讓開發人員搭配 Visual Studio 軟體使用，使測試工作與應用程
式生命週期可以緊密的結合，提供手動測試記錄與詳細的測試與錯誤報
告，使開發人員和測試人員在應用程式的開發週期可以有效地共同作
業。

1.3 主控台應用程式介紹

1.3.1 新增專案

因為 Express 版本和其他版本的畫面有差異，初學者第一次進入時難免
會不知所措，本書為入門書主要以 Visual C# 2010 Express 版為主，當您執
行【開始/所有程式/Microsoft Visual C# 2010 Express/Microsoft Visual C#
2010 Express】進入 Visual C# 2010 Express 的整合開發環境，再執行功能表
的【檔案(F)/新增專案(P)】指令，出現下圖「新增專案」對話方塊，供你開
始建立新專案：

本書只介紹上圖中的主控台 (Console) 應用程式和 Windows Form 應用程式兩種常用專案以及透過 VWD (**V**isual **W**eb **D**eveloper) 所建立的 ASP .NET Web 應用程式專案：

1. 主控台 (Console) 應用程式

   是指在主控台(Console)模式下所撰寫的程式，即在傳統 DOS 下執行的程式。此部份於本章中介紹，並利用此操作環境在下面六章中學習 C# 程式設計與物件導向程式設計的基本技能。

2. Windows Form 應用程式

   是指在視窗環境下所撰寫的程式。使用 IDE 在第七章到十五章中介紹如何透過工具箱所提供的工具建立視窗輸出入介面，並融入在 Console 主控台應用程式下所學到的程式設計基本技能，設計出視窗應用程式。

3. ASP .NET Web 應用程式

   ASP .NET 是微軟新一代的 Web 應用程式開發技術，目前最新的版本為 ASP .NET 4.0，它除了簡易、快速開發 Web 應用程式的優點之外、更與 .NET 的技術緊密結合、提供多種伺服器控制項讓您製作強大功能的網頁資料庫。ASP .NET Web 應用程式將於第十六章做簡單的介紹。

接著先熟悉如何在整合開發環境下，建立、儲存和關閉主控台應用程式專案，其步驟如下：

上機實作

Step1 新增主控台應用程式專案

進入 Visual C# 2010 Express 整合開發環境後，執行功能表的【檔案(F)/新增專案(P)】指令，出現下圖「新增專案」對話方塊，供您開始建立新專案。

Step2 進入主控台整合開發環境

請在上圖的「新增專案」對話方塊進行如下操作。

① 選取『主控台應用程式』。

② 在「名稱(N)」輸入框先採預設專案名稱「ConsoleApplication1」。

③ 按 ［ 確定 ］ 鈕進入下圖「主控台」Visual C# 2010 Express 整合開發環境。

專案名稱 ⟶

程式碼編輯區 ⟶

方案總管 ⟵

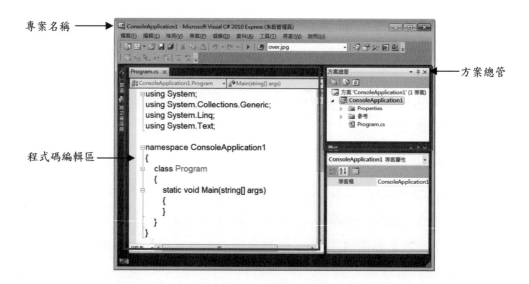

Step3 儲存專案

執行功能表的【檔案(F)/全部儲存(L)】，進行儲存專案。

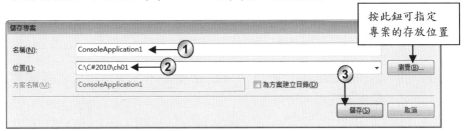

按此鈕可指定專案的存放位置

在上圖「儲存專案」視窗：

① 在「名稱(N)」輸入框輸入指定的專案名稱，本例輸入「Console Application1」。

② 在「位置(L)」輸入框可輸入儲存專案的位置或按 瀏覽(B)... 鈕指定專案要儲存的位置。本例將專案儲存在「C:\C#2010」資料夾下。

③ 最後再按 儲存(S) 鈕儲存專案。

下面的字元中不可以用來設定專案名稱：

① 含有：/ ? ： ＆ * \ # % . | ..等字元。

② 含有：UniCode 控制字元。

③ 使用系統保留字以及 COM、AUX、PRN、COM1、LPT2。

1.3.2 關閉專案

關閉專案可直接按功能表的【檔案(F)/關閉方案(T)】指令，該專案所屬相關檔案也會同時一起關閉。若專案尚未儲存則出現下圖對話方塊。

① 若按 [儲存(S)] 鈕可用來儲存專案,也就是說先儲存專案後才關閉專案。

② 若按 [捨棄(C)] 鈕則不做存檔直接關閉專案和方案。

③ 若按 [取消] 鈕,取消關閉專案,回到原來 IDE 編輯畫面。

若專案有修改過未先存檔,直接關閉專案時,會出現下圖提示是否要更新程式?

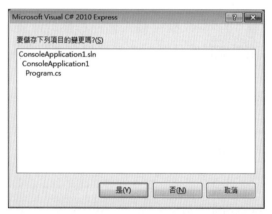

① 若按 [是(Y)] 鈕,新的程式碼蓋掉舊的程式碼,也就是先存檔完才關閉專案或方案。

② 若按 [否(N)] 鈕,保留舊的程式碼,也就是說不做存檔直接關閉專案或方案。

③ 若按 [取消] 鈕,取消關閉專案,回到原來 IDE 編輯畫面。

如果要離開 Visaul C# 2010 Express 整合開發環境,可執行功能表的【檔案(F)/結束(X)】。

1.4 第一個主控台應用程式

本節以一個簡單主控台應用程式為例,學習如何在主控台模式下,新增、儲存、開啟專案以及學習如何在主控台模式下撰寫、編譯、執行和列印程式。

範例演練
　　　　　　　　　　　　　　　　　　　　　　　　檔名:hello.sln

使用上面介紹的主控台應用程式設計步驟,撰寫一個簡單的程式。程式執行時在螢幕上顯示 "Hello, World!"。

上機實作

Step1 進入 Visual C# 2010 Express 整合開發環境

Step2 新增主控台應用程式專案
接著執行功能表的【檔案(F)/新增專案(P)】指令,出現下圖「新增專案」對話方塊。依下圖操作選取「主控台應用程式」專案,專案名稱設為「hello」,再按 ▣ 確定 鈕,此時進入主控台專案的開發環境。

功能表列

標準工具列

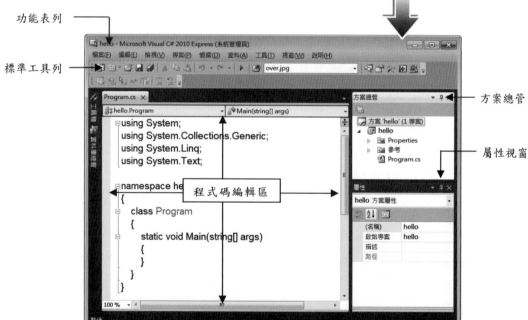

方案總管

屬性視窗

程式碼編輯區

Step3 儲存專案

執行功能表的【檔案(F)/全部儲存(L)】開啟儲存專案視窗,再依下圖數字順序操作進行儲存專案。

儲存專案後，接著會在 C:\C#2010\ch01\hello 資料夾下產生如下圖所示相關檔案，其中 hello.sln 為方案檔，hello.csprog 為專案檔，Program.cs 為 C# 的程式檔。其中方案檔副檔名為*.sln，一個方案可以容納多個專案；專案的副檔名為*.csproj，一個專案可以容納多個程式檔。

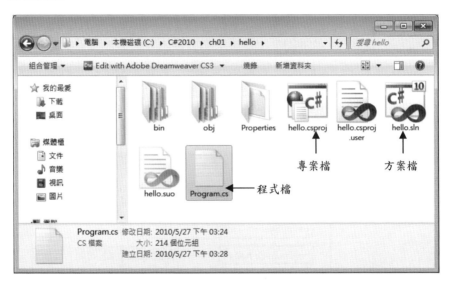

Step4 撰寫程式碼

1. static void **Main**(string[] args){ ... } 敘述中的 Main 方法為 C# 程式開始執行的起點，請將程式碼寫在 Main()方法範圍內。

2. 譬如在 static void Main(string[] args){ ... } 內插入下面敘述：

```
// This is a test Program
Console.WriteLine("Hello, World!");
```

① 第一個敘述前面加上 //，表示此行為註解行，程式執行時會跳過此行不執行，主要用來對程式中的敘述做說明，以免日後忘記其意義。

② 第二個敘述表示在螢幕上目前游標處顯示 "Hello, World!" 訊息。

3. 按標準工具列的 ▶ 鈕或執行功能表的【偵錯(D)/開始偵錯(S)】執行程式，發覺執行結果一閃即消失，無法暫停，因此必須在程式的最後一行插入下面敘述：

```
Console.Read();   //等待使用者輸入一個字元
```

程式執行到此行會等待使用者由鍵盤輸入一個字元，便可以使程式暫停來觀看執行的結果。至於有關輸出入敘述於第二章中再詳細介紹。完整程式如下圖：

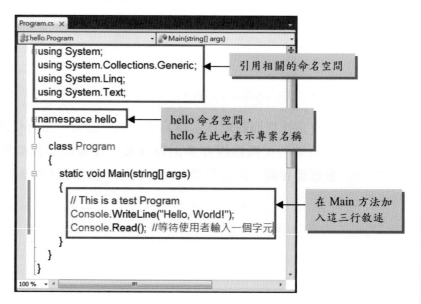

4. 按標準工具列的  鈕執行,下圖即為執行結果。

當按標準工具列的 ▶ 鈕或執行功能表的【偵錯(D)/開始偵錯 (S)】指令時,系統會將經過編譯無誤的程式產生一個執行檔 (*.exe),該執行檔置於 C:\C#2010\ch01\hello\bin\debug 資料夾中。 執行檔可以不必進入 IDE,直接點選該執行檔便可以執行。

程式編譯無誤後,會在目前專案資料夾的 [bin/Debug] 資料夾下產生*.exe 執行檔

Step5 儲存程式

一般當你撰寫程式碼時,每經過一段時間要記得存檔,以免因停電 或不當操作而將剛才所撰寫的程式碼遺失,還有程式經過修改,執 行結果若正確無誤亦要記得存檔。存檔時請按標準工具列的 全部儲存圖示鈕來存檔,或是執行功能表的【檔案(F)/全部儲存(L)】 進行存檔。

Step6 關閉專案

若想要關閉專案,可執行功能表的【檔案(F)/關閉方案(T)】將目前 編輯的方案或專案關閉。

Step7 開啟專案

若已經關閉 hello 專案，又想重新編輯程式，此時可執行功能表的【檔案(F)/開啟專案(P)】指令，接著由出現下圖「開啟專案」對話方塊中，選取「C:\C#2010\ch01\hello」資料夾下的 hello.csproj 專案檔或 hello.sln 方案檔再按 開啟舊檔(O) ▼ 鈕即可開啟 hello 專案。

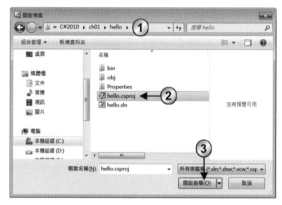

若你已經開啟專案但卻看不到程式，請執行功能表的【檢視(V)/方案總管(P)】開啟「方案總管」視窗，然後在下圖「方案總管」視窗內的 Program.cs 快按滑鼠左鍵兩下，接著即會出現 Program.cs 程式。

進入 Visual C# 2010 Express 的整合開發環境時在「啟始頁」標籤頁會出現最近使用的專案。如下圖「起始頁」標籤頁的「最近使用的專案」視窗格中出現「hello」專案，你可在「hello」專案檔案上面快按兩下亦可直接開啟該專案：

Step8 列印程式

若欲列印程式請執行功能表的【檔案(F)/列印(P)】指令，出現「列印」對話方塊。若 ☑包含行號(I) 有打勾，則每行敘述前面會出現行號。

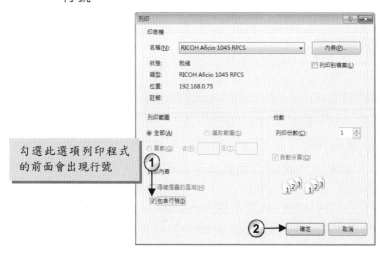

勾選此選項列印程式的前面會出現行號

在上圖按 ▢ 確定 ▢ 鈕，將程式碼由印表機印出，列印結果如下：

```
C:\C#2010\ch01\hello\Program.cs
--------------------------------------------------------------------------------
01 using System;
02 using System.Collections.Generic;
03 using System.Linq;
04 using System.Text;
05
06 namespace hello
07 {
08     class Program
09     {
10         static void Main(string[] args)
11         {
12             // This is a test Program
13             Console.WriteLine("Hello, World!");
14             Console.Read();
15         }
16     }
17 }
```

1.5 方案與專案

　　方案(Solution)與專案(Project File)是 Visual Studio 2010 為了有效管理開發工作所需的項目。如：參考、資料連接、資料夾和檔案等所提供的兩種容器。同時為了檢視和管理這些容器及其關聯項目的介面，在整合開發環境(IDE)中提供「方案總管」視窗來做整合性的管理。

　　當你在 Visual C# 2010 Express 整合開發環境建立一個名稱為 first 的專案(Porject File) 時其副檔名為*.csproj，自動會伴隨產生一個與專案同名的 first 方案(Solution)其副檔名為*.sln。一個方案下可以建立一個或是一個以上的專案成為多專案，系統自動將第一個建立的專案預設為起始專案。所以，方案內包含一個或多個專案，加上協助定義專案為整體的檔案和中繼資料；至於專案通常會在建置時產生一個或多個輸出檔案，專案它包含一組原始程式檔，加上相關的中繼資料 (Metadata)，例如元件參考和建置指令。所以，不管在主控台應用程式、視窗應用程式、裝置應用程式(PDA)或是 ASP .NET Web 應用程式下撰寫 C# 程式時，都會自動產生多個檔案，因此建議一個方案下所有相關檔案包括系統自動建立的相關檔案、圖檔、資料檔以及聲音檔，最好置於同一資料夾，以方便日後複製於他部電腦中執行，如此較好管理。

1.6 課後練習

一、填充題

1. Visual C# 2010 是屬於 _____ 語言。

2. _____ 是一個能夠建置桌面與小組架構的企業 Web 應用程式的完整套件。

3. Visual C# 2010 可開發 _____ 應用程式、 _____ 應用程式、_____ 應用程式和 _____ 應用程式。

4. 一個 _____ 可以包含多個專案。

5. 方案的副檔名為 _____，專案的副檔名為 _____ 。

6. C# 程式開始執行的起點為 _____ 。

7. 整合開發環境簡稱為 _____ 。

8. Visual Studio 2010 至少可以使用哪三種語言來開發 .NET 應用程式？ _____ 、_____ 、_____ 。

9. ASP .NET 4.0 內建 ＿＿＿＿＿＿＿ 擴充功能，讓 Web 應用程式設計師更容易開發 Web 2.0 網站。

10. Visual Studio 2010 Express 版提供哪四個版本？＿＿＿＿＿＿＿＿

＿＿＿＿＿＿＿＿＿ 、 ＿＿＿＿＿＿＿＿＿ 、 ＿＿＿＿＿＿＿＿＿。

11. 若要新增專案可執行功能表的 ＿＿＿＿＿＿ 指令。

12. 若要關閉專案可執行功能表的 ＿＿＿＿＿＿ 指令。

13. C# 程式檔的副檔名為 ＿＿＿＿＿＿ 。

14. C# 程式編譯無誤後，會在目前專案的 ＿＿＿＿＿＿ 資料夾下產生 *.exe 執行檔。

15. C# 程式的註解符號為 ＿＿＿＿＿ 。

二、程式設計

1. 試寫一個程式，在主控台應用程式印出下圖畫面。

```
編號：1234
類別：雷系神奇寶貝
名稱：皮卡丘
特技：十萬伏特
```

2. 試寫一個程式，在主控台應用程式印出下圖畫面。

```
====八點檔排名===
1. 大老公的反擊
2. 敗犬王子
3. 金錢滿天下
```

2

CHAPTER

資料型別與
主控台應用程式輸出入

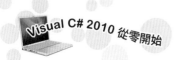

2.1 程式的構成要素

2.1.1 識別項

我們每個人一出生都需取個名字來加以識別。同樣地,在程式中使用到的變數、陣列、結構、函式(C# 稱為方法)、類別、介面和列舉型別等都必須賦予名稱,以方便在程式中識別。這些名稱的命名都必須遵行識別項的命名規則。識別項(或稱識別字)的命名規則如下:

① 第一個字元必須是 Unicode 的大小寫字母、底線字元(_)或中文字開頭,接在後面的字元可以是字母、數字或底線字元或中文字。

② 識別項中間不允許有空白出現,最大長度限 16,383 個字元。但識別項不要太長以免難記且易造成輸入上的錯誤。

③ 一般關鍵字是不允許當作識別項,但關鍵字之前加上前置字元@則可當作識別項處理。例如 if 為關鍵字,將 @if 當識別項。

④ 識別項大小寫視為不同,譬如 tube 和 TuBe 會被視為不同的識別項。

⑤ _pagecount、Part9、Number_Items 都是合法的識別項。

⑥ 無效識別項:101Metro(不能以數字開頭),M&W(不允許使用&字元)。

2.1.2 敘述

敘述或稱陳述式(Statement)是高階語言所撰寫程式中最小的可執行單位。一個程式(Program)是由一行一行的敘述所成的集合。至於一行完整的敘述是由關鍵字、運算子、變數、常數及運算式等組合而成的。一般在撰寫程式時,都是一行接一行由上而下撰寫。C# 程式語言規定每行敘述的結尾必須以「;」分號當該敘述的結束符號。多行敘述若寫成一行,中間也是使用分號隔開,但為方便閱讀程式碼建議不宜使用。

由於 C# 具有 C 語言自由格式的書寫方式，即一行敘述若超過一行時，可在單字、運算子、從屬符號(.)後面按 <Enter> 鍵分行書寫，程式進行編譯時會將它視為同一行敘述處理。譬如下面一行敘述可分成多行書寫，不會發生錯誤。

MessageBox.Show("VC# 2010 is an" + "Object Oriented Language.");

分成多行書寫：

MessageBox.
　　("VC# 2010 is an" +
　　"Object Oriented Language."
　　);

2.1.3 關鍵字

　　所謂關鍵字(KeyWord)或稱保留字(Reserve Word)是對編譯器有特殊意義而預先定義的保留識別項。譬如：下表即為 C#系統所保留的關鍵字，設計程式時不得拿來當作變數名稱、函式、物件等名稱。若萬不得已需使用關鍵字當變數時，必須在關鍵字最前面加上一個前置字元@，才能當做程式中的識別項。在撰寫 C# 程式時，若一行敘述中有些字串以藍色字顯現，表示這些識別項就是 C# 的關鍵字：

abstract	as	base	bool	break
byte	case	catch	char	checked
class	const	continue	decimal	default
delegate	finally	do	double	else
enum	event	explicit	extern	false
finally	fixed	float	foreach	get
goto	if	in	int	interface
internal	is	long	namespace	new

null	object	operator	out	override
params	partial	private	protected	public
ref	return	sbyte	sealed	set
short	sizeof	stackalloc	static	string
struct	switch	this	throw	true
try	typeof	uint	ulong	unchecked
unsafe	ushort	using	virtual	volatile
void	var	while	where	

2.2 常值與變數

電腦是一個工具，主要是用來處理資料。設計程式時，可依程式執行時，該資料是否允許做四則運算分成數值資料和字串資料。若依程式執行時資料是否具有變動性，可將資料分成常數(Constant)和變數(Variable)。

2.2.1 常數

常數(Constant)是程式執行的過程中，其值是固定無法改變，C# 將常數細分成常值常數和符號常數兩種。

一、常值常數(Literal Constant)

若程式中直接以特定值的文數字型態存在於程式碼中，稱為「常值常數」。譬如：15、"Price" 等都屬於常值常數。常值常數可為運算式的一部份，也可指向一個符號常數或變數。C# 允許使用的常值常數型別有：

$$
常值常數\begin{cases}
布林常值：true、false \\
整數常值：25, -30 \\
浮點常值：24.5,\quad 7.1E+10 \\
字串常值："Hello"，"24.5"，"VC\# 2010 從零開始" \\
字元常值："a"，"8" \\
日期常值：\#100/5/20\#,\quad 10:36PM\#
\end{cases}
$$

二、符號常數(Symbolic Constant)

　　程式中經常會包含重複出現的常數值，這些常數值可能是某些很難記住或是沒明顯意義的數字，可讀性不高。C＃ 允許在程式中透過「符號常數」以有意義的名稱直接取代這些常值常數，如此可大大地提高程式碼的可讀性，並易於維護。所以，符號常數是以有意義名稱來取代程式中不會改變的數字或字串，如同它的名稱是用來儲存應用程式執行過程中維持不變的值，不能像變數一樣在程式執行過程中可變更其值或指派新值。

　　符號常數在程式中經過宣告後，便無法修改或指派新值。符號常數是用 const 關鍵字及運算式來宣告並設定初值。符號常數經宣告後，便無法修改或指派新值。宣告方式如下：

[存取修飾詞] **const** 資料型別　符號名稱　＝[數值|字串|運算式];

可使用的關鍵字：　　　包括：　　　　　遵循識別項　　　中括號內擇一
① public　　　　　　int/long/short　的命名規則　　　不可省略
② private(預設)　　　decimal
③ protected　　　　　float/double
　　　　　　　　　　char/string
　　　　　　　　　　DateTime
　　　　　　　　　　bool/object

注意

1. 有關常數和變數的存取修飾詞規範在後面章節會陸續介紹，本章先採預設值即省略不寫。

2. 舉例說明：
   ```
   const int DaysInYear=365;
   const int WeeksInYear=52;
   const int may=5;
   const double PI=3.1416;
   const bool pass=true;
   const string name="Viusal C# 2010" ;
   ```

您也可以在同一行中宣告多個符號常數，以程式碼的可讀性考量，建議每一行宣告一個符號常數較宜。如果您在同一行宣告多個符號常數，要注意同一行的符號常數必須具有相同的存取層次，而且以逗號隔開宣告。譬如：下面敘述在一行中連續宣告多個符號常數，且同時附上該符號常數的資料型別：

```
const double x = 1.0, y = 2.0, z = 3.0;
const int four = 4, five=5;
```

2.2.2 變數

一個變數(Variable)代表一個特定的資料項目或值，並且在記憶體中預留一個位置來儲存該資料的內容。當程式執行中碰到變數時，會到該變數的位址，取出該值加以運算。變數和常數是不一樣，程式執行過程中常數的值是固定不變，而變數允許重複指定不同的值。當您指派一個值給變數後，該變數會維持那個值，一直到您指派另一個新值給它為止。因為具有這樣的彈性，所以在使用變數之前必須事先宣告，在宣告變數的同時必須給予變數名稱，命名方式則遵循識別項的命名規則，同時要設定該變數的資料型別，以方便在程式進行編譯時配置適當的記憶空間來存放變數的內容。宣告時，設定變數合適的資料型別是用來提高電腦的處理速度。變數在程式執行時會在電腦的主記憶體中的資料區對應一個位址，在程式相同的範圍(Scope)內，同樣的變數名稱對應相同的記憶體位址。例如：

X=Y+10;

其中 10 是常數，而 X、Y 則是變數，也就是記憶體儲存 10 的位址，其內容固定無法改變，而儲存 X 和 Y 的位址其內容是可以改變的。C# 允許變數可使用的資料型別如下：

$$
變數
\begin{cases}
數值變數
\begin{cases}
整數：short、int、long、byte \\
非整數：decimal、float、double（含小數及實數）
\end{cases} \\
字元變數：\ char、string \\
其他變數：bool、DateTime、object
\end{cases}
$$

2.3　如何宣告變數的資料型別

程式中使用到的變數必須事先宣告，宣告過的變數在編譯時可知道該資料的資料型別，保留適當的記憶體空間給該資料使用。C# 使用下面語法來宣告變數的資料型別：

> 語法：　資料型別　變數名稱　；

其中：

1. 變數名稱

遵循識別項命名規則。

2. 資料型別

至於 C# 允許使用下表的資料型別來宣告變數：

資料型別	大小	該資料型別有效範圍
byte 位元組	1 Byte	宣告：byte a; 大小：0 至 255 (無正負號 8 位元整數)
sbyte 位元組	1 Byte	宣告：sbyte a; 大小：-128~127 (帶正負號 8 位元整數)
short 短整數	2 Bytes	宣告：short a; 大小：-32.768~+32,767
ushort 短整數	2 Bytes	宣告：ushort a; 大小：0~65,535
int 整數	4 Bytes	宣告：int a; 大小：-2,147,483,648 至 +2,147,483,647
uint 整數	4 Bytes	宣告：uint a; 大小：0~4,294,967,295
long 長整數	8 Bytes	宣告：long a; 大小：-9,223,372,036,854,775,808 至 　　　+9,223,372,036,854,775,807
ulong 長整數	8 Bytes	宣告：ulong a; 大小：0~18,446,744,073,709,551,615
float 單精確度	4 Bytes	宣告：float a; 大小：$\pm 1.5 \times 10^{-45}$ 至 $\pm 3.4 \times 10^{38}$ 有效位數 7 位數。 若宣告 float 變數同時給予初值，可在初值後加上後置字元 f 或 F，例如： float x = 3.5F;
double 倍精確度	8 Bytes	宣告：double a; 大小：$\pm 5.0 \times 10^{-324}$ 至 $\pm 1.7 \times 10^{308}$ 有效位數 15~16。 指定運算子(=)右邊的實數常值預設為 double，如果欲將整數當成 double，在整數常值加後置字元 d 或 D。例如：double x = 10D;

decimal 貨幣	16 Bytes	宣告：decimal a; 整數：$\pm1.0 \times 10e^{-28}$ 至 $\pm7.9 \times 10^{28}$ 有效位數 28~29。 如果要將數字實數常值當成 decimal 處理，必須加上後置字元 m 或 M，如： decimal myCash=1000m; 或 decimal myCash=1000M;

char
字元
	2 Bytes	宣告：char a;
		大小：U+0000 至 U+ffff (Unicode 16 位元字元)
		即 0~65,535(不帶無正負號)
		可寫成字元常值、16 進位逸出序列或 Unicode 表示。也可寫成轉換整數字元碼。下列為所有 char 宣告變 數方式，並且以字元 A 將其初始化：
		char char1 = 'A';　// 字元常值表示
		char char2 = '\x0041'; // 十六進制表示
		char char3 = (char)65; // 由整數常值轉成字元常值
		char char4 = '\u0041';　// Unicode
		Console.WriteLine ("{0} {1} {2} {3}",
		　　char1, char2, char3,char4);
		　輸出結果為：　A　A　A　A

string 字串	依實際 需要	宣告：string a ; 大小：大約 0 至 20 億(2^{31})個字元。 字串常值以雙引號頭尾括住。
bool 布林	2 Bytes	宣告：bool a ; 大小：true(真), false(假)
DateTime 日期	8 Bytes	宣告：DateTime a; 大小： 1 年 1 月 1 日 0:00:00 ~ 9999 年 12 月 31 日 11:59:59 PM。 [例] 顯示 "2011/9/11 下午 03:30:00" 　　string MyString = "Sep 11, 2011 15:30 pm"; 　　DateTime MyDateTime = DateTime.Parse(MyString); 　　Console.WriteLine(MyDateTime); 　　DateTime d1 = DateTime.Now; 　　Console.WriteLine("{0}", d1);

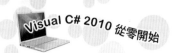

object 物件 (預設值)	4 Bytes	宣告：object a; 大小：可儲存任何資料型別

宣告變數時也能在同一行敘述中同時宣告多個變數，各變數之間必須使用逗號隔開。譬如：同時宣告 a 和 b 是整數變數。寫法如下：

int a , b ;

宣告變數時，亦允許同時對變數設定初值(初始化)，其寫法如下：

> 語法：資料型別　變數名稱 1=初值 1，變數名稱 2=初值 2, ... ;

[例 1]　宣告 a 是一個整數變數，且初值為 10。其寫法如下：

int a = 10;

[例 2]　宣告 a 是一個整數變數，且初值為 10；宣告 b 為布林變數，且初值為 false。其寫法如下：

int a = 10 ;　　bool b = false;

[例 3]　宣告 a, b, c 為倍精確度變數，初值依序為 1.1, 2.2, 3.3。寫法：

double a=1.1,　b=2.2,　c=3.3;

2.4　運算子與運算式

2.4.1　運算子與運算元

運算子(Operator)是指運算的符號，如：四則運算的＋、－、×、÷、...等符號。程式中利用運算子可以將變數、常數及函式(或稱方法)連接起來形成一個運算式或稱表示式(Expression)。運算式必須經過 CPU 的運算才能得到結果。我們將這些被拿來運算的變數、常數和函式稱為「運算元」(Operand)。所以，運算式就是由運算子和運算元組合而成的。

譬如：

　　price*0.05

上述為一個運算式，其中 price 為變數和 0.05 為常值常數，兩者都是運算元，「＊」為乘法運算子。若運算子按照運算子運算時需要多少個運算元，可分成：

① 一元運算子(Unary Operator)

運算時，在運算子前面只需要一個運算元。是採前置標記法 (Prefix Notation)。如：-5。

② 二元運算子(Binary Operator)

運算時，在運算子前後各需要一個運算元。是採中置標記法 (Infix Notation)。如：5+8。

③ 三元運算子(Tenary Operator)

運算時，需有三個運算子才能做運算，? ... : ... 三元運算子語法如下：

> 語法：變數名稱 ＝ 條件式 ？ 值 1：值 2；

若 <條件式> 結果為 true，則將 <值 1> 指定給 <變數名稱>，否則將 <值 2> 指定給 <變數名稱>。

[例] 檢查 score 成績變數是否及格？若及格，將 "PASS" 傳給 str 字串變數，否則 傳回 "DOWN"。本例傳回 "DOWN" 。

```
int score = 59;
string str = (score >= 60 ? "PASS" : "DOWN");
```

若運算子按照特性加以分類，可分成下面六大類：

1. 算術運算子
2. 指定(複合)運算子
3. 關係運算子

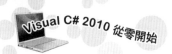
4. 邏輯運算子

5. 合併運算子

6. 移位運算子

2.4.2 算術運算子

算術運算子是用來執行一般的數學運算。C# 提供的算術運算子如下：

運算子	說明	範例
()	小括號	10*(20+5)=250
—	負號	-5 ， (-5)^3=-125
*、/	乘、除	5*6/2=15 double num1; num1=10/4　⇨ 2 num1=10/4.0 ⇨ 2.5 num1=10.0/4 ⇨ 2.5 num1=10/3.0 ⇨ 3.33333333333333
%	相除取餘數	8 % 5=3 ，12 % 4.3=3.4
+、—	加、減	20-6+5=19

上表中算術運算子的優先執行順序是由上而下遞減。最內層小括號內的運算式最優先執行，加、減運算式最低。同一等級的運算式由左而右依序執行，譬如：a+(b-c)*d％k 運算式的執行順序如下所示：

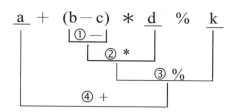

2.4.3 關係運算子

　　「關係運算子」亦稱「比較運算子」，當程式中遇到兩個數值或字串需要做比較時，就需要使用到「關係運算子」，關係運算子執行運算時需要使用到兩個運算元，而且這兩個運算元必須同時是數值或字串方可比較，經過比較後會得到 true(真)或 false(假)。在程式中可以透過此種運算配合選擇結構敘述，來改變程式執行的流程。C# 所提供的關係運算子如下：

運算子	運算式	範例
<　小於	x<y	5<2 ⇨ false
<= 小於等於	x<=y	5≤2 ⇨ false
>　大於	x>y	5>2 ⇨ true
>= 大於等於	x>=y	5≥2 ⇨ true
== 等於	x=y	5==2 ⇨ false
!= 不等於	x<>y	5 !=2 ⇨ true

2.4.4 邏輯運算子

　　一個關係運算式就是一個條件，當有多個關係式要一起判斷時便需要使用到邏輯運算子來連結。C# 所提供的邏輯運算子如下：

1. and 邏輯運算子

　　若一個條件式含有 <條件 1> 和 <條件 2> 兩個條件，當 <條件 1> 和 <條件 2> 都為真(true)時，此條件式才成立；若其中一個條件為假(false)，則條件是不成立(假)。此時就需要使用到 and(且)運算子，C# 以 && 來表示 and 邏輯運算子，此種情況相當於數學上的交集。

A	B	A && B
true	true	true
true	false	false
false	true	false
false	false	false

[例] 70 < score ≤ 79 其條件式寫法如下：

(score > 70) && (score<=79);

2. or 邏輯運算子

若一個條件式含有兩個條件分別為 <條件 1> 和 <條件 2> ，只要其中一個條件為真(true)時，此條件式便成立。只有 <條件 1> 和 <條件 2> 都為假(false)時，此條件式才不成立。此時就需要使用 or(或)邏輯運算子，C# 以 ‖ 來表示 or 運算子，此種情況相當於數學上的聯集。真值表如下：

A	B	A ‖ B
true	true	true
true	false	true
false	true	true
false	false	false

[例] score<0 或 score≥ 100 其條件式寫法如下：

(score<0) ‖ (score>=100)

3. xor 邏輯運算子

若一個條件式含有多個條件 <條件 1>、<條件 2> ...，所有條件為真的個數若為奇數時，則該條件式成立(為真)；若為偶數，則該條件式不成立(為假)。此時就需要使用 xor(互斥)運算子，C# 以 ^ 來表示 xor 運算子，真值表如下：

A	B	A ^ B
true	true	false
true	false	true
false	true	true
false	false	false

4. not　邏輯運算子

若一個條件式只有一個條件，若不滿足該條件時，此條件式才成立，就必須使用 ! 運算子。真值表如下：

A	!A
true	false
false	true

2.4.5 指定運算子

指定運算子是用來將指定運算子(=) 右邊運算後的結果指定給指定運算子(=) 左邊的變數。C# 所提供的指定運算子如下：

運算子	運算式	假設 x=5, y=2 運算後的 x 值
=	x=y	x=5
+=	x+=y 相當於 x=x+y	x=5+2=7
-=	x-=y 相當於 x=x-y	x=5-2=3
*=	x*=y 相當於 x=x*y	x=5x2=10
/=	x/=y 相當於 x=x/y	x=5/2=2.5
%=	x%=y 相當於 x=x%y	x=x%2=1
^=	XOR 邏輯運算 x^=y	x = x^y ⇨ 7 運算過程如下：

		$0101_2 = 5_{10}$
		$\underline{\text{Xor } 0010_2 = 2_{10}}$
		$0111_2 \Rightarrow 7_{10}$
&=	AND 邏輯運算 x&=y	$x = x\&y \Rightarrow 0$ 運算過程如下： $0101_2 = 5_{10}$ $\underline{\text{and } 0010_2 = 2_{10}}$ $0000_2 \Rightarrow 0_{10}$
|=	OR 邏輯運算 x|=y	$x = x\|y \Rightarrow 7$ 運算過程如下： $0101_2 = 5_{10}$ $\underline{\text{Xor } 0010_2 = 2_{10}}$ $0111_2 \Rightarrow 7_{10}$
<<=	x<<=1 相當於 x=x<<1 (左移一位即 x 乘以 2)	x = 5<<2 左移兩位相當乘以 4 =20
>>=	x>>=1 相當於 x=x>>1 (右移一位即 x 除以 2)	x = 5>>2 右移兩位相當除以 4 = 1

2.4.6 合併運算子

　　+ 符號除了可以當作加法運算子外，也可以用來合併字串。若 + 運算子前後的運算元都是數值資料(byte、short、int、long、float、double 或 decimal)，會視為加法運算處理，其結果為數值。反之，若兩個運算元皆為字串，則視為合併運算子，將兩個運算元前後合併成一個字串。譬如：

```
string myStr ;
int a ;
myStr= "To be " + "Or Not to be";   // 傳回  "To be or Not to be"  給  myStr
a = 20 + 30 ;                        // 傳回  50  給整數變數 a
```

2.4.7 移位運算子

移位運算子主要使用在數值資料，對於一個二進制的正整數或帶有小數的整數，該數值往左移一個位元(Bit)，即該數值乘以 2；若往右移一個位元(Bit)，即該數值除以 2。可使用的移位運算子如下：

1.　<<　：左移運算子
2.　>>　：右移運算子

譬如：
```
int a=10;
Console.WriteLine(a>>1);   // 10₁₀=1010₂⇨右移一位⇨0101₂=5₁₀
Console.WriteLine(a<<2);   // 10₁₀=1010₂⇨左移兩位⇨101000₂=40₁₀
```

$10_{10}=1010_2 \Rightarrow$ 右移一位 $\Rightarrow 0101_2=5_{10}$

$10_{10}=1010_2 \Rightarrow$ 左移兩位 $\Rightarrow 101000_2=40_{10}$

2.4.8 運算子優先順序和順序關聯性

運算式的運算子優先執行先後順序是由運算子的優先順序和順序關聯性 (Associativity) 來決定的。當運算式包含多個運算子時，運算子的優先順序會控制評估運算式的順序。例如，運算式 x + y * z 的評估方式是 x + (y * z)，因為 * 運算子的運算次序比 + 運算子高。下表由高至低列出各運算子的優先執行順序；同一列內的運算子具有相同優先順序，並且是依下表中第三欄指定方向進行運算：

優先次序	運算子	同一列運算子運算方向
1	()、[]、註標	由內至外
2	+、 -	由內至外

3	*、/	由左至右
4	%	由左至右
5	+、-	由左至右
6	&	由左至右
7	<<、>>	由左至右
8	==、!=、<、>、<=、>=	由左至右
9	!　(Not 運算子)	由左至右
10	&&　(And 運算子)	由左至右
11	||　(Or 運算子)	由左至右
12	^　(Xor 運算子)	由右至左
13	=、+=、-=、*=…	由右至左

　　當運算元出現在具有相同優先順序的兩個運算子之間時，運算子的順序關聯性會控制執行作業的順序。所有二元運算子都是左向設定關聯的，表示作業是由左至右執行的。優先順序和順序關聯性可使用括號運算式來控制。當運算式中出現優先順序相同的運算子時 (例如乘法和除法)，會依運算出現順序由左至右評估。可用括號覆寫優先順序，並強制優先評估部份運算式。括號內的運算一定會先執行，之後才會執行括號外的運算。但是，在括號內仍然會維持運算子優先順序。

2.5　主控台應用程式輸出入方法

　　Console(主控台)是系統命名空間(NameSpace)內所定義的類別之一，Console 類別提供基本支援從主控台讀取和寫入字元的應用程式。譬如：Read 或 ReadLine 方法提供由鍵盤輸入字元，Write 或 WriteLine 方法將資料顯示在螢幕上。下列分別介紹這些方法使用上的時機。

2.5.1 Write / WriteLine 方法

一、Console.Write() 方法

用來寫入標準輸出資料流,將接在 Console.Write 後面小括號內頭尾用雙引號括住的字串,顯示在螢幕目前插入點游標處,當字串顯示完畢插入點游標會停在字串的最後面。譬如將 "鳥龍派出所" 顯示在螢幕目前游標處,寫法如下:

　　Console.Write("鳥龍派出所");

如果輸出的字串中間要插入指定的變數或運算式的內容。譬如:假設單價 price 整數變數值為 120,數量為常數常值 50,欲在目前游標處顯示 "單價:120　　　數量:50" ,寫法如下:

　　int price=120;
　　Console.Write("售價:{0}　　　數量:{1}",　price,　50);

由上面敘述可知,在顯示的字串中間要插入指定的資料,在插入的地方依序置入 {0}、{1}......,緊接著雙引號後面加上逗號分隔,依序插入對應的變數名稱、常數、符號常數、運算式、函式。也可以使用 + 運算子來做字串與數值的合併,例如上述可改成如下寫法:

　　int price=120;
　　Console.Write("售價:" + price + "　　　數量:" + 50);

　　　　　　　　　　　　　　　　　　　　　　　檔名:write1.sln

寫出下圖輸出結果的程式碼。

完整程式碼：

```
FileName : write1.sln
01 using System;
02 using System.Collections.Generic;
03 using System.Linq;
04 using System.Text;
05
06 namespace write1          //命名空間
07 {
08   class Program           //類別名稱
09   {
10     static void Main(string[] args)      // Main()方法為程式進入點
11     {
12       int price = 120;
13       Console.Write("售價:{0}   數量:{1}", price, 50);
14       Console.Read();
15     }
16   }
17 }
```

程式說明

1. 1~4 行　：引用相關的命名空間。為省略篇幅，後面的範例此 4 行將不再列出。

2. 6 行　　：為 write1 命名空間，write1 在此也可以表示專案名稱。

3. 8 行　　：為 Program 類別。關於類別的定義請參考第 6 章。

4. 10~15 行：Main() 方法為 C# 程式一開始的進入點。因此程式執行時即會執行 12~14 行敘述。

二、Console.WriteLine()方法

功能和 Console.Write()方法一樣是用來輸出資料流，兩者的差異在 Console.WriteLine()方法會在輸出字串的最後面自動加入換行字元 (Carriage Return)，使得游標自動移到下一行的最前面。若接在 Console.WriteLine()小括號內未加任何引數可用來空一行。

範例演練　　　　　　　　　　　　　　　　檔名：writeline1.sln

請製作下圖程式，欲顯示下圖範例之輸出格式，必須使用三行
Console.WriteLine() 方法來書寫。

完整程式碼

```
FileName : writeline1.sln
01 namespace writeline1     //命名空間
02 {
03   class Program          //類別名稱
04   {
05     static void Main(string[] args)      //Main 方法為程式的進入點
06     {
07       //宣告整數變數 price 為 120，整數變數 qty 為 50
08       int price = 120, qty = 50;
09       //印出資料後游標往下移一行
10       Console.WriteLine("售價:{0}    數量:{1}", price, qty);
11       Console.WriteLine();          //游標往下移一行
12       Console.WriteLine("打八折後  總金額:{0}", price * qty * 0.8);
13       Console.Read();               //暫停主控台畫面，等待使用者按下鍵盤任意鍵
14     }
15   }
16 }
```

2.5.2 Read / ReadLine 方法

一、Console.Read() 方法

從標準輸入裝置(鍵盤)讀取一個字元，不等待按 ⏎ 鍵便直接讀取。
使用時機是當需要按任意鍵繼續時，或只允許需要輸入一個字元時使
用。可將輸入的字元放入 char 資料型別所宣告的字元變數。

二、Console.ReadLine() 方法

從標準輸入裝置(鍵盤)讀取一整行字元,一直到按  鍵為止。使用時機是當需要輸入字串時使用,可將輸入的字串放入 string 資料型別宣告的字串變數。由於從 Console.ReadLine()方法傳入的資料是屬於 string 型別,因此若使用 Console.ReadLine() 方法將傳入的字串資料指定給整數變數時,必須使用 int.Parse() 或 Convert.ToInt32() 方法將字串轉成整數。至於其他資料型別的轉換方法請參閱附錄 A。

範例演練

檔名:readline1.sln

試使用 Console.ReadLine() 方法取得由鍵盤輸入的書名、售價、數量,並使用 int.Parse() 或 Convert.ToInt32() 方法將售價和數量的資料轉成整數資料型別,最後再使用 Consloe.WriteLine() 方法將售價乘數量的金額顯示出來。

完整程式碼:

```
FileName : readline1.sln
01 namespace readline1    // 命名空間
02 {
03    class Program      // 類別名稱
04    {
05      static void Main(string[] args)    // Main方法為程式一開始的進入點
06      {
07         string str1;
```

```
08        int price, qty;
09        Console.WriteLine();
10        Console.WriteLine("    博碩電腦圖書廣場");
11        Console.WriteLine("=====================");
12        Console.Write(" 1. 書名:");
13        str1 = Console.ReadLine();         // 輸入書名並指定給str1變數
14        Console.Write(" 2. 售價:");
15        // 輸入售價並使用int.Parse()方法將輸入的資料轉成整數，再指定給qty
16        price = int.Parse(Console.ReadLine());
17        Console.Write(" 3. 數量:");
18        // 輸入數量並使用Convert.ToInt32()方法將輸入的資料轉成整數，再指定給qty
19        qty = Convert.ToInt32(Console.ReadLine());
20        Console.WriteLine("=====================");
21        Console.WriteLine(" 4. 金額:{0}", price * qty);
22        Console.Read();
23      }
24    }
25 }
```

程式說明

1. 16,19 行： 分別使用 int.Parse() 或 Convert.ToInt32() 方法將由鍵盤輸入
   的資料轉換成整數型別資料。

2.6　Escape sequence 控制字元

在 C# 中若欲印出「'」單引號、「"」雙引號或是「\」倒斜線等符號，
就必須使用「逸出序列」(Escape Sequence)來達成。當編譯器遇到這些逸
出字元時，將使得接在倒斜線字元 (\) 後的字元，被當成某種特殊意義的
符號來處理。下表為逸出序列的功能說明：

逸出序列	說明
\'	插入一個單引號
\"	插入一個雙引號
\\	插入一個倒斜線，當程式定義檔案路徑時使用
\a	觸發一個系統的警告聲
\b (Backspace)	退一格

\f (Form Feed)	跳頁
\n (New line)	換新行
\r (Return)	游標移到目前該行的最前面。
\t (Tab)	插入水平跳格到字串中
\udddd	插入一個 Unicode 字元
\v	插入垂直跳格到字串中
\0 (Null space)	代表一個空字元

[簡例]

```
Console.WriteLine("\"鳥龍派出所\"");   //印出 "鳥龍派出所"
Console.WriteLine("Jack\'s Wang");      //印出 "Jack's Wang"
Console.WriteLine("Why 1\\2");          //印出 "Why 1\2"
```

2.7 課後練習

一、填充題

1. 若資料型別為整數是佔用 _____ Bytes 記憶空間。

2. C# 宣告一個整數變數最小值為 _____ ，最大值為 _____ 。

3. 變數經過宣告未給初值，整數變數預設值為 _____ ，字串變數預設值為 _____ ，布林變數預設值為 _____ 。

4. 請列舉佔四個 Bytes 的資料型別有 _____ , _____ , _____ 。

5. 程式執行時資料維持不變者稱為 _____ 。

6. 將 13 除以 5 取餘數其寫法為 _____ 。

7. Console.WriteLine("{0}", 13 << 2) 結果為 _____ 。

8. (10>5) && (5<2) 結果為 _____ 。

9. C# 中每一行敘述的結尾是以 _____ 做區分。

10. 關鍵字最前面加上一個前置字元 ＿＿＿，才能當做程式中的識別項。

11. 存取修飾詞預設為 ＿＿＿＿＿＿。

12. bool 資料型別的常數可使用 ＿＿＿＿ 和 ＿＿＿＿。

13. 在 C# 若要宣告符號常數必須使用 ＿＿＿＿＿ 關鍵字。

14. 有一運算式為 "C#" + 2010 ，其運算後結果為 ＿＿＿＿＿＿＿＿。

15. 若要在一行敘述同時宣告 price, qty, num 的整數變數，其敘述應如何撰寫？＿＿＿＿＿＿＿＿＿＿＿＿＿

16. C# 用來比較兩者是否相等的運算子為 ＿＿＿＿＿。

17. 70 < score ≤ 79，其條件運算式的寫法為 ＿＿＿＿＿＿＿＿＿＿。

18. score < 0 或 score ≥ 100，其條件運算式寫法為 ＿＿＿＿＿＿＿＿＿＿。

19. C# 程式的進入點為 ＿＿＿＿ 方法。

20. C# 中要將字串轉成整數可使用 ＿＿＿＿＿ 和 ＿＿＿＿＿ 方法。

二、簡答題

1. 試說明 Console.Read() 和 Console.ReadLine() 方法使用上的差異？

2. 試說明 Console.Write() 和 Console.WriteLine() 方法使用上的差異？

3. 何謂三元運算子，試舉例說明之。

4. 何謂關鍵字？試寫出 C# 中五個關鍵字。

5. 何謂逸出序列？

筆記頁

CHAPTER

流程控制與例外處理

3.1 選擇結構

當你設計程式時，使用上一章的敘述都是一行接一行由上往下逐行執行，每次執行都得到相同的結果，我們將此種架構稱為「循序結構」。但是較複雜的程式會應程式的需求，按照所給予條件的不同而執行不同的程式碼，此種因條件而改變程式執行的流程，而得到不同的結果，我們將此程式的架構稱為「選擇結構」。譬如：設計程式時，當成績(score)大於等於 60 顯示 "Pass"，否則顯示 "Down"。此時情況就需要使用到選擇敘述。C# 所提供的選擇敘述有下列三種：

1. if.... else　　　　　(雙重或單一選擇)
2. if... else if... else　(多重選擇兩種以上)
3. switch　　　　　　(多重選擇兩種以上)

3.1.1 if...else 選擇敘述

if...else 敘述只有一個 <條件式> 有兩種流程可供選擇。如下圖，若滿足條件即條件為真(true)就執行 <程式區塊 1>；若不滿足 <條件式> 即條件為假(false)，則執行 <程式區塊 2>，兩者都會回到 A 點繼續往下執行。if....else 敘述的語法如下：

```
if(條件式)
{
    程式區塊 1;
}
else
{
    程式區塊 2;
}
```

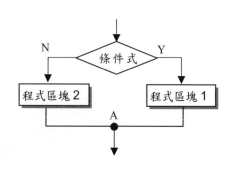

上面語法的 <條件式> 是由關係運算式或邏輯運算式組成,其中每個條件都要用小括號括住。若 <條件式> 的結果為真(true),則執行 <程式區塊1> ;若 <條件式> 的結果為假(false),則執行 <程式區塊 2>。兩種情況執行完畢都會跳到接在右大括號 "}" 下面的敘述繼續往下執行。至於「程式區塊」是指兩行(含)以上敘述的集合,程式區塊頭尾都必須使用 { ... } 括住。若上述語法,當不滿足時不做任何事情,就可如下圖省略 else 部分的 <程式區塊 2>,其寫法如下:

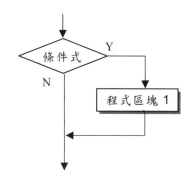

若程式區塊只有一行,可省略左右大括號,寫法如下:

```
if(條件式)
    敘述;
```

【例 1】 若單價(price)大於等於 1,000 元,折扣(discount)八折,否則折扣九折。寫法如下:

```
if ( price>=1000)
{
    discount=0.8 ;   // price 大於等於 1,000 執行此敘述
}
else
{
    discount=0.9 ;   // price 小於 1,000 執行此敘述
}
```

【例 2】 若年齡(age)是 10 歲(含)以下或 60 歲(不含)以上則票價(price)為 100 元，否則為 200 元。寫法如下：

```
if ((age<=10) || (age>60))
{
    price=100 ;
}
else
{
    price=200 ;
}
```

TIPS　上面有兩個條件式，每個條件都使用小括號括住，兩者間使用 || (or)或邏輯運算子連接，再用一組大括號括住兩個條件式。

　　若 if 或 else 程式區塊內還有 if...else 敘述就構成「巢狀 if」。譬如下面範例由於有三個條件要判斷，可使用巢狀 if 來完成。

範例演練　　　　　　　　　　　　　　　　　　　檔名：ifelse1.sln

試寫一個程式由鍵盤輸入兩個整數(num1 和 num2)，請判斷：
① 若 num1=num2，則顯示 "num1=num2"。
② 若 num1>num2，則顯示 "num1>num2"。
③ 若 num1<num2，則顯示 "num1<num2"。

```
file:///C:/C#2010/ch03/ifelse1/...
請輸入第一個整數(num1) : 3
請輸入第二個整數(num2) : 56
3 < 56
```

流程圖

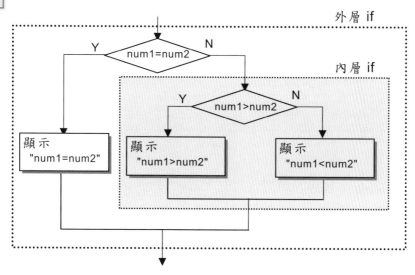

完整程式碼

```
FileName : ifelse1.sln
01 namespace ifelse1                此部份是系統自動產生
02 {                                為節省篇幅，以後章節
03   class Program                   除非需要時才顯示
04   {
05     static void Main(string[] args)
06     {
07       int num1, num2;
08       Console.Write("請輸入第一個整數(num1) : ");
09       num1 = int.Parse(Console.ReadLine());
10       Console.Write("請輸入第二個整數(num2) : ");
11       num2 = int.Parse(Console.ReadLine());
12       // 判斷 num1 是否等於 num2
13       if (num1 == num2)
14       {
15         Console.WriteLine("{0} = {1}", num1, num2);
16       }
17       else  // num1 不等於 num2 則執行下面程式區段
18       {
19         if (num1 > num2)  // 判斷 num1 是否大於 num2
20         {
21           Console.WriteLine("{0} > {1}", num1, num2);
```

```
22              }
23          else
24          {
25              Console.WriteLine("{0} < {1}", num1, num2);
26          }
27      }
28      Console.Read();
29      }
30  }
31 }
```

注意

　　為節省篇幅，後面的範例只列出 Main()方法的部份，待第 6 章物件與類別需使用兩個類別檔時才會列出完整程式。

3.1.2 if…else if…else 多重選擇敘述

　　撰寫程式時，若碰到有兩個以上的條件式需要連續做判斷時，就必須使用 if …else if … else …多重選擇敘述，其意謂若滿足 <條件式 1>，就執行 [程式區塊 1]；若不滿足 <條件式 1>，繼續檢查是否滿足 <條件式 2>？若滿足 <條件式 2>，就執行 [程式區塊 2] ；若不滿足 <條件式 2>，繼續檢查是否滿足 <條件式 3>？..... 以此類推下去，若以上條件都不滿足，則執行接在 else 後面的 [程式區塊 n+1]。語法與流程圖如下：

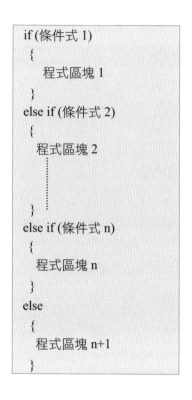

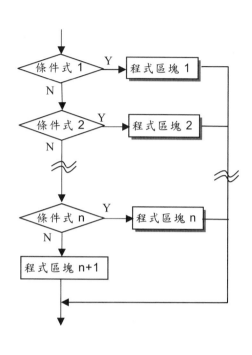

範例演練

檔名：ifelseif1.sln

延續上一範例，改用 if ... else if ... else 多重選擇敘述來撰寫兩數比大小的程式。

流程圖

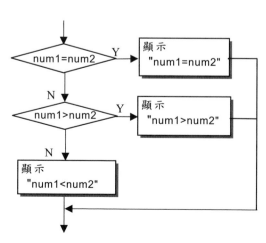

完整程式碼

```
FileName : ifelseif1.sln
01   static void Main(string[] args)
02   {
03       int num1, num2;
04       Console.Write("請輸入第一個整數(num1) :");
05       num1 = int.Parse(Console.ReadLine());
06       Console.Write("請輸入第二個整數(num2) :");
07       num2 = int.Parse(Console.ReadLine());
08       if (num1 == num2)         // 判斷num1是否等於num2
09       {
10           Console.WriteLine("{0} = {1}", num1, num2);
11       }
12       else if (num1 > num2)     // 判斷num1是否大於num2
13       {
14           Console.WriteLine("{0} > {1}", num1, num2);
15       }
16       else                      // 判斷num1是否小於num2
17       {
18           Console.WriteLine("{0} < {1}", num1, num2);
19       }
20       Console.Read();
21   }
```

程式說明

1. 8 行　：若 num1 等於 num1 則執行第 10 行。

2. 12 行　：若 num1 大於 num2 則執行第 14 行。

3. 16 行　：若 num1 小於 num2 則執行第 18 行。

3.1.3 switch 多重選擇敘述

if … else if … else 與 switch 敘述兩者使用上的差異，前者可使用多個不同的條件式，後者只允許使用一個運算式依據其運算式的結果來判斷其值是落在哪個範圍。使用太多的 if 使得程式看起來複雜且不易維護，switch 多重選擇敘述則不會，其語法如下：

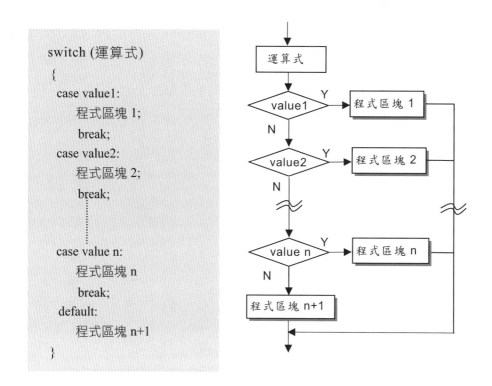

```
switch (運算式)
{
  case value1:
      程式區塊 1;
      break;
  case value2:
      程式區塊 2;
      break;
      ⋮
  case value n:
      程式區塊 n;
      break;
  default:
      程式區塊 n+1
}
```

<value>值可為數值或字串變數或運算式。兩個 case 敘述不能擁有相同的 value 值,執行 switch 敘述時,會先從第一個 case 開始比較,若<運算式>滿足 <value1> 值,則執行 [程式區塊 1],一直碰到 break 敘述才將程式控制權移出離開 switch 敘述,繼續執行接在 switch 敘述後面的敘述;若不滿足第一個 case,繼續往下比較是否滿足第二個 case 的 <value2> 值?若滿足第二個 case 的 <value2> 值,則執行 [程式區塊 2],以此類推下去,若所有 case 都不滿足,則執行 default 內的 [程式區塊 N+1] 後才離開 switch 敘述。如果敘述中沒有 default 標籤,程式控制權就直接轉移到接在 switch 敘述後面的敘述。

若 case 標籤最後面沒有加上 break 敘述,在編譯時會發生「程式無法從目前 case 標籤跳到下一個 case」的錯誤訊息,case 各種寫法如下:

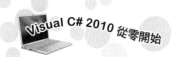

① 若條件式為 1、2、4 為真:

```
case 1 :
case 2:
case 4:

    程式區塊;

break;
```

② 若條件式結果為 "Y" 或 "y" 為真:

```
case "y" :
case "Y" :

    程式區塊;

break;
```

範例演練

檔名:switch1.sln

試使用 switch 敘述,由鍵盤輸入現在的月份(1~12),譬如:輸入 5,表示 5 月份,由程式判斷 5 月份是屬於哪一季,此時會顯示 "現在是第二季";若輸入值超出範圍,則顯示 "... 輸入值超出範圍... "。

完整程式碼

```
FileName : switch1.sln
01   static void Main(string[] args)
02   {
03     string month;
04     Console.Write("=== 請輸入現在的月份: ");
05     month = Console.ReadLine();  // 輸入月份
06     switch (month)
07     {
08       case "1":        // 判斷 month 是否為"1" ~ "3"
09       case "2":
10       case "3":
11         Console.WriteLine(" \n ... 現在是第一季...");
12         break;
13       case "4":        // 判斷 month 是否為"4" ~ "6"
14       case "5":
15       case "6":
16         Console.WriteLine(" \n ... 現在是第二季...");
17         break;
18       case "7":        // 判斷 month 是否為"7" ~ "9"
19       case "8":
20       case "9":
21         Console.WriteLine(" \n ... 現在是第三季...");
22         break;
23       case "10":       // 判斷 month 是否為"10" ~ "12"
24       case "11":
25       case "12":
26         Console.WriteLine(" \n ... 現在是第四季...");
27         break;
28       default:         // month 為其他值
29         Console.WriteLine(" \n ... 輸入值超出範圍....");
30         break;
31     }
32     Console.Read();
33   }
```

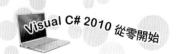

3.2 重複結構

在前面章節，已經知道一般程式都不外由循序結構(Sequence Structure)、選擇結構(Selection Structure)以及重複結構(Repetition Structure)組合而成。所謂「重複結構」或稱迴圈(Loop)是指設計程式時需要將某部份程式區塊重複執行指定的次數，或是一直執行到不滿足條件為止。前者指定次數者稱為「計數器」控制迴圈，如 for 敘述即是；後者依條件者稱為「條件式」控制迴圈，如 while 敘述即是。三種結構的流程圖如下圖所示：

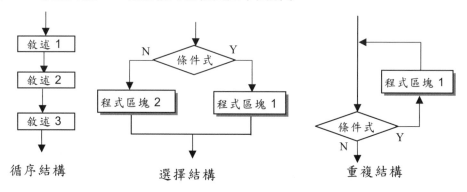

3.2.1 for 迴圈

計數器控制迴圈敘述是以 for 的 "{" 左大括號開始，最後以 "}" 右大括號結束。for 迴圈敘述語法如下：

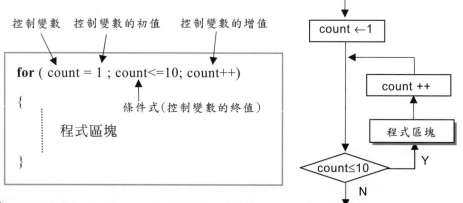

　　for 迴圈一開始會設定控制變數的初值，接著會一直重複執行 for{…} 內的程式區塊，一直到條件式的結果為 false 時便會離開 for 迴圈。每次執行 for 迴圈內的程式區塊完畢時，就會執行 <控制變數的增值> 一次。

　　由上可知，for 迴圈敘述是由 <控制變數>、<控制變數初值>、<條件式> (即控制變數的終值) 以及 <控制變數的增值> 構成。其運算方式是：

1. 首先將初值定給 <控制變數>，若 <條件式> 的結果為 true 則將迴圈內的程式區塊執行一次後，再將 <增值> 加到 <控制變數> 後再進行判斷 <條件式> 的結果是否為 true，若為 true 則繼續執行迴圈內的程式區塊一次…以此類推，一直到 <條件式> 的結果為 false 時才離開迴圈。

2. 若中途欲離開 for 迴圈，可使用 break 敘述。若使用 continue 敘述則立即跳回 for 的開頭繼續執行。break 與 continue 將於下節中介紹。

3. 下面列舉一般 for 迴圈的常用寫法：

   ① for (k=1 ; k<= 5 ; k++)

   　k= 1、2、3、4、5 共執行迴圈內的程式區塊 5 次。

   ② for (k=1 ; k<=5; k+=2)

   　k= 1、3、5 共執行迴圈內的程式區塊 3 次。

   ③ for (k=-0.5 ; k<=1.5 ; k+= 0.5)　　(初值、增值可為小數)

   　k=-0.5、0、0.5、1.0、1.5 共執行迴圈內程式區塊 5 次。

   ④ for (k=6 ; k>=1 ;k-=2)　　(增值採遞減)

   　k= 6、4、2 共執行迴圈內的程式區塊 3 次。

   ⑤ 若初值、增值都有兩個以上，中間使用逗號分開：

   　for (x=1, y=5 ; x<3 && y>2 ;x++ , y--)

   　　x=1 & y=5；　x=2 & y=4；　共執行迴圈內的程式區塊 2 次。

⑥ for (k=x ; k<=y+9 ;k+=2)　　(初值和終值可以為運算式)

　　　若 x=1、y=-2，則 k=1,3,5,7 共執行迴圈內的程式區塊 4 次。

⑦ 無窮迴圈

　　　for (; ;)

　　　　　　　　　　　　　　　　　　　　檔名：series.sln

試求下列級數的和。

$$\sum_{x=1}^{5}(2x+1) = \underset{x=1}{\underline{3}} + \underset{x=2}{\underline{5}} + \underset{x=3}{\underline{7}} + \underset{x=4}{\underline{9}} + \underset{x=5}{\underline{11}} = ?$$

完整程式碼

```
FileName : series.sln
01   static void Main(string[] args)
02   {
03       int x, sum = 0;
04       Console.WriteLine("\n === 求級數的總和   ==== \n");
05       Console.WriteLine("   x        2x+1 ");
06       Console.WriteLine(" ======    ======= ");
07       for (x = 1; x <= 5; x++)
08       {
09           Console.WriteLine("   {0}        {1} ", x, 2 * x + 1);
10           sum += 2 * x + 1;
11       }
```

```
12      Console.WriteLine(" ----------------------- ");
13      Console.WriteLine(" 此級數總和為 : {0} \n", sum);
14      Console.Read();
15  }
```

程式說明

1. 3 行 ：for 迴圈的 x 為初值，sum 為儲存級數的和。

2. 4~6 行 ：顯示標題。

3. 7~11 行 ：顯示每次 x 值及其結果。

4. 13 行 ：顯示總和。

範例演練

檔名：for1.sln

試寫一個程式，將介於 5 到 30(含)之間，是 3 的倍數顯示出來，顯示時，每 3 個倍數印一行。

流程圖

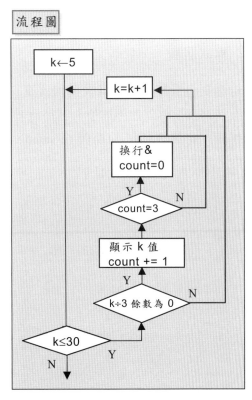

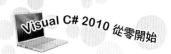

完整程式碼

```
FileName : for1.sln
01  static void Main(string[] args)
02  {
03      int k, count = 0;   //宣告k為for迴圈的控制變數
04      for (k = 5; k <= 30; k++)
05      {
06          if ((k % 3) == 0)
07          {
08              Console.Write("{0} ", k); //若k為3的倍數則執行此行
09              count++;                    //count變數為3時將游標移下一行
10              if (count == 3)             //若印三個數後即將游標移下一行
11              {
12                  Console.WriteLine();
13                  count = 0;              //count變數為0
14              }
15          }
16      }
17      Console.Read();
18  }
```

3.2.2 巢狀迴圈

若迴圈內還有迴圈就構成巢狀迴圈，一般應用在二維資料列表。下例即使用巢狀迴圈，將外迴圈的變數，每個變數值印五次後，再將游標移到下一列最前面，總共印五列。(範例 forsample.sln)

```
for (int i = 1; i <= 5; i++)          // 外層迴圈
{
    for (int k = 1; k <= 5; k++)      // 內層迴圈
    {
        Console.Write("{0} ", i);
    }
    Console.WriteLine();              // 將游標下移一列
}
```

3.2.3 前測式迴圈

所謂「前測式」迴圈就是將條件式放在迴圈的最前面，依據條件式的真假來決定是否進入迴圈，若滿足條件將迴圈內的程式區塊執行一次，然後再回到迴圈最前面的條件式，若還是滿足條件，繼續執行迴圈內的程式區塊，一直到不滿足時才離開迴圈。所以，前測式迴圈若第一次進入迴圈時便不滿足條件式，會馬上離開迴圈，連一次都沒執行迴圈內的程式區塊。C# 提供的前測式迴圈的語法和流程圖如下：

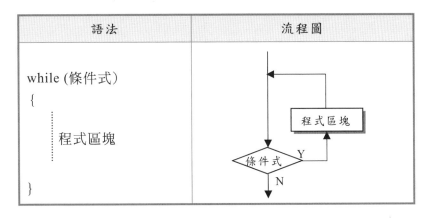

語　法	流程圖

while (條件式)
{
　　程式區塊
}	

要記得在迴圈內的程式區塊內必須有將條件式變更為不成立的敘述，否則會變成無窮迴圈，使得程式無法繼續往下執行。

3.2.4 後測式迴圈

「後測式」迴圈就是將條件式放在迴圈的最後面，第一次不用檢查條件式，直接進入迴圈執行裡面的程式區塊，才判斷條件式的真假，若滿足條件會將迴圈內的程式碼執行一次，再檢查位於迴圈最後面的條件式，若再滿足條件式，繼續執行迴圈內的程式碼，一直到不滿足條件時才離開迴圈。所以，此種架構迴圈內的程式區塊至少會執行一次。C# 所提供的後測式迴圈的語法和流程圖如下：

語法	流程圖
do { 　　　程式區塊 } while (條件式);	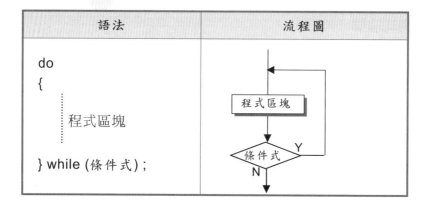

範例演練

檔名：factorial.sln

試寫一個使用前測式迴圈計算階乘的程式，由使用者先輸入一個整數，接著再計算該數的階乘值。如下圖輸入 7，結果計算出 7!=5040。)

完整程式碼

```
FileName : factorial.sln
01   static void Main(string[] args)
02   {
03      int keyin, num, factorial = 1;
04      Console.Write("請輸入整數: ");
05      keyin = int.Parse(Console.ReadLine());  //將輸入整數指定給keyin
06      num = keyin;                 // 將keyin指定給num
07      while (num >= 1)             // 計算num!階乘
08      {
09         factorial *= num;
10         num -= 1;
11      }
12      Console.WriteLine("{0}! = {1} ", keyin, factorial);  // 顯示階乘結果
13      Console.Read();
14   }
```

3.3 break 與 continue 敘述

當你使用 for、while 或 do...while 迴圈時，在迴圈內程式區塊中，要中途離開迴圈時，可在欲離開處插入 break 敘述，便可直接離開迴圈，繼續執行接在迴圈後面的敘述。若要中途返回迴圈開始處，可在欲返回處插入 continue 敘述即可。所以 break 和 continue 都是用來改變迴圈的執行流程。但要注意迴圈內接在 break 或 continue 後面的敘述是不會被執行到。譬如一個無窮迴圈，可在迴圈內適當位置插入 if 敘述，藉由在條件中插入 continue 和 break 來控制迴圈。其語法如下：

break	continue

for (......)
{
　　敘述 1;
　　敘述 2;
　　　⋮
　　break;
　　敘述 n-1;
　　敘述 n;
}
	for (......)
	{
	　　敘述 1;
	　　敘述 2;
	　　　⋮
	　　continue;
	　　敘述 n-1;
	　　敘述 n;
	}

while (條件式)
{
　　敘述 1;
　　敘述 2;
　　　⋮
　　break;
　　敘述 n-1;
　　敘述 n;
}
	while (條件式)
	{
	　　敘述 1;
	　　敘述 2;
	　　　⋮
	　　continue;
	　　敘述 n-1;
	　　敘述 n;
	}

```
do                              do
{                               {
    敘述 1;                         敘述 1;
    敘述 2;                         敘述 2;
      ⋮                             ⋮
    break;                          continue;
    敘述 n-1;                       敘述 n-1;
    敘述 n;                         敘述 n;
} while (條件式);                } while (條件式);
```

由上表可知 <敘述 n-1> 及 <敘述式 n> 都不會被執行到。

範例演練

檔名：breakcontinue.sln

試寫一個連續輸入數值累加總和的程式，在無窮迴圈 do...while 中，透過 break 和 continue 來判斷是否繼續累加輸入值。

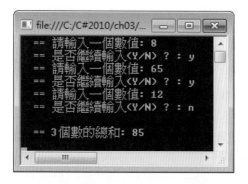

```
== 請輸入一個數值: 8
== 是否繼續輸入〈Y/N〉? : y
== 請輸入一個數值: 65
== 是否繼續輸入〈Y/N〉? : y
== 請輸入一個數值: 12
== 是否繼續輸入〈Y/N〉? : n

== 3個數的總和: 85
```

完整程式碼

```
FileName : breakcontinue1.sln
01  static void Main(string[] args)
02  {
03      int count = 0, keyin = 0, sum = 0;
04      string str1;
```

```
05    do
06    {
07        Console.Write(" == 請輸入一個數值: ");
08        keyin = Convert.ToInt32(Console.ReadLine());//將輸入的資料轉成整數
09        sum += keyin;    // 累加輸入值
10        count++;
11        Console.Write(" == 是否繼續輸入(Y/N) ? : ");
12        str1 = Console.ReadLine();
13        if ((str1 == "y") || (str1 == "Y")) //如果輸入"Y" 或 "y"則返回迴圈開始處
14        {
15            continue;      //返回迴圈開始處
16        }
17        else
18        {
19            break;         //離開迴圈
20        }
21    } while (true);       //無窮迴圈
22    Console.WriteLine("\n == {0}個數的總和: {1} ", count, sum); // 顯示累加結果
23    Console.Read();
24 }
```

🌐 3.4 程式除錯

　　當程式執行，若發覺所得結果不符合預期，就表示程式設計上有錯誤。此種錯誤可能發生在編譯階段或執行階段。當程式進行編譯時發生的錯誤會停止程式執行，會將發生錯誤的訊息顯示在錯誤清單中，一般編譯發生的錯誤大都是語法錯誤，表示你所撰寫的敘述不符合 C# 所規定的語法，此時在該識別項的正下方會出現藍色的波浪線，表示該識別項 C# 無法辨別。此時便要做除錯 (Debug) 的工作，一直到你發生錯誤的地方無誤時，藍色波浪線才會消失。

　　當一個程式在編譯時沒有錯誤發生，在執行階段若無法得到預期的結果，就表示發生邏輯上的錯誤，所謂「邏輯錯誤」並不是語法錯誤，而是程式的流程、運算式、變數誤用等錯誤，此時就需要使用「區域變數」視窗來做逐行偵錯，觀察每行執行結果是否正確？以找出發生錯誤的地方。

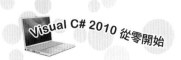

3.4.1 逐行偵錯

Visual C# 2010 Express 提供「區域變數」視窗來評估變數和運算式，並保存其結果。也可使用「區域變數」視窗來編輯變數或暫存器的數值。下例透過 for 迴圈來學習程式如何做逐行偵錯。首先自行鍵入下列程式，或由書附光碟中載入 ch03/debug1.sln 來練習。

完整程式碼如下：

```
FileName : debug1.sln
01  static void Main(string[] args)
02  {
03      int i, k, sum = 0;
04      k = 11;
05      // k 開始為11，每次累加5；sum累加1, 2, 3
06      for (i = 1; i <= 3; i++)
07      {
08          k += 5;
09          sum += i;
10          Console.WriteLine("i={0} , k={1}", i, k); // 顯示k每次累加5的結果
11      }
12      Console.WriteLine("i={0} , sum = {1} ", i, sum); // 顯示sum的結果
13      Console.Read();
14  }
```

```
file:///C:/...
i=1 , k=16
i=2 , k=21
i=3 , k=26
i=4 , sum = 6
```

上面程式執行時，請按照下面步驟來對程式做逐行偵錯工作。

上機實作

Step1 先點選功能表的【偵錯(D)/逐步執行(I)】或直接按 **F11** 鍵，此時在 Main()方法的下一行 "{" 會出現 ⏵ 向右箭頭，表示下次執行由此行敘述開始，進入逐行偵錯：

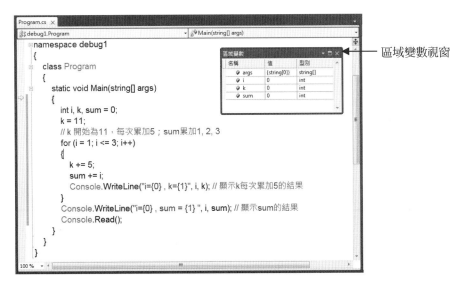

Step2 接著點選【偵錯(D)/視窗(W)/區域變數(L)】開啟「區域變數」監看視窗。

區域變數視窗

Step3 接著按 F11 功能鍵三次，已執行過 k=11，「區域變數」監看視窗內的 K 值由 0 ⇨ 11。

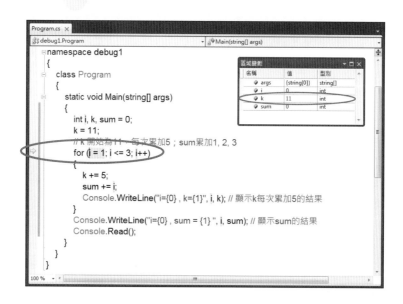

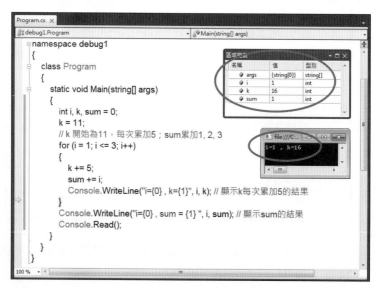

Step5 接著按 F11 功能鍵一次，跳回執行 for...敘述，將 i 值 1⇨2，以此類推下去，便可看到各敘述中，各變數的變化情形。若要中斷逐行偵錯，將尚未執行的敘述一次執行完畢，可以按 ▶ 開始偵錯鈕，會顯示最後結果。

3.4.2 設定中斷點

在做程式除錯時，除了可採上一節所介紹的逐行偵錯是屬於細部除錯，Visual C# 2010 Express 另外提供中斷點設定讓你做大範圍除錯。其做法是在程式中欲監看的敘述前面設定中斷點(呈 ◉ 圖示)，程式執行時每次執行所設定的中斷點便會停止執行(該行尚未執行)，此時你可透過「區域變數」監看視窗或是移動滑鼠到該變數上，會顯示該變數目前的值。下面使用 ch03/debug1.sln 並透過 for 迴圈來學習如何設定中斷點。程式碼如下：

```csharp
using System;
using System.Collections.Generic;
using System.Linq;
using System.Text;

namespace debug1
{
    class Program
    {
        static void Main(string[] args)
        {
            int i, k, sum = 0;
            k = 11;
            for (i = 1; i <= 3; i++)
            {
                k += 5;
                sum += i;
                Console.WriteLine("i={0} , k={1}", i, k);
            }
            Console.WriteLine("i={0} , sum = {1} ", i, sum);
            Console.Read();
        }
    }
}
```

上機實作

Step1 設定中斷點

先移動滑鼠到下圖程式中有 🔵 中斷點圖示處按一下,將指定的三
行敘述設成中斷點。有設定中斷點的敘述會以預設紅色底顯示:

```
debug1.Program                          Main(string[] args)
using System;
using System.Collections.Generic;
using System.Linq;
using System.Text;

namespace debug1
{
    class Program
    {
        static void Main(string[] args)
        {
            int i, k, sum = 0;
            k = 11;
            for (i = 1; i <= 3; i++)
            {
                k += 5;
                sum += i;
                Console.WriteLine("i={0} , k={1}", i, k);
            }
            Console.WriteLine("i={0} , sum = {1} ", i, sum);
            Console.Read();
        }
    }
}
```

Step2 開始偵錯

接著點選功能表的【偵錯(D)/開始偵錯(S)】或直接按 **F5** 功能鍵,
程式開始執行到第一個中斷點處便暫停執行,此時在 k+=5 前面出現
⏩ 向右箭頭,表示下次由此行敘述開始往下執行。此時可從「區域
變數」監看視窗觀看目前變數的值。若螢幕未出現「區域變數」監
看視窗,可執行功能表的【偵錯(D)/視窗(W)/區域變數(L)】開啟「區
域變數」視窗。

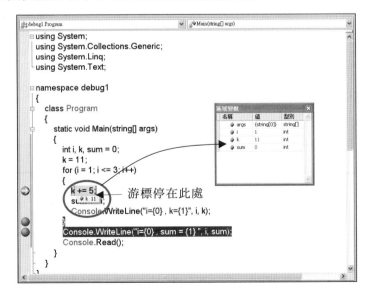

直接觀看

你也可以直接移動滑鼠到編碼視窗任一個變數上停一會兒,如下圖
在該變數的右下方會出現目前該變數的值。

游標停在此處

Step4 繼續執行

再按 F5 功能鍵或 ▶ 鈕,如下圖執行到 "}" 符號便暫停執行。
各行敘述中變數的變化情形如下圖箭頭所指。

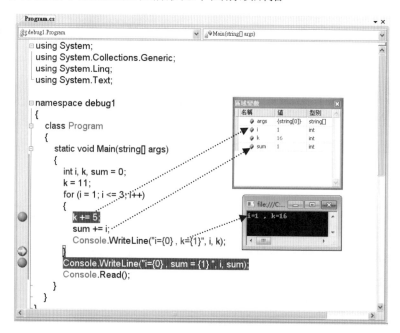

Step5 繼續執行

再按 F5 功能鍵或 ▶ 開始偵錯鈕往下執行,會再回到第一個中斷
點才停止執行,變數 i 的值變為 2。以此類推下去,便可大範圍觀看
變數的變化情形,以驗證輸出的結果是否正確?

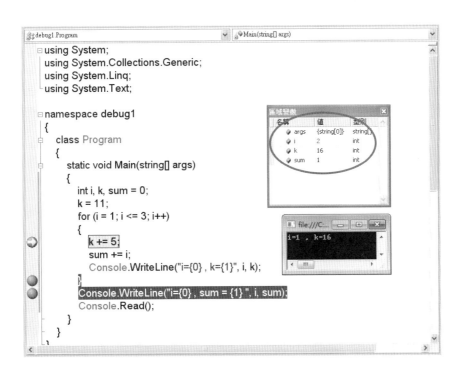

Step6 停止偵錯

若中途欲停止偵錯可以執行【偵錯(D)/停止偵錯(E)】或直接按 ▣ 停止偵錯圖示即可。

Step7 取消中繼點

移動滑鼠到欲取消中斷點敘述前面的 ⬤ 圖示上按一下，中斷點便消失，該行敘述即恢復正常狀態。

3.5 例外處理

所謂「例外」(Exception)就是指當程式在執行時期(Run-Time)所發生的錯誤。C# 提供一個具有結構且易控制的機制，來處理執行時期原程式未考慮的狀況所發生的錯誤，稱之為「例外處理」(Exception Handle)。

設計良好的錯誤處理程式碼區塊，可以讓程式更為穩定，並且更不容易因為應用程式處理此類錯誤而當機。例外處理主要由 try、catch、throw、finally 四個關鍵字構成。其方式是將要監看是否發生錯誤的程式區塊放在 try 區塊內，當 try 區塊內的任何敘述執行時發生錯誤，該例外會被丟出 (throw)，在程式碼中利用 catch 抓取此例外情況，C# 會由上而下逐一檢查每個 catch 敘述，當找到符合的 catch 敘述，會將控制權移轉到該 catch 敘述內程式區塊的第一列敘述去執行。當該 catch 程式區塊執行完畢，不再繼續往下檢查 catch 敘述。直接跳到 finally 內執行 finally 程式區塊。若未找到符合的 catch 敘述，最後也會執行 finally 內的 finally 程式區塊後才離開 try。其語法如下：

```
try
{
    [try 程式區塊]    // 可能發生例外的程式區塊
}
catch(exception1 ex)
{
    [catch 程式區塊]
    // 當發生的例外符合 exception1 時執行此程式區塊 1
}
catch(exception2 ex)
{
    [catch 程式區塊]
    // 當發生的例外符合 exception2 時執行此程式區塊 2
}

        ⋮

finally
{
    [finally 程式區塊]    //無論是否發生例外，都會執行此程式區塊
}
```

　　當程式執行階段有些錯誤，系統並無提供此種判斷時，可以使用 throw 敘述來指明例外的發生，我們把這個動作稱作「丟出例外」。throw 可以丟出指定的 Exception 例外物件。下表列出 Exception 的常用類別：

例　外　類　別	發　生　錯　誤　原　因
ArgumentOutOfRangeException	當引數值超過某個方法所允許的範圍時所產生的例外。
DivideByZeroException	當除數為零時所產生的例外。
IndexOutOfRangeException	當陣列索引值超出範例時所產生的例外。
InvalidCastException	資料型別轉換錯誤時所產生的例外。
OverFlowException	資料發生溢位時所產生的例外。
Exception	執行時期發生錯誤時所產生的例外。

範例演練

檔名：try1.sln

試寫一個會發生除數為零 DivideByZeroException 例外的程式，或者直接開啟下面 try1.sln 範例程式。本程式中先宣告 i、k、p 為整數變數，並設定 i 初值為 5，k 初值為 0。當執行 i/k 時會發生除數為零的 DivideByZeroException 例外，此時程式即會終止執行。

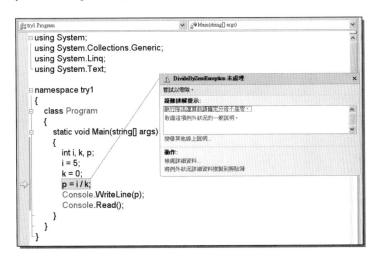

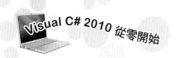
 範例演練

檔名：try2.sln

延續上例，請在程式碼中插入 try...catch 來處理除數為零的例外。

完整程式碼

```
FileName : try2.sln
01   static void Main(string[] args)
02   {
03     int i, k, p;
04     i = 5;
05     k = 0;
06     try
07     {
08       p = i / k;              // 將可能發生例外的程式碼置於try區塊
09     }
10     catch (Exception ex)      // 當發生的例外符合Exception時會執行此處
11     {
12       Console.WriteLine("發生例外");
13     }
14     finally                   // 無論是否發生例外皆會執行finally區塊
15     {
16       Console.WriteLine(".... 結束程式執行!! ...");
17     }
18     Console.Read();
19   }
```

由於將 p=i/k 寫在 try 程式區塊內，只要此行發生錯誤，會自動去找符合 catch 敘述。執行第 8 行時，由於分母為零產生錯誤，此時會被第 10 行的 Exception 例外補捉到而產生 Exception 類別的 ex 例外物件，接著在第 12 行直接印出 "發生例外" 訊息。最後執行第 14~17 行 finally 程式區塊，顯示 ".... 結束程式執行!! ..."。結果如下圖所示：

　　若第 5 行 將 k=0 改成 k=2，由於未發生錯誤，直接跳至第 14~17 行，
執行 finally 的程式區塊。結果如下圖：

　　若新增 10~13 行敘述，且 i=5 , k=0 時：

完整程式碼

```
FileName : try2.sln
01 tatic void Main(string[] args)
02
03   int i, k, p;
04   i = 5;
05   k = 0;
06   try
07   {
08     p = i / k;  // 將可能發生例外的程式碼置於 try 區塊
09   }
10   catch(DivideByZeroException ex)    //當發生的例外符合 DivideByZeroException 時會執行此處
11   {
12       Console.WriteLine(ex.Message); // Message 可以用來顯示目前的例外訊息
13   }
14   catch(Exception ex)              // 當發生的例外符合 Exception 時會執行此處
15   {
16       Console.WriteLine("發生例外");
17   }
18   finally                        // 無論是否發生例外皆會執行 finally 區塊
19   {
20       Console.WriteLine(".... 結束程式執行!! ...");
21   }
22   Console.Read();
23 }
```

由於先符合 catch(DivideByZeroException ex)敘述，所以執行第一個 catch 內的程式區塊後，跳過第二個 catch(Exception ex)敘述，直接執行 finally 敘述的程式區塊。由於 catch (Exception ex) 是當上面所有 catch 敘述中的 Exception 類別不符合時才執行，也就是發生其它的錯誤才接受，因此 catch(Exception ex) 必須放在所有 catch 敘述的最後面以及 finally 前面。本例執行結果如下。

上面第 12 行透過例外物件的 Message 屬性顯示目前例外的訊息，下表列出幾個例外物件常用的屬性與方法，透過這些方法可供你了解一些例外的資訊。

例外物件的成員	說明
GetType 方法	取得目前例外物件的資料型別。
ToString 方法	取得目前例外狀況的文字說明。
Message 屬性	取得目前例外的訊息。
Source 屬性	取得造成錯誤的應用程式或物件的名稱。
StackTrace 屬性	取得發生例外的方法或函式。

 範例演練

檔名：try3.sln

延續上例，請使用例外物件的 GetType、ToString、Message、Source、StackTrace 成員將例外的資訊顯示出來。

完整程式碼

```
FileName : try3.sln
01   static void Main(string[] args)
02   {
03     int i, k, p;
04     i = 5;
05     k = 0;
06     try
07     {
08       p = i / k;      // 將可能發生例外的程式碼置於try區塊
09     }
10     catch (DivideByZeroException ex)
11     {
12       Console.WriteLine("例外訊息:{0}", ex.Message);
13       Console.WriteLine("發生例外的函式:{0}", ex.StackTrace);
14       Console.WriteLine("發生例外的物件:{0}", ex.Source);
15       Console.WriteLine("發生例外的物件型別:{0}", ex.GetType());
16       Console.WriteLine("發生例外的文字說明:{0}", ex.ToString());
17     }
18     finally          // 無論是否發生例外,皆會執行finally區塊中的程式碼
19     {
20       Console.WriteLine(".... 結束程式執行!! ...");
21     }
22     Console.Read();
23   }
```

 3.6 課後練習

一、選擇題

1. 以下何者非 C# 的選擇敘述？ (A) if…else (B) if…else if…else (C) switch (D) 以上皆是。

2. 前測式重複結構至少執行多少次 (A) 0 (B) 1 (C) 2 (D) 視條件判斷式。

3. 後測式重覆結構至少執行多少次 (A) 0 (B) 1 (C) 2 (D) 視條件判斷式。

4. 下例何者非 C# 的選擇敘述 (A) switch (B) iif() 函式 (C) ?… : ….三元運算子 (D) if…else。

5. 在 C# 使用 switch 選擇敘述可配合以下哪個敘述 (A) case (B) break (C) default (D) 以上皆是。

6. 假若迴圈內的敘述至少要執行一次,應使用以下哪一種迴圈 (A) for (B) while (C) do…while (D) Do…Until。

7. 下列何者為無窮迴圈 (A) for(;;) (B) while (true) (C) do…while (true) (D) 以上皆是。

8. 假若使用無窮迴圈可以配合下面哪個敘述來離開迴圈 (A) continue (B) stop (C) break (D) return。

9. 下例何者不是 C# 的迴圈敘述 (A) switch (B) for (C) while (D) do…while 。

10. for 迴圈內的運算式若有多個運算式時,中間用下面哪個符號來隔開 (A) 分號 (B) 逗號 (C) 冒號 (D) 頓號。

11. 有一程式如下：

```
int i, sum=0;
for(i=1;i<=15;i+=3)
{
        sum+=i;
}
```

試問 sum 最後等於多少 (A) 34 (B) 35 (C) 36 (D) 37。

12. 延續上題，試問 for 敘述執行完後，i 的值是多少呢？ (A) 13 (B) 14 (C) 15 (D) 16

13. try…catch…finally 敘述的哪個區塊可用來監控可能會發生例外的程式碼？ (A) try (B) catch (C) finally (D) 以上皆非。

14. try…catch…finally 敘述的哪個區塊無論有沒有發生例外都會執行？ (A) try (B) catch (C) finally (D) 以上皆非。

15. 想要補捉資料發生溢位時的例外，可透過下面哪個類別？

(A) IndexOutOfRangeException   (B) InvalidCastException

(C) OverFlowException   (D) ArgumentOutOfRangeException

二、程式設計

1. 將求階乘的 factorial1.sln 範例改以下列兩種方式撰寫：

    ① for…

    ② do…while

2. 撰寫一程式，程式執行時要求使用者輸入帳號及密碼，若輸入的帳號為「博碩」且密碼為「1234」則顯示 "登入成功" 訊息，否則顯示 "登入失敗" 訊息。

3. 修改習題 2，當帳號及密碼輸入錯誤達三次時，則顯示 "登入失敗" 訊息；若輸入的帳號為「博碩」且密碼為「1234」則顯示 "登入成功" 訊息。

4. 撰寫一個程式,程式執行時要求使用者輸入一個整數 n,接著會印出小於 n 整數的質數。

5. 試用 switch 敘述撰寫下面主功能表選項程式。

  ① 若輸入"1" 提示 "進入新增作業..."

  ⑤ 若輸入"5" 提示 "離開..."。

  ③ 若輸入不是 1~5 的數值,則顯示 "輸入值超出範圍..."。

 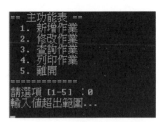

6. 由鍵盤輸入兩個整數,透過程式模擬輾轉相除法求出兩數之最大公約數。

7. 由鍵盤輸入一個整數,並判斷它是奇數或偶數。

8. 由鍵盤輸入學生姓名及分數,並判斷學生分數的等級。等級分類如下:

  ① 90~100:等級 A   ② 80~89:等級 B

  ③ 60~79:等級 C   ④ 0~59:等級 D

CHAPTER

陣列

4.1 為何需要陣列

4.1.1 何謂陣列

在前面章節設計程式時，每使用到一個資料就需宣告一個變數來存放，資料一多時，變數亦跟著增加，不但會增加變數命名的困擾而且程式的長度亦會增長而不易維護。所幸 C# 對相同性質的資料提供陣列(Array)來存放。只要在宣告陣列時設定陣列名稱、陣列大小以及該陣列的資料型別，C# 在編譯時自動在記憶體中保留連續空間來存放該陣列的所有元素。陣列宣告與建立的方式如下：

方式 1：先宣告陣列名稱，再使用 new 關鍵字建立陣列的大小。分成兩行書寫其語法下：

> 資料型別　[]　陣列名稱;
> 陣列名稱　= new　資料型別　[大小];

方式 2：宣告陣列的同時並使用 new 關鍵字建立陣列的大小。合併成一行書寫其語法下：

> 資料型別　[]　陣列名稱　= new　資料型別　[大小];

譬如：建立一個陣列名稱為 myAry 的整數陣列，該陣列含有五個陣列元素，依序為 myAry[0]~myAry[4]，每個陣列元素裡面所存放都是整數。寫法如下：

> int[] myAry = new int[5] ;

我們將緊接在陣列名稱 myAry 後面中括號內的整數值稱為「註標」或「索引」。若將註標以變數取代，在程式中欲存取陣列元素只要改變註標值即可。所以，可將一個陣列元素視為一個變數，也就是將 myAry[0] ~ myAry[4] 視為 5 個變數名稱，變數間以註標來加以區別，如此可免去為變數命名之困擾。由於程式中的陣列經過宣告，在編譯時期會保留連續記憶體位址給該陣列中的元素使用，陣列元素會依註標先後次序存放在這連續的記憶體位址，存取陣列元素只要指定陣列的註標，C# 便會透過註標自動計算出該陣列元素的位址來存取指定的陣列元素。

　　陣列經宣告和建立完畢，接著便可透過下列指定敘述(=)直接在程式中設定各陣列元素的初值。我們將設定陣列初值的過程稱為「初始化」(Initialization)：

```
myAry[0] = 10;
myAry[1] = 20;
myAry[2] = 30;
myAry[3] = 40;
myAry[4] = 50;
```

　　上面敘述是將陣列的建立和初值分開書寫，若希望在建立的同時就設定陣列的初值(合併成一行)，其語法如下：

> 資料型別 [] 陣列名稱 ＝ new 資料型別 [大小] {陣列初值};

　　譬如：將上面 myAry 陣列的建立和初值設定共六行敘述合併成一行，其寫法如下：

int[] myAry = new int[5] {10,20,30,40,50};

或　　　　　　　　　　　　　如下式可省略不寫

int[] myAry = new int[] {10,20,30,40,50};

　　建立陣列時未設定初值，若是數值資料型別預設值為零，若是字串資料型別預設為 null，布林資料型別預設為 false。

假設陣列元素由記憶位址 1,000 開始放起,而且每個記憶體位址大小只允許存放 1 Byte 的資料,因此一個整數變數使用 4 Bytes 來存放資料,就需佔用四個記憶體位址。所以,上面陣列敘述經過建立和設定初值後,各陣列元素的記憶位址和內容如下:

陣列元素	內容	實際配置記憶位址
myAry[0]	10	1000~1003
myAry[1]	20	1004~1007
myAry[2]	30	1008~1011
myAry[3]	40	1012~1015
myAry[4]	50	1016~1019

4.1.2 一維陣列的存取

同性質的資料若使用陣列來存放,可透過 for 迴圈配合變數 k 當陣列註標,逐一將鍵盤鍵入的資料存入陣列中,也可將資料由陣列中讀取出來。譬如下例:以變數 k 當計數,並將對應的 k 值當做陣列元素的註標,連續由鍵盤讀取資料五次,便可放入陣列 a 中,其步驟如下:

Step1 當 k=0,透過 Console.ReadLine() 方法將輸入值置入 a[k] 即 a[0]。

Step2 當 k=1,透過 Console.ReadLine() 方法將輸入值置入 a[k] 即 a[1]。

Step3 當 k=2,透過 Console.ReadLine() 方法將輸入值置入 a[k] 即 a[2]。

Step4 當 k=3,透過 Console.ReadLine() 方法將輸入值置入 a[k] 即 a[3]。

Step5 當 k=4,透過 Console.ReadLine() 方法將輸入值置入 a[k] 即 a[4]。

將上面步驟寫成程式片段如下:

```
for (k=0 ;k<=4 ; k++) {
    a[k] = int.Parse (Console.ReadLine());
    或
    a[k] = Convert.ToInt32(Console.ReadLine());
}
```

至於使用 for 迴圈讀取陣列 a 中所有陣列元素的內容,寫法如下:

```
for (k=0 ;k<=4 ; k++) {
    Console.WriteLine ("{0} ", a[k]);
}
```

範例演練

檔名:array1.sln

請參照下圖的輸出入畫面,將本小節所介紹如何使用 for 迴圈來存取陣列的內容寫成一個完整程式。執行程式時,先由鍵盤連續輸入五個整數並存放到 myAry[0] ~ myAry[4] 陣列元素內,最後再將 myAry[0] ~ myAry[4] 陣列元素內容印出來。

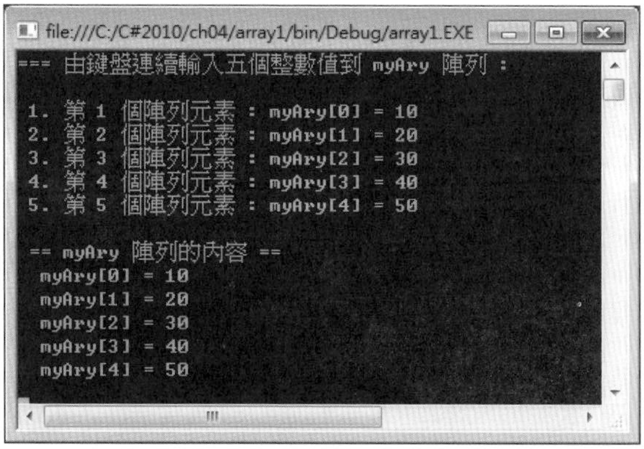

完整程式碼

```
FileName : array1.sln
01  static void Main(string[] args)
02  {
03      int k;
04      int[] myAry = new int[5];     // 宣告一個含有五個陣列元素的整數陣列 myAry
05      Console.WriteLine ("=== 由鍵盤連續輸入五個整數值到 myAry 陣列 : \n ");
05      // 連續輸入 5 個整數並指定給 myAry[0]~myAry[4]
06      for (k = 0; k < 5; k++)
07      {
08          Console.Write(" {0}. 第 {1} 個陣列元素 : myAry[{2}] = ", k + 1, k + 1, k);
09          // 將資料轉成整數後,接著放入指定的陣列元素內
10          myAry[k] = int.Parse(Console.ReadLine());
```

```
11    }
12    Console.WriteLine();   // 空一行
13    Console.WriteLine(" == myAry 陣列的內容 == ");  // 顯示標題訊息
14    for (k = 0; k < 5; k++)   // 顯示myAry[0]~myAry[4]
15    {
16        Console.WriteLine(" myAry[{0}] = {1}", k, myAry[k]);
17    }
18    Console.Read();
19  }
```

4.2 陣列常用的屬性與方法

由於 C# 屬於物件導向的程式語言，陣列物件被建立時(實體化)，即可以使用陣列物件所提供的方法與屬性，透過這些方法可以取得陣列的相關資訊。例如：陣列的維度、陣列元素個數…等。下表為陣列物件常用的屬性與方法，假設 ary1 一維陣列及 ary2 二維陣件物件皆已使用下面敘述建立(關於二維陣列的詳細介紹可參閱本章 4.4 節)。

```
int[] ary1 = new int[] { 1, 2, 3, 4, 5 };                        //一維陣列
int[,] ary2 = new int[,] { {1,2,3 }, {4,5,6 }, {7,8,9 }, {10,11,12 } };  //二維陣列
```

陣列物件的成員	說明

Length 屬性	取得陣列元素的總數。以上面兩行宣告陣列為例：
	[例] int a1=ary1.Length ; //a1=5, ary1 陣列元素總數
	    int a2=ary2.Length; //a2=12, ary2 陣列元素總數

Rank 屬性	取得陣列維度數目。
	[例] int r1=ary1.Rank ; // r1=1
	    int r2=ary2.Rank; // r2=2

GetUpperBound 方法	取得陣列某一維度的上限。
	[例]
	 int U1=ary1.GetUpperBound(0); //U1=4,第 1 維上限
	 int U2=ary2.GetUpperBound(1); //U2=2,第 2 維上限

GetLowerBound 方法	取得陣列某維度的下限，陣列維度下限由 0 開始。

陣列物件的成員	說明

GetLength 方法	取得陣列某一維度的陣列元素總數。
	[例] int t1=ary1.GetLength(0); //t1=5,第 1 維元素總數
	　　　int t2=ary2.GetLength(1); //t2=3,第 2 維元素總數

4.3 Array 類別常用的靜態方法

　　Array 類別即陣列類別是支援陣列實作的基底類別，用來提供建立、管理、搜尋和排序陣列物件的方法。本章介紹 Array 類別常用的靜態方法，所謂「類別靜態方法」，就是類別不用實體化為物件便可直接呼叫該靜態方法，下面介紹的 Array 類別靜態方法僅限用在一維陣列的處理上。若能活用下面介紹的 Array 類別提供的屬性與方法，便能很輕易地對陣列物件做各種處理。

4.3.1 陣列的排序

　　Array.Sort() 方法可用來對指定的一維陣列物件由小而大做遞增排序。語法如下：

> 語法 1：Array.Sort(陣列物件);
> 語法 2：Array.Sort(陣列物件 1, 陣列物件 2);

1. 語法 1：用來將一維陣列物件中的元素做由小到大排序。(參閱 ArraySort1.sln 範例)
2. 語法 2：用來將 <陣列物件 1> 中的元素做由小到大排序，且 <陣列物件 2> 的元素會隨著 <陣列物件 1> 的索引位置跟著做排序的動作。(參閱 ArraySort2.sln 範例)。

 範例演練

檔名：ArraySort1.sln

先在程式中直接設定陣列元素的初值，再透過 for 迴圈顯示陣列的初值。
接著使用 Array.Sort() 方法做遞增排序後，再顯示排序後的結果。

完整程式碼

```
FileName : ArraySort1.sln
01  static void Main(string[] args)
02  {
03    int[] avg = new int[6] { 80, 86, 70, 95, 64, 78 };
04    Console.WriteLine(" === 排序前=== ");
05    for (int k=0; k<=avg.GetUpperBound(0); k++)  //印出avg陣列排序前的結果
06    {
07      Console.WriteLine(" avg[{0}] = {1}", k, avg[k]);
08    }
09    Console.WriteLine();          //換行
10    Array.Sort(avg);             //由小到大排序avg陣列
11    Console.WriteLine(" === 排序後=== ");
12    for (int k=0; k<=avg.GetUpperBound(0); k++)  //印出avg陣列排序後的結果
13    {
14      Console.WriteLine(" avg[{0}] = {1}", k, avg[k]);
15    }
16    Console.Read();
17  }
```

範例演練

檔名：ArraySort2.sln

譬如下表為某個班級的學期成績，由於此表中有兩個不同性質的資料，因此必須使用兩個陣列來分別存放姓名和學期成績。假設陣列名稱分別為 name 和 avg 的初值如左下圖所示。

姓名(name)	學期成績(avg)
Jack	80
Tom	86
Fred	70
Mary	95
Lucy	64
Jane	78

排序前

姓名(name)	學期成績(avg)
Lucy	64
Fred	70
Jane	78
Jack	80
Tom	86
Mary	95

排序後(遞增排序)

由於每個人的姓名和成績都對應到一個相同的註標值，若排序時使用 Array.Sort(avg)時，只單獨對 avg 陣列物件做遞增排序時，name 姓名陣列仍維持原狀，導致姓名和成績無法一致。若希望按照學期平均由小而大排序的同時姓名亦跟著更動，就必須改成 Array.Sort(avg, name)，一學期成績排序結果如右上圖所示。程式執行時按照下圖將排序前後，各陣列元素的內容顯示出來：

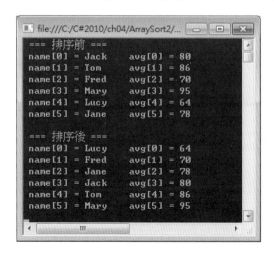

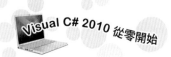

完整程式碼

```
FileName : ArraySort2.sln
01  static void Main(string[] args)
02  {
03      //學生姓名name陣列
04      string[] name = new string[6] { "Jack", "Tom ", "Fred", "Mary", "Lucy", "Jane" };
05      //學期成績avg陣列
06      int[] avg = new int[6] { 80, 86, 70, 95, 64, 78 };
07      Console.WriteLine(" === 排序前 === ");
08      for (int k = 0; k <= avg.GetUpperBound (0); k++)
09      {
10          Console.WriteLine(" name[{0}] = {1}    avg[{2}] = {3}", k, name[k], k, avg[k]);
11      }
12      Console.WriteLine();
13      Array.Sort(avg, name);  // name 陣列依avg陣列做由小而大排序
14      Console.WriteLine(" === 排序後 === ");
15      for (int k = 0; k <= avg.GetUpperBound (0); k++)
16      {
17          Console.WriteLine(" name[{0}] = {1}    avg[{2}] = {3}", k, name[k], k, avg[k]);
18      }
19      Console.Read();
20  }
```

4.3.2 陣列的反轉

Array.Reverse() 方法可用來反轉整個一維陣列的順序。上例使用 Array.Sort() 方法來對指定的陣列由小而大做遞增排序。若希望改成由大而小作遞減排序，就必須再將已做完遞增排序的陣列再使用 Array.Reverse() 方法即可將陣列由大而小作遞減排序。Array.Reverse() 語法如下：

> 語法：Array.Reverse(陣列物件);

[例] 欲對陣列名稱 avg 做由大而小遞減排序，寫法如下：

```
Array.Sort(avg);      // 將 avg 陣列做由小而大遞增排序
Array.Reverse(avg);   // 將 avg 陣列做反轉，使陣列由大而小遞減排序
```

　　若同時有兩個相關的陣列 name 和 avg，若以 avg 陣列為基準由大而小做遞減排序，其相關陣列需要同時反轉，程式寫法如下：

Array.Sort(avg,name);　// 將 avg 陣列做由小而大遞增排序，name 陣列亦跟著改
Array.Reverse(avg);　　// 將 avg 陣列做反轉，表示變成由大而小遞減排序
Array.Reverse(name);　// 將 name 陣列做反轉

範例演練

檔名：ArrayReverse.sln

延續上一範例，除了成績是採遞減排序而且在輸出結果前面加上姓名、學期成績及名次。

完整程式碼

```
FileName : ArrayReverse.sln
01  static void Main(string[] args)
02  {
03      string[] name = new String[6]{ "Jack", "Tom ", "Fred", "Mary", "Lucy", "Jane" };
04      int[] avg = new int[6] { 80, 86, 70, 95, 64, 78 };
05      Console.WriteLine(" === 排序前 === ");
06      for (int k = 0; k <= avg.GetUpperBound (0); k++)
07      {
08          Console.WriteLine(" name[{0}] = {1}   avg[{2}] = {3}",
09              k, name[k], k, avg[k]);
10      }
11      Console.WriteLine();
12      Array.Sort(avg, name);       //由小到大排序 avg 與 name 陣列
```

```
13   Array.Reverse(avg);        //反轉avg陣列
14   Array.Reverse(name);       //反轉name陣列
15   Console.WriteLine(" === 排序後 === ");
16   Console.WriteLine("      姓名          學期成績      名次 ");
17   for (int k = 0; k <= avg.GetUpperBound (0); k++)
18   {
19      Console.WriteLine(" name1[{0}] = {1}  avg[{2}] = {3}  {4}",
           k, name[k], k, avg[k], k + 1);
20   }
21   Console.Read();
22 }
```

程式說明

1. 12~14 行 ：以成績做遞減排序。

2. 16 行　　 ：顯示姓名、學期成績、名次提示訊息。

3. 17~20 行 ：由於成績由上而下做遞減排序，因此排名次需由 1 開始，而
　　　　　　　註標值 k 是由零開始，所以執行時必須將 k 值加 1。

4.3.3 陣列的搜尋

　　.NET Framework 類別程式庫的 Array 類別提供 Array.IndexOf() 及
Array. BinarySearch()方法可用來搜尋某個資料是否在陣列物件中。關於這兩
個方法的使用說明如下：

1. Array.IndexOf()方法

　　使用 Array.IndexOf 可用來搜尋陣列中是否有相符的資料。若有找到，
則會傳回該陣列元素的註標值；若沒有找到，會傳回-1。語法如下：

> 語法：Array.IndexOf(陣列名稱 ,查詢資料 [,起始註標] [,查詢距離]);

　　上面敘述是由指定 <陣列名稱> 中，由指定的 <起始註標> 開始往後找
查詢距離 中符合 <查詢資料> 。若有找到傳回該陣列元素的註標值，若沒
有找到傳回-1。

[例] 假設字串陣列 name 中有 {"Jack","Tom","Fred","Mary","Lucy", "Jane" } 共六個陣列元素，觀察下列各陳述式輸出結果：

① Array.IndexOf(name, "Tom");

　[結果] 由註標 0 開始找起，傳回值為 1。

② Array.IndexOf(name, "Tom", 3) ;

　[結果] 由註標 3 開始找起，傳回值為-1。

③ 若 str1="Lucy" , start=1, offset=2
　 Array.IndexOf(name, str1, start, offset);

　[結果] 由註標 1 開始往下找 2 個陣列元素的內容是否有 "Lucy" 字
　　　　 串。傳回值為-1。

2. Array.BinarySearch()方法

　　使用 Array.IndexOf() 方法來搜尋陣列中的資料，由於陣列不必先經過排序，每次搜尋資料都是由最前面開始，資料量大時，愈後面的資料查詢所花費的時間愈多，資料的平均搜尋時間不平均。為了不管資料的前後次序，使得資料的平均搜尋時間都差不多，在 .NET Framework 類別程式庫另外提供 Array.BinarySearch() 二分化搜尋方法來搜尋資料是否在陣列中，此種方法在使用之前陣列必須先經過由小而大排序才可使用，適用於資料量大的陣列。語法如下：

語法：Array.BinarySearch(陣列名稱, 查詢資料);

範例演練

檔名：ArraySearch.sln

延續上一範例，取其 name 姓名陣列，先將陣列由小而大做遞增排序，接著由
鍵盤輸入欲查詢的英文名字，透過 Array.BinarySearch()方法查詢，若有找到即
顯示該陣列元素的註標和內容以及顯示是第幾個陣列元素；若找不到該資料，
則顯示 "該資料不存在!"。

完整程式碼

```
FileName : ArraySearch.sln
01   static void Main(string[] args)
02   {
03     int index;              //宣告用來存放搜尋結果的陣列元素
04     string myobject;        //宣告欲搜尋的資料
05     string[] name = new string[6] { "Jack", "Tom", "Fred", "Mary", "Lucy", "Jane" };
06     Array.Sort(name);       //name 陣列遞增排序
07     Console.WriteLine(" === 排序後 === ");
08     for (int k = 0; k <= 5; k++)
09     {
10        Console.WriteLine(" {0}.name[{1}] = {2} ", k + 1, k, name[k]);
11     }
12     Console.WriteLine("---------------------------");
13     Console.Write("請輸入欲查詢的姓名 : ");
14     myobject = Console.ReadLine();  //輸入欲搜尋的資料
15     //搜尋 name 陣列是否有 myobject 資料，若找到則傳回註標值並指定給 index
16     index = Array.BinarySearch(name, myobject);
17     Console.WriteLine("---------------------------");
18     Console.WriteLine();
19     Console.WriteLine("*** 查詢結果 : ");
```

```
20    Console.WriteLine();
21    if (index < 0)         //index 小於 0，表示找不到資料
22    {
23       Console.WriteLine("== 該資料不存在 !");
24    }
25    else
26    {
27       Console.WriteLine("== 該資料位於陣列中 name[{0}]={1}",index, name[index]);
28       Console.WriteLine("\n   相當於陣列中的第 {0} 個元素....", index + 1);
29    }
30    Console.Read();
31 }
```

程式說明

1. 16 行　　：使用 Array.BinarySearch() 方法搜尋 name 陣列中 myobject 的
　　　　　　　註標值，然後再指定給 index。

2. 21~29 行　：若 index 小於 0，表示 name 陣列並沒有 myobject，接著會執行
　　　　　　　第 23 行；若 index 大於等於 0，表示 name 陣列有 myobject，
　　　　　　　接著會執行第 27~28 行。

4.3.4 陣列的拷貝

　　當你希望將某個陣列複製給另一個陣列時，可以使用 Array.Copy()方法
進行拷貝陣列。語法如下：

> 語法：Array.Copy (srcAry , srcIndex , dstAry , dstIndex , length);

① srcAry　　：來源陣列即被拷貝的陣列。

② srcIndex　：代表<srcAry>來源陣列的註標，由指定的註標開始複製。

③ dstAry　　：接收資料的目的陣列。

④ dstIndex　：代表<dstAry>目的陣列的註標，由指定的註標開始儲存。

⑤ length　　：表示要複製的陣列元素個數。

                                              檔名：ArrayCopy.sln

練習使用 Array.Copy()方法來進行拷貝陣列。先建立如下來源陣列與目的陣列。

    int[] srcary=new int[] {10, 20, 30, 40, 50, 60};　　　　　//來源陣列

    int[] dstary=new int[] {0, 1, 2, 3, 4, 5, 6, 7, 8, 9, 10};　//目的陣列

請將 srcary 來源陣列註標值為 2 開始往下拷貝 3 個陣列元素到 dstary 目的陣列，並從 dstary 目的陣列的第 5 個註標開始放起。其程式執行結果如下圖：

完整程式碼

```
FileName : ArrayCopy.sln
01  static void Main(string[] args)
02  {
03      //建立來源陣列
04      int[] srcary = new int[] { 10, 20, 30, 40, 50, 60 };
05      //建立目的陣列
06      int[] dstary = new int[] { 0, 1, 2, 3, 4, 5, 6, 7, 8, 9, 10 };
07      Array.Copy(srcary, 2, dstary, 5, 3);
08      Console.WriteLine(" 來源陣列      目的陣列");
09      for (int k = 0; k <= 10; k++)
10      {
11          if (k <= 5)
12          {
13              Console.WriteLine("srcary[{0}]={1} dstary[{2}]={3}",
                              k, srcary[k], k, dstary[k]);
14          }
15          else
16          {
```

```
17        Console.WriteLine("            dstary[{0}]={1}", k, dstary[k]);
18      }
19   }
20   Console.Read();
21 }
```

4.3.5　陣列的清除

當你需要將某個陣列中指定範圍內的陣列元素的內容清除，可以透過 Array.Clear() 方法。其語法如下：

> 語法：Array.Clear(aryname, startindex, length);

【例 1】 將 myary 陣列中，註標為 3~4 陣列元素的內容清除，寫法如下：
Array.Clear(myary, 3, 2);

【例 2】 將 myary 陣列中，所有陣列元素的內容清除，假設該陣列共有
六個陣列元素。其寫法如下：
Array.Clear(myary, 0, 6);

4.4　多維陣列

本章前面所介紹的陣列只有一個註標，其維度為 1，我們稱為「一維陣列」。若一個陣列有兩個註標，其維度為 2，則稱為「二維陣列」(Two-Dimensional Array)。若有三個註標，其維度為 3，則稱為「三維陣列」(Three-Dimensional Array)，我們將維度超過兩個(含)以上稱為「多維陣列」(Multi-Dimensional Array)。

二維陣列是由兩個註標構成，我們將第一個註標稱為列(Row)，第二個註標稱為行(Column)。譬如：座位表、電影座位等以表格方式呈現者都可以二維陣列來表示。二維陣列若每一列的個數都相同，就構成一個矩形陣列

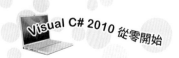

(Rectangular Array)如下圖所示。若每一列的個數長短不一就構成不規則陣列(Jagged Array)。不規則陣列將於下一節中探討，本節僅介紹矩形陣列。譬如：下表為一個 3x4 的 ary2 矩型陣列：

	第 0 行	第 1 行	第 2 行	第 3 行
第 0 列	ary2[0,0]	ary2 [0,1]	ary2[0,2]	ary2[0,3]
第 1 列	ary2 [1,0]	ary2[1,1]	ary2[1,2]	ary2[1,3]
第 2 列	ary2 [2,0]	ary2[2,1]	ary2[2,2]	ary2[2,3]

陣列名稱 ⟶　　行註標

列註標

上表二維陣列建立方式如下：

```
int[] ary2 = new int[3,4];
```

設定各陣列元素的初值：

```
ary2[0,0]=1 ; ary2[0,1]=2 ;    ary2[0,2]=3 ;   ary2[0,3]=4;
ary2[1,0]=5 ; ary2[1,1]=6 ;    ary2[1,2]=7 ;   ary2[1,3]=8;
ary2[2,0]=9 ; ary2[2,1]=10 ;   ary2[2,2]=11 ;  ary2[2,3]=12;
```

將上面建立和設定初值敘述合併成一行敘述：

```
int [,]ary2 = new int[,] {{1,2,3,4}, {5,6,7,8},{9,10,11,12}};
```

範例演練

檔名：array2.sln

請參照下圖的輸出入畫面，使用陣列物件所提供的方法並配合 for 迴圈，將下列的 ary1 一維陣列及 ary2 二維陣列的所有元素讀取出來。

```
int[] ary1 = new int[] { 1, 2, 3, 4, 5 };
int[,] ary2 = new int[,] { { 1, 2, 3, 4 }, { 5, 6, 7, 8 }, { 9, 10, 11, 12 } };
```

完整程式碼

```
FileName : array2.sln
01   static void Main(string[] args)
02   {
04      int[] ary1 = new int[] { 1, 2, 3, 4, 5 };
05      int[,] ary2 = new int[,]
            { { 1, 2, 3, 4 }, { 5, 6, 7, 8 }, { 9, 10, 11, 12 } };
06      Console.WriteLine();
07      Console.WriteLine("讀取ary1一維陣列");
08      //如下 for 可改成 for (int i = 0; i < ary1.Length ; i++)
09      for (int i = 0; i <= ary1.GetUpperBound(0); i++)
10      {
11         Console.Write("ary[{0}]={1}  ", i, ary1[i]);
12      }
13      Console.WriteLine();  //換行
14      Console.WriteLine();  //換行
15      Console.WriteLine("讀取ary1二維陣列");
16      //外層迴圈取得第1維陣列上限
17      for (int i = 0; i <= ary2.GetUpperBound(ary2.Rank - 2); i++)
18      {
19         //內層迴圈取得第2維陣列上限
20         for (int j = 0; j <= ary2.GetUpperBound(ary2.Rank - 1); j++)
21         {
22            Console.Write("ary[{0},{1}]={2}  ", i, j, ary2[i, j]);
23         }
24         Console.WriteLine();
25      }
26      Console.Read();
27   }
```

檔名：election.sln

由鍵盤如下圖由上而下輸入各選區每位明星的得票數以行為主
Column-Majored 方式存入陣列，輸入完畢電腦自動計算每位明星的總得票數，
以下表方式顯示，並顯示哪位明星當選及得票數訊息。

明星	第一選區	第二選區	第3選區	總得票數
周傑輪	10000	50000	70000	130000
菜一林	20000	60000	90000	170000
羅字祥	30000	40000	80000	150000

問題分析

Step1 宣告變數與建立陣列

```
int i, k ;                                  // 當 for 迴圈註標
string [] name = new string[]{ "周傑輪", "菜一林", "羅字祥" };
int[] tot = new int[name.Length] ; // 存放各明星總得票數
int [ , ] vote = new int[3, 3] ;      // 存放各明星各區得票數
```

Step2 輸入得票數

得票數輸入方式是依選區輸入各明星的得票數，i 為選區的註標，k 值由 0~2 分別代表 "周傑輪"、"菜一林"、"羅字詳"，並將各明星的每區票數存入 vote[i,k] 得票陣列 vote 中。

Step3 計算總得票數

計算各明星總得票數，必須固定列，累加同列的三行資料即可獲得該明星的總得票數。外迴圈固定列使用 i=0~2，內迴圈使用 k=0~2，累加同列的三欄票數存入 tot[i] 陣列中。

Step4 列表得票數

使用 for 迴圈以列表方式將 vote 陣列存放各明星各區得票數印出。

Step5 顯示最高票

將存放各明星總得票數的 tot 陣列，使用 Array.Sort(陣列名稱) 由小而大遞增排序，再使用 Array.Reverse(陣列名稱) 方法改成遞減排序，使得最高票置於陣列的最前面，再將最高票的明星及總得票數印出。

完整程式碼

```
FileName : election.sln
01  static void Main(string[] args)
02  {
03    int i, k;
04    //建立明星陣列
05    string[] name = new string[] { "周傑輪", "菜一林", "羅字詳" };
06    int[] tot = new int[name.Length];   //指定tot陣列元素總數與name陣列相同
07    int[,] vote = new int[3, 3];
08    //輸入各選區各明星得票數
09    for (i = 0; i <= 2; i++)
10    {
11      Console.WriteLine(" 第 {0} 選區各明星得票數:", i + 1);
12      for (k = 0; k <= 2; k++)
13      {
14        Console.Write(" {0}. {1} :", (k + 1), name[k]);
15        vote[i, k] = int.Parse(Console.ReadLine());
```

```
16          }
17          Console.WriteLine(" --------------------------------");
18      }
19      // 計算各明星總得票數存入 tot 陣列中
24      for (i = 0; i <= 2; i++)
25      {
26          for (k = 0; k <= 2; k++)
27          {
28              tot[i] += vote[k, i];
29          }
30      }
31      // 顯示結果
32      Console.WriteLine(" ================================");
33      Console.WriteLine(" 姓名  第一區  第二區 第三區 總得票數");
34      Console.WriteLine(" ======  ======  ======  ======  =======");
35      for (i = 0; i <= 2; i++)  //將各明星各區得票數印出
36      {
37          Console.WriteLine(" {0} {1}   {2}   {3}   {4}",
                            name[i], vote[0, i], vote[1, i], vote[2, i], tot[i]);
38      }
39      // 對存放各明星總得票數的 tot 陣列作遞減排序
40      Array.Sort(tot, name);      //排序 tot，name 依 tot 索引做排序
41      Array.Reverse(tot);         //反轉 tot 陣列
42      Array.Reverse(name);        //反轉 name 陣列
43      Console.WriteLine();
44      Console.WriteLine(" === {0} 獲得最高票，共計: {1} 票", name[0], tot[0]);
45      Console.Read();
46  }
```

4.5 不規則陣列

　　不規則陣列(Jagged Array)即是陣列元素再指向一個一維陣列，和矩陣陣列不一樣的地方在於，每列的長度(即陣列元素的個數)不相同。其使用時機是當你在程式中建立一個二維陣列，若每一列的陣列元素的個數長短不一時或有少數列的陣列元素個數很大，其它列的陣列元素個數很少時，就可以使用不規則陣列，如此可使得陣列佔用較少的記憶體空間，執行時，陣列的存取速度會較快。不規則陣列建立步驟如下：

Step1 宣告二維陣列，但先建立一維陣列元素的大小。如下寫法先宣告不規則整數二維陣列，但第一維陣列先建立 myary[0]~myary[2] 的整數陣列元素。

 int [][] myary = new int[3][] ; //先建立第一維有 3 列

Step2 經過上面建立一維陣列之後，接著再對一維陣列的每一個元素使用 new 關鍵字建立新的一維陣列，且新的一維陣列的大小都不一樣，如此即形成不規則陣列。其寫法如下：

myary[0]=new int[] {1,2};   // 第 0 列 myary[0][0]~myary[0][1]
myary[1]=new int[] {3,4,6,7};   // 第 1 列 myary[1][0]~myary[1][3]
myary[2]=new int[] {8};   // 第 2 列 myary[2][0]

Step3 由於每列的個數不一樣，就必須透過陣列的 Length 屬性來取得該列共有多少個陣列元素。譬如：

    ① myary.Length   //用來取得整個 myary 陣列共有多少列。
    ② myary[i].Length   //用來取得 myary 陣列的第 i 列共有多少個陣列元素。

 範例演練

檔名：Jaggedary.sln

將上面建立的不規則陣列中所有元素的內容，按照下圖結果全部顯示出來。

```
file:///C:/C#2010/ch04/Jaggedary/bin/Debug/Jaggedary.EXE
第0列:  myary[0][0]=1  myary[0][1]=2

第1列:  myary[1][0]=3  myary[1][1]=4  myary[1][2]=6  myary[1][3]=7

第2列:  myary[2][0]=8
```

完整程式碼

```
FileName : Jaggedary.sln
01  static void Main(string[] args)
02  {
03     int[][] myary = new int[3][];   //先建立3列
```

```
04    myary[0] = new int[] { 1, 2 };          //第0列myary[0][0]~myary[0][1]
05    myary[1] = new int[] { 3, 4, 6, 7 };    //第1列myary[1][0]~myary[1][3]
06    myary[2] = new int[] { 8 };             //第2列myary[2][0]
07    //取得整個myary陣列共有多少列
08    for (int i = 0; i < myary.Length; i++)
09    {
11        Console.Write("第{0}列: ", i);
12        //取得myary陣列的第i列共有多少個陣列元素
13        for (int k = 0; k < myary[i].Length; k++)
14        {
15            Console.Write(" myary[{0}][{1}]={2} ", i, k, myary[i][k]);
16        }
17        Console.WriteLine("\n");
18    }
19    Console.Read();
20  }
```

4.6 課後練習

一、選擇題

1. int[] a=new int[5];
    如上敘述會產生幾個陣列元素？(A) 5　(B) 6　(C) 7　(D) 以上皆非。

2. 承上例，試問陣列元素的資料型別為何？　(A) 浮點數　(B) 字串　(C) 整數　(D) 物件。

3. string[] name=new string[]{"Tom", "Mary", "Jack"};
    如上敘述試問 name[1]為？　(A) "Tom"　(B) "Mary" (C) "Jack"　(D) 以上皆非。

4. 承上例，試問印出 name[3] 內容為何？　(A) null　(B) 空字串　(C) "Jack"　(D) 產生陣列超出索引範圍的例外。

5. int[] a=new int[]{1,2,3,4,5};
   for (int i = 0; i <= a.GetUpperBound(0); i++)
   {
   　　　Console.WriteLine("{0} ", a[i]);
   }
   請問　a.GetUpperBound(0)　不可替換為何？(A) 4　　(B) a.Length-1　　(C) a.Rank (D) a.GetLength(0)-1。

6. 下例哪個方法可用來反轉陣列？ (A) Array.Sort() (B) Arran.Rank() (C) Array.Reverse() (D) Array.Clear()。

7. 下例哪個方法可用來清除陣列的所有內容？ (A) Array.Sort() (B) Arran.Rank() (C) Array.Reverse() (D) Array.Clear()。

8. 下例哪個方法可用來將陣列內的陣列元素進行由小到大排序？ (A) Array.Sort() (B) Arran.Rank() (C) Array.Reverse() (D) Array.Clear()。

9. 有一陣列物件 score，若欲將 score 做由大到小排序，應如何撰寫程式？
   (A) Array.Reverse(); Array.Sort();　　(B) Array.Clear();
   (C) Array.Sort();　　　　　　　　　　(D) Array.Sort(); Array.Reverse()

10. 陣列的拷貝可以使用？ (A) Array.CopyRight()　　(B) Array.Copy()　　(C) Array.CopyArray　　(D) CopyToArray()。

11. 若搜尋某個資料是否在陣列中，但不想排序陣列的資料，可使用哪個方法？(A) Array.Search() (B) Array.BinarySearch()　(C) Array.IndexOf() (D) Array.Index()

12. 若想要使用二分化搜尋方法來查詢某個資料是否在 score 陣列中，程式應如何撰寫？
   (A) Array.Search(); Array.Sort();　　(B) Array.BinarySearch(); Array.Sort();
   (C) Array.Sort(); Array.IndexOf();　　(D) Array.Sort(); ArrayBinarySearch();

13. int n = 5;
   double[] a=new double[n-1];
   如上敘述會產生幾個陣列元素？(A) 5　 (B) 6　 (C) 7　 (D) 以上皆非。

14. 承上例，試問陣列元素的資料型別為何？ (A) 浮點數 (B) 字串 (C) 整數 (D) 物件。

15. 下例何者說明正確？(A) Array.Sort()方法適用於多維陣列 (B) 使用 Array.BinarySearch()方法搜尋陣列中的元素，不用先排序陣列 (C) 欲清除陣列的所有元素可使用 Array.Cls()方法 (D) 使用 Array.IndexOf()搜尋陣列中的元素，若沒有找到會傳回-1。

二、程式設計

1. 首先讓使用者連續輸入 10 個整數並存放在整數陣列中，然後再找出該陣列的最大值和最小值。

2. 建立 UserId 與 Pwd 字串陣列用來存放五組帳號與密碼皆互相對應，接著讓使用者輸入帳號及密碼，當帳號與密碼皆正確時即顯示「登入成功」訊息，否則顯示「登入失敗」訊息。

3. 如左下圖有 TVName 電視劇字串陣列及 Rating 收視率整數陣列；請如右下圖依 Rating 收視率來進行由大到小排序並列出排名。

TVName	Rating
大老公反擊	20
小長今	14
真愛滿天下	7
婆家	9
消費瓜瓜樂	18

TVName	Rating	排名
大老公反擊	20	1
消費瓜瓜樂	18	2
小長今	14	3
婆家	9	4
真愛滿天下	7	5

4. 讓使用者輸入五個產品名稱並存放 ProductName 字串陣列中，接著讓使用者輸入欲查詢的產品名稱是否在 ProductName 字串陣列中，本例請使用 Array.IndexOf() 方法。

5. 程式執行時先詢問使用者欲輸入的成績筆數，接著再將所輸入的每筆成績進行加總，最後請算出總分及平均成績並顯示出來。例如：輸入 5 表示要輸入五筆成績，接著輸入五筆成績之後，即算出五筆成績的總分及平均並顯示出來。

6. 某公司有 XBox 360, PS 3, PS 2, Wii 四個產品，這四個產品北、中、南三區的銷售量如下，試印出下表內容並計算出北、中、南三區的總銷售量。

區域	XBox 360	PS 3	PS2	Wii	總銷售量
北區	2000	5000	100	7000	-
中區	100	4000	1300	9000	-
南區	3000	4000	560	880	-

筆記頁

CHAPTER

方法

5.1 結構化程式設計

當開發較大的應用程式時，在開發過程中，若程式設計人員和使用者雙方彼此溝通不良，會使得開發出來的應用程式滿意度降低。也會因為在開發過程發生未察覺的錯誤，降低了使用者對該應用程式的品質信賴度。若對開發完成的應用程式測試不正確或是文件說明不完整和明確，也會影響該應用程式日後的維護。所以，設計大型的應用程式若能朝「結構化」去設計，就能避免上述事情的發生。所謂「結構化程式設計」(Structure Programming Design)是指程式具有「由上而下程式設計」的精神以及具有模組化設計概念。

「由上而下程式設計」(Top-Down Programming Design)是一種逐步細緻化的設計觀念，它具有層次性，將程式按照性能細分成多個單元，再將每個單元細分成各個獨立的模組，模組間儘量避免相依性，使得整個程式的製作簡單化。設計一個完整的程式，就好像蓋房子一樣，先打完地基，再蓋第一層樓，逐步往上砌。設計程式亦是如此，如下圖是由頂端的主程式開始規劃，然後逐步往下層設計，不但層次分明有條理且易於了解，可減少程式發生邏輯上的錯誤。此種設計觀念就是「由上而下程式設計」。

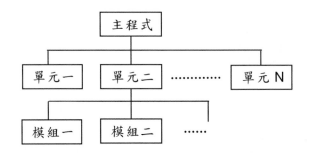

所謂「模組化程式設計」(Modular Programming Design) 就是在分析問題時，由大而小，由上而下，將應用程式切割成若干模組。若模組太大還可

以在細分小模組，使得每個模組成為具有獨立功能的程序或函式，因為 C# 是物件導向語言，所以在 C# 中我們一般都將函式稱為「方法」(Method)。每個模組允許各自獨立分工撰寫和測試，不但可減輕程式設計者負擔且易維護和降低開發成本。模組與模組間資料是透過引數來傳遞。由於模組分開獨立撰寫，因此不同的應用程式可共用提昇生產力。譬如：在 Windows Form 視窗上的功能表的「檔案」功能可視為一個大模組，又可細分成「新增檔案」、「開啟舊檔」、「關閉檔案」小模組，將小模組分給程式設計成員獨立撰寫，再合併成一個大模組。譬如，本章介紹的方法(或稱函式)都可視為模組。一個製作好的模組，使用者只要給予輸入值，不必瞭解模組內是如何運作，便可輸出結果，有如各式各樣的積木，每塊積木相當於一個模組，使用者可依不同需求組出不同的東西出來。

至於結構化程式設計(Structured Programming Design) 是指任何一個程式的流程不外乎由循序結構、選擇結構(if…else…、switch…)、重複結構(for…、do…while)等程式區塊組合而成，程式流程保持一進一出的基本架構，因而增加了程式的可讀性，同時在結構化程式設計，無論在規劃程式階段或編寫程式階段都注重由上而下設計和模組化的精神，使得程式層次分明、可讀性高、易分工編寫、易除錯與維護。至於 C# 物件導向語法請參閱第六章說明。

5.2 方法的簡介

在撰寫較大的程式中，有些具有某種特定功能的程式區塊會在程式中多次重複出現，使得程式看起來冗長和不具結構化，C# 允許將這些程式區塊單獨編寫成一個方法(或稱函式)並賦予方法一個名稱，程式中需要時才進行呼叫。因此，方法符合了模組化程式設計的精神。譬如：系統分析師在分析一個較大的應用程式時，首先會將一個大系統由上往下逐層細分

成具有特定功能的小模組,再將這些小模組交給不同程式設計師,同時進行編寫程式碼,最後只要透過最上層的主程式將各個方法連結起來就成為一個完整的大系統。

　　一般將程式開始執行的起點稱為「主程式」,在主控台應用程式下 C# 程式起點是 Main()方法,所以,Main()方法就算是主程式。至於一般的方法是不會自動執行,只有在被主程式或另一個方法呼叫(Call)時,一般的方法才會被執行。程式中使用方法來建構程式碼有下列優點:

1. 方法可將大的應用程式分成若干不連續的邏輯單元由多人同時進行編碼,可提高程式設計效率。

2. 相同功能的程式片段編寫成方法,只需寫一次,可在同一個程式中多處使用;也可以不需要做太多的修改或甚至不用修改,並套用到其它的程式共用,開發上省時省力。

3. 可縮短程式長度,簡化程式邏輯,有助提高程式的可讀性。

4. 採用物件導向程式設計,不同功能的程式單元獨立成為某個類別的方法,使得較易除錯和維護。

　　程式設計者應程式需求而自行定義的使用者自定方法,在 C# 分成下列兩種:

1. 事件處理函式 (Event-Handling Function)
依據使用者動作或程式項目所觸發 (Trigger)的事件,此時會去執行該事件的事件處理函式。例如:在 btnOk 鈕上按一下,會觸發 btnOk 鈕的 Click 事件,此時會執行 btnOk_Click() 事件處理函式。

2. 方法
程式設計者自己定義的程式模組,可傳回一個結果值或不傳回值,一般都稱為函式,因 C# 為物件導向語言,在此我們稱為方法。

　　視窗應用程式控制項的事件處理函式的使用方式將於第七章中介紹，關於方法的定義和呼叫將於本章中陸續介紹。方法適用於進行重複或共用的工作。如常用的計算、文字處理、控制項操作以及資料庫作業。可從程式中不同位置呼叫方法，如此可將方法當作應用程式的建置區塊。

5.3　亂數類別的使用

　　「內建類別」是廠商將一些經常用到的數學公式、字串處理、日期運算以及方法的資料型別直接建構在該程式語言的系統內，以 C# 來說就可以使用 .Net Framework 內建類別，程式設計者不必了解這些類別以及物件方法內部的寫法，只要給予引數，直接呼叫物件的方法名稱，便可得到輸出結果。我們將此類的類別稱為「系統內建類別」。在 .Net Framework 提供的常用內建類別包括：亂數類別、數學類別、字串類別以及日期類別，本章只簡單介紹亂數類別的使用方式，以方便在後面章節的範例中使用。關於常用的內建類別收錄於附錄 A。

　　亂數主要用來產生不同的數值，多用於電腦、離散數學、作業研究、統計學、模擬、抽樣、數值分析、決策等各領域。由於 .Net Framework 所提供的類別(Class)很多，C# 程式在編譯時，若將全部的類別全部載入，對程式的執行效率影響很大，因此將所有類別加以分類，每個分類給予名稱為「命名空間」(NameSpace)，它是微軟 .Net 用來將相關型別集合在一起的一種命名機制，以避免不同組件間發生名稱衝突。譬如：常用的 Console 類別、String 類別、Random 類別…等都放在 System 這個命名空間中，程式中若有使用到這些類別，就必須使用 using 敘述引用 System 命名空間。其寫法如下：

```
using System;
```

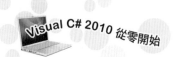

下面步驟介紹亂數類別的使用方式：

Step1 Random 類別可用來產生亂數。其方式先宣告一個名稱為 ranObj 是指向 Random 型別的物件參考，並使用 new 來初始化建立 ranObj 物件，即建立 ranObj 為 Random 類別的物件實體，寫法如下：

```
Random ranObj = new Random();
```

Step2 接著可以使用 Random 類別所提供的 Next()方法來產生某個範圍的亂數值。有下面幾種用法。

① 產生介於 0~2,147,483,647 (=2^{31}-1) 之間的亂數值並指定給 ranNum 整數變數。寫法：

```
int ranNum = ranObj.Next();
```

② 產生 0~4 之間的亂數值並指定給 ranNum 整數變數，寫法：

```
int ranNum = ranObj.Next(5);
```

③ 產生 7~99 之間的亂數值並指定給 ranNum 整數變數，寫法：

```
int ranNum = ranObj.Next(7, 100);
```

上面敘述 Random 類別的 Next 方法第一個引數 7 表示產生亂數的最下限，第二個引數 100 表示會產生亂數的最上限為 99(即 100-1)，因此上面敘述會產生範圍 7~99(含)的亂數。

範例演練

檔名：RndObj.sln

試使用 for 迴圈與 Random 類別來產生兩組 1~10 之間的五個亂數，觀察兩次執行結果是否一樣。

第一次執行結果　　　　　　　　第二次執行結果

完整程式碼

```
FileName : RndObj.sln
01   static void Main(string[] args)
02   {
03     Random rndObj = new Random();
04     //第一組 1-10 的五個亂數
05     Console.Write("== Pass1 :");
06     for (int k = 1; k <= 5; k++)
07     {
08       Console.Write(" {0}", rndObj .Next (1, 11));
09     }
10     Console.WriteLine();
11     //第二組 1-10 的五個亂數
12     Console.Write("== Pass2 :");
13     for (int k = 1; k <= 5; k++)
14     {
15       Console.Write(" {0}", rndObj.Next(1, 11));
16     }
17     Console.Read();
18   }
```

5.4 方法的使用

　　因為 C# 為物件導向的程式語言，因此方法必須放在類別之內不可以獨立在類別之外，這和傳統的結構化程式設計不太一樣。本章先介紹 static 靜態方法的使用，使用靜態方法並不需要建立類別的物件實體即可以直接呼叫使用，待下一章再介紹類別方法的使用。至於迴圈和方法(或稱函式)的應用範圍是不相同的，每次執行時，迴圈可以在程式相同的地方重複執行某一段程式碼；至於方法，則可以在程式中任何地方被重複呼叫使用。方法必須在程式中先定義，再透過呼叫方式來執行該方法。

5.4.1 方法的定義

　　定義方法，主要是先為該方法設定傳回值的資料型別、為方法命名、指定呼叫該方法時到底要傳入多少個引數、同時宣告這些引數的資料型別，以上這些都在定義方法的第一行敘述中書寫，接著在該方法的主體內撰寫相關的程式碼。基本語法如下：

```
[static] 傳回值資料型別  方法名稱 ( 引數串列 )
{
    ⋮    // 方法主體
}
```

　　方法的命名比照識別項命名規則，<引數串列> 若超過一個以上，中間使用逗號隔開。每一個方法和變數一樣都有一個資料型別，該資料型別是放在 <方法名稱> 前面，由它來決定傳回值的資料型別。若在方法之前加上 static，即將方法定義為靜態方法，靜態方法不用建立類別的物件實體即可以呼叫使用。若方法之前省略 static 即為類別的方法，類別的方法必須要建立物件實體才能呼叫。本章皆是以靜態方法為例子，待下一章再介紹類別方法的使用方式。

　　方法是一組以 { 開頭，而以 } 結束所組成的程式區塊。每當方法被呼叫時，會跳到方法後面的第一個可執行的敘述，開始往下執行，當碰到 } 右大括號或 return 敘述才離開方法，接著再返回原呼叫敘述處。方法內引數串列的寫法如下：

```
statuc int compute ( int r, ref double v )
{                        虛引數串列
    ⋮
}
```

為了區別呼叫敘述和被呼叫方法的引數串列，我們將前者的引數串列稱為「實引數」(Actual Argument)，後者稱為虛引數(Dummy Argument)。虛引數串列的引數資料型別若前面設定為 ref，即為「參考呼叫」，此時實引數和虛引數會佔用相同記憶位址，表示除了允許接收由原呼叫敘述對應的實引數外，離開時也可以將值傳回給原呼叫敘述對應的引數；若虛引數資料型別前面沒有加上 ref，即為「傳值呼叫」，表示該引數只能接收由原呼叫敘述對應的引數，但離開方法時無法將值傳回。關於傳值呼叫與參考呼叫的詳細用法將於下節中再介紹。

傳入值是指當呼叫方法時，可透過引數串列來取得由呼叫該方法的敘述處所傳入的常數、變數或運算式等引數當作初值。傳回值是指方法將執行結果傳回給原呼叫程式的值，方法使用 return 敘述來傳回值；若方法的傳回值設為「void」，表示呼叫該方法不會傳回值。如下寫法為 return 敘述的使用方式：

語法：return(運算式)

使用 return 敘述來指定傳回值，當此敘述執行完畢立即將控制權傳回給原呼叫程式，接在 return 後面的敘述都不會執行。

```
static double compute(double r)
{
        ⋮
    return (4.0/3.0*PI*r*r*r);   //傳回計算後的結果值
        ⋮                       //並將控制權由此離開方法返迴呼叫處
                                //此處不會繼續執行
}
```

方法除了可以寫在 Main() 主程式前面，也可以將方法寫在 Main() 主程式的後面，但方法必須在類別之內。程式中使用方法有個限制，方法內不允許再定義另一個方法。至於方法前面可加上 public、private 等來設定

方法有效的存取權限。若宣告為 public 表示該方法的存取範圍沒有限制，若宣告為 private 則該方法只能在目前的類別中使用，方法的預設存取權限為 private。

5.4.2 方法的呼叫

當靜態方法定義完畢，呼叫的敘述與靜態方法在同一類別內，便可以使用下面兩種方式來呼叫，我們將上節定義的方法稱為「被呼叫的程式」，下列呼叫方法的敘述稱為「呼叫敘述」。其語法如下：

> 語法 1：變數名稱 = 方法名稱([引數串列]); // 傳回一個結果值
> 語法 2：方法名稱([引數串列]); // 不傳回值

上面 語法 1 將方法的傳回值指定給等號左邊的變數名稱，此時變數名稱的資料型別必須和定義方法名稱前面所接的資料型別一致；若方法宣告為 void，則該方法不傳回值。譬如：欲呼叫靜態方法 compute，該方法只有一個引數，下列寫法都是合法的呼叫敘述：

```
volume=compute(r);
volume=20+compute(r+3);     // 方法可放入 r+3 運算式
```

在撰寫呼叫敘述和被呼叫程式兩者間在做引數傳遞時，要注意實引數和虛引數兩者的個數要相同，兩者間對應的引數的資料型別要一致。實引數允許使用常值、變數、運算式、陣列、結構、物件當引數。虛引數不允許使用常值、運算式當引數，允許使用變數、陣列、結構、物件當引數。下面介紹三種呼叫方法的用法：

1. 呼叫同一類別之靜態方法，呼叫時可直接撰寫靜態方法名稱再傳入引數即可，如下寫法呼叫 add() 靜態方法並將實引數「1」傳入給虛引數 a，實引數「6」傳入給虛引數 b，最後透過 return 敘述將 a+b 的結果傳回給原呼叫敘述等號左邊的 sum 變數。

```
class Program        // Program 類別
{
        static void Main(string[] args)      // Main() 主程式
        {
                // 呼叫 add 方法，會將 add 方法的結果傳回給 sum 整數
                int sum = add (1 ,   6);
        }          傳入        傳入

        static int add (int a,    int b)      // 被呼叫的 add 方法
        {
                return a+b;                   // 傳回 a+b 兩數相加
        }
}
```

2. 呼叫不同類別之靜態方法，呼叫時必須撰寫完整的類別名稱及 public 公開型態靜態方法名稱，接著再傳入方法的引數即可。如下寫法呼叫 Class1 類別的 add() 靜態方法並將實引數「1」傳入給虛引數 a，實引數「6」傳入給虛引數 b，最後透過 return 敘述將 a+b 的結果傳回給原呼叫敘述等號左邊的 sum 變數。

```
class Program        // Program 類別
{
        static void Main(string[] args)     // Main 主程式
        {
                // 直接呼叫 Class1 類別的 public 公開型態 add 靜態方法
                int sum = Class1.add(1 ,    6);
        }
}                                  傳入        傳入

class Class1 // Class1 類別
{
        public static int add(int a, int b) //被呼叫的 add 方法為 public
        {
                return a+b;  // 傳回 a+b 兩數相加
        }
}
```

3. 呼叫不同類別之方法。首先必須使用 new 關鍵字建立該類別的物件
實體，接著透過「物件.方法名稱()」來呼叫即可。如下寫法先建立
c 屬於 Class1 類別的物件，接著呼叫 c 物件的 add 方法並傳入虛引
數 1 和 6 給實引數 a 和 b，最後透過 return 敘述將 a+b 的結果傳回
給原呼叫敘述等號左邊的 sum 變數。

```
class Program //Program 類別
{
    static void Main(string[] args)        // Main 主程式
    {
        Class1 c=new Class1();             // 建立 Class1 類別的 c 物件
        int sum = c.add(1 ,   6);          // 呼叫 c 物件的 add 方法
    }
}
                            傳入        傳入
class Class1                            // Class1 類別
{
    public int add (int a, int b)// 被呼叫的 add 方法，非靜態方法
    {
        return a+b;                      // 傳回 a+b 兩數相加
    }
}
```

本章先以靜態方法來說明方法的使用方式，關於物件與類別待第六章
再做介紹。

範例演練

檔名：Medhod1.sln

試寫一個方法，其名稱為 Compute。先由鍵盤輸入半徑(radius)，再將 radius
實引數傳給 Compute 方法的 r 虛引數，計算出體積後，再將結果由方法
本身傳回給 volume，最後，再顯示輸入的半徑和計算出的體積。

問題分析

Step1 宣告 PI 靜態變數

由於靜態方法內只能存取靜態變數(即靜態欄位)，因此我們將圓周率 PI 宣告成 private 私有靜態變數，因此 PI 私有靜態變數必須在 Main() 方法前面或後面宣告。寫法：

```
private static double PI= 3.1416;
```

Step2 定義 Compute()方法

在 Main()方法前面或後面定義下列 Compute()方法用來計算並傳回圓的體積，寫法：

```
static double Compute(double r)
{
    return (4.0 / 3.0 * PI * r * r * r);
}
```

Step3 撰寫 Main()方法的主程式

在 Main()方法內宣告相關變數，volume 存放體積，radius 存放半徑，為求體積正確，變數資料型別設為 double。Main()主程式寫法：

```
static void Main(string[] args)
{
    double volume, radius;
    Console.Write(" 請輸入半徑(公分) : ");
    radius = double.Parse(Console.ReadLine());
    //呼叫 Compute 靜態方法並傳入半徑，最後再將結果傳回給 volume
    volume = Compute(radius);
    Console.WriteLine();
```

```
Console.WriteLine(" 半徑 = {0}公分   體積 = {1} 立方公分",
                radius, volume);
Console.Read();
}
```

完整程式碼

```
FileName : Medhod1.sln
01 //宣告靜態成員變數PI(即靜態欄位)
02 private static double PI = 3.1416;
03
04 //Compute 靜態方法可算出圓的體積
05 static double Compute(double r)
06 {
07    // 靜態方法才能使用靜態變數
08    return (4.0 / 3.0 * PI * r * r * r);
09 }
10
11 static void Main(string[] args)
12 {
13    double volume, radius;
14    Console.Write(" 請輸入半徑(公分) : ");
15    radius = double.Parse(Console.ReadLine());
16    // 呼叫 Compute 靜態方法並傳入半徑，最後再將結果傳回給 volume
17    volume = Compute(radius);
18    Console.WriteLine();
19    Console.WriteLine(" 半徑 = {0}公分   體積 = {1} 立方公分", radius, volume);
21    Console.Read();
22 }
```

 範例演練

檔名：Medhod2.sln

本例使用名稱為 CheckYear()的方法，CheckYear()方法的傳回型別為
void，由鍵盤輸入西元多少年(year)，採傳值呼叫方式將 year 變數傳給
CheckYear()方法中的 y 整數變數，將 y 經過判斷是否為閏年，若是閏年
則印出 "閏年" 訊息，否則印出 "平年" 訊息。閏年的計算規則是「能被
4 整除且不被 100 整除，或是能被 400 整除的年份」，其條件式寫法如下：

```
if (y % 4 == 0 && y % 100 !== 0 || y % 400 == 0)
{
    // 閏年
}
else
{
    // 平年
}
```

完整程式碼

```
FileName : Medhod2.sln
01  //呼叫 CheckYear 靜態方法, 可判斷並顯示傳入的 y 年份是閏年還是平年
02  static void CheckYear(int y)
03  {
04      if (y % 4 == 0 && y % 100 != 0 || y % 400 == 0)
05      {
06          Console.WriteLine("\n=== {0} 年 為 閏年! ===", y);
07      }
08      else
09      {
10          Console.WriteLine("\n=== {0} 年 為 平年! ===", y);
11      }
12  }
13
14  static void Main(string[] args)
15  {
16      int year;  //宣告 year 用來存放年份
17      Console.Write("請輸入年份:");
18      //處理例外
19      try
20      {
21          //由鍵盤輸入年份並轉成整數再指定給 year 整數變數
22          year = int.Parse(Console.ReadLine());
23          //呼叫 CheckYear() 方法, 並傳入 year 引數
24          CheckYear(year);
25      }
```

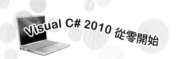

```
26      catch (Exception ex)    //若輸入字串，則會產生例外被catch補捉
27      {
28         Console.WriteLine(ex.Message );
29      }
30      Console.Read();
31  }
```

5.5 引數的傳遞方式

方法都是使用者應程式需求而自行定義的函式，方法必須透過呼叫才能執行。所謂「引數傳遞」是指自定方法(或稱函式)被呼叫開始執行前，應指定哪些實引數要從呼叫的敘述傳入被呼叫方法的虛引數，以及哪些虛引數在離開自定方法要傳回給呼叫敘述的實引數。C# 提供常用的下列兩種方式來做引數的傳遞：

1. 傳值呼叫(Call By Value)
2. 參考呼叫(Call By Reference)

C# 中，在被呼叫方法引數串列中的虛引數及呼叫敘述的實引數前面可指定或省略 ref 關鍵字，若省略 ref 關鍵字代表以傳值 (By Value)方式來傳遞引數至方法，若虛引數型別之前加上 ref 關鍵字則以參考 (By Reference) 方式來傳遞引數至方法。以傳值方式來傳遞引數是屬於數值型別(Value Type)，而參考方式來傳遞引數則屬於參考型別 (Reference Type)。

5.5.1 傳值呼叫

所謂「傳值呼叫」是指當呼叫敘述將實引數傳給虛引數只做傳入的動作，也就是說 C# 此時將虛引數視為區域變數，自動配置新的記憶位址給虛引數來存放實引數傳入的內容，實引數和虛引數兩者在記憶體分別佔用不同的記憶位址，當虛引數在方法內資料有異動時，並不會影響實引數的值，當離開自定方法時，虛引數佔用的記憶體位址自動釋放，交還給系統，當程式執行權返回到原呼叫的敘述時，實引數的內容仍維持不變。所以，用傳值方式來傳遞引數，表示該自定方法無法變更實引數中原呼叫程式碼裡的變數內容。C# 對引數傳遞預設採傳值呼叫。

5.5.2 參考呼叫

所謂「參考呼叫」是指當呼叫敘述將實引數傳給虛引數時，可以做傳入和傳出的動作，也就是說實引數和虛引數兩者參用相同的記憶體位址來存放引數，當虛引數在方法內資料有異動時，離開自定方法時，虛引數解除參用，但實引數仍繼續參用，待當程式執行權返回到原呼叫的敘述時，實引數的內容已是異動過的資料，這表示參考呼叫是可以修改變數本身。所以，引數做參考呼叫時，虛引數及實引數的資料型別之前要加上 ref 關鍵字來表示之。

 範例演練

檔名：Medhod3.sln

修改 Medhod2.sln 範例。試使用名稱為 CheckYear()的方法，由鍵盤輸入西元多少年(year)，採傳值呼叫方式將 year 變數傳給 CheckYear()方法中的 y 整數變數；採參考呼叫方式使實引數 str1 和虛引數 s1 佔用相同記憶位址。經過判斷若 y 為閏年，則指定 s1(即 str1)傳回 "閏年" 訊息；若是平年則 s1(即 str1)傳回 "平年" 訊息。執行結果與上例的 Medhod2.sln 相同。

完整程式碼

```
FileName : Medhod3.sln
01   //y虛引數採傳值呼叫，s1虛引數採參考呼叫
02   //s1虛引數與實引數會共用同一記憶空間
03   static void CheckYear(int y, ref string s1)
04   {
05     if (y % 4 == 0 && y % 100 != 0 || y % 400 == 0)
06     {
07       s1 = "閏年! ";
08     }
09     else
10     {
```

```
11          s1 = "平年! ";
12      }
13  }
14
15  static void Main(string[] args)
16  {
17      int year;
18      string str1= "";
18      Console.Write("請輸入年份： ");
19      try
20      {
21          year = int.Parse(Console.ReadLine());
22          // str1 採參考呼叫，str1 實引數會和 s1 虛引數共用相同記憶體空間
23          CheckYear(year, ref str1);
24          Console.WriteLine("\n=== {0}年為{1} === ", year, str1);
25      }
26      catch (Exception ex)
27      {
28          Console.WriteLine(ex.Message);
29      }
30      Console.Read();
31  }
```

程式說明

1. 3,23 行： 第 3 行定義 CheckYear()方法的虛引數 s1 宣告為 ref 採參考呼叫
方式，因此第 23 行原呼叫敘述實引數之前也要加上 ref，此時
實引數 str1 會和虛引數 s1 佔用相同記憶位址。也就是說當 s1
等於 "閏年" 時，即 str1 也是 "閏年"；當 s1 等於 "平年" 時，
即 str1 也是 "平年"。

5.6 陣列間引數的傳遞方式

方法間引數的傳遞，除了常值、變數外，還可以使用陣列、結構，或
物件來傳遞。若引數是陣列，必須要注意，單一個陣列元素可依需求採傳
值或參考呼叫，但物件或整個陣列做引數傳遞必須使用參考呼叫。假設
myAry 為一個整數陣列，透過 myMethod 方法作引數傳遞。其寫法如下：

1. 傳遞陣列元素

   其傳遞方式與一般變數引數傳遞方式相同，如下說明：

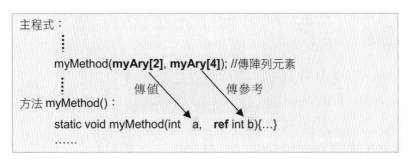

   說明：myAry[2] 陣列元素以傳值方式傳給 myMethod 方法的 a 整數
   　　　變數。

   　　　myAry[4] 陣列元素以參考方式傳給 myMethod 方法的 b 整數
   　　　變數。

2. 傳遞整個陣列

   被呼叫程式虛引數資料型別之後必須加上[]，原呼叫敘述可直接設定陣
   列名稱即可。寫法如下：

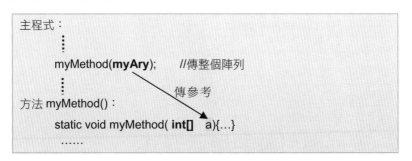

   說明：物件或陣列傳遞預設為參考呼叫，因此可省略 ref 關鍵字。上
   　　　面寫法是將 myAry 整個陣列以參考方式傳給 myMethod 方法的
   　　　a 整數陣列。

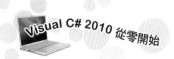

檔名：SendArray.sln

試寫一個將 ary1 整個整數陣列傳給 GetMin()方法，接著即可傳回 ary1 陣列中的最小值。

完整程式碼：

```
FileName : SendArray.sln
01   //GetMin()方法用來找出傳入陣列中的最小值
02   static int GetMin(int[] tempAry)
03   {
04       int  min = tempAry[0];    //預設最小值為第一個陣列元素
05       //使用迴圈找出陣列中的最小值
06       for (int i = 1; i <= tempAry.GetUpperBound(0); i++)
07       {
08           if (tempAry[i] < min)
09           {
10               min = tempAry[i];
11           }
12       }
13       return min; //傳回陣列中的最小值
14   }
15
16   static void Main(string[] args)
17   {
18       //建立並初始化ary1陣列
19       int[] ary1 = new int[] { 10, 88, 6, 34, 77 };
20       Console.Write("ary1陣列為->");
21       //逐一印出陣列中的每一個陣列元素
22       for (int i = 0; i <= ary1.GetUpperBound(0); i++)
23       {
24           Console.Write("{0} ", ary1[i]);
25       }
26       Console.WriteLine();
27       Console.WriteLine("\nary1陣列最小數為:{0}",GetMin(ary1));
28       Console.Read();
29   }
```

程式說明

1. 2~14 行 ： 定義 GetMin()方法，虛引數資料型別之後加上 []，表示虛引數為整數陣列型別。

2. 19 行 ： 建立 ary1 整數陣列並給予初值。

3. 22~25 行 ： 印出 ary1 整數陣列每一個元素的值。

4. 27 行 ： 呼叫 GetMin()方法並將實引數 ary1 整個陣列傳給對應的虛引數。因為傳遞陣列為參考呼叫，因此可省略 ref。

5.7 遞迴

所謂「遞迴」(Recursive)方法(或稱遞迴函式)是指方法中再呼叫自己本身就構成遞迴。像數學的求階乘、排列、組合、數列等都可使用。撰寫遞迴方法時必須在方法內有能離開方法的條件式，否則很容易造成無窮迴圈。

範例演練

檔名：Recursive.sln

西元 1202 年義大利數學家費波納西(Fibonacci)在他出版的「算盤全書」中介紹費波納西數列。該數列的最前面兩項係數都為 1，其它項係數都是由位於該項係數前面兩項係數相加之和。該數列依序：1、1、2、3、5、8、13、21、... 等以此類推下去。當數字越大時，將前項數字除以緊接其後之數字，其比值有逐漸向 0.618 收斂。此比率就是常聽到的「黃金比率」。在大自然植物的花瓣、美學、建築、股票趨勢分析等都看到它的蹤影。現在就以此數列來撰寫一個遞迴方法，由鍵盤輸入一個正整數，若輸入 8，如下圖會顯示出費波納西數列的前八個係數。

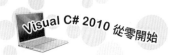

```
file:///C:/C#2010/ch05/Recursive/bin/Debug/...
=== 請輸入欲列印到第幾個費波納西係數：9

=== 費波納西數列的係數為：
    1 , 1 , 2 , 3 , 5 , 8 , 13 , 21 , 34 ,
```

完整程式碼

```
FileName : Recursive.sln
01  //定義 Fib 方法可傳回第 n 個費波納西係數
02  static int Fib(int n)
03  {
04      if (n == 1 || n == 2)
05      {
06          return 1;
07      }
08      else
09      {
10          return (Fib(n - 1) + Fib(n - 2));
11      }
12  }
13
14  static void Main(string[] args)
15  {
16      int keyin;
17      Console.Write("=== 請輸入欲列印到第幾個費波納西係數：");
18      try    //監控可能發生例外的程式
19      {
20          keyin = int.Parse(Console.ReadLine());
21          Console.WriteLine("\n=== 費波納西數列的係數為：");
22          Console.Write("    ");
23          for (int i = 1; i <= keyin; i++)
24          {
25              //呼叫 Fib() 方法取得第 i 個費波納西係數
26              Console.Write("{0} , ", Fib(i));
27          }
28      }
29      catch (Exception ex)  //補捉並處理發生例外
30      {
31          Console.WriteLine(ex.Message);
32      }
33      Console.Read();
34  }
```

5.8　多載

　　所謂「多載」(Overloading)是指多個方法(或函式)可以使用相同的名稱，它是透過不同的引數串列個數以及引數的資料型別來加以區分。如下例子示範多載方法。

範例演練

檔名：OverLoads.sln

　　請定義兩個相同名稱的 GetMin()方法，一個用來傳回兩個整數的最小數，另一個用來傳回整數陣列中的最小數。

完整程式碼

```
FileName : OverLoads.sln
01    //傳回a, b中的最小數
02    static int GetMin(int a, int b)
03    {
04       return (a < b ? a : b);
05    }
06
07    //傳回b陣列中的最小數
08    static int GetMin(int[] b)
09    {
10       int  min = b[0];
11       for (int i = 0; i <= b.GetUpperBound(0); i++)
12       {
13          if (min > b[i])
14          {
15             min = b[i];
16          }
17       }
18       return min;
```

```
19    }
20    static void Main(string[] args)
21    {
22        Console.WriteLine("5, 7最小數為{0}", GetMin(5, 7));
23        int[] ary = new int[] { 25, 6, 899, 30 };
24        Console.WriteLine("25, 6, 899, 30最小數為{0}", GetMin(ary));
25        Console.Read();
26    }
```

程式說明

1. 2~5 行 ： 定義 GetMin()多載方法，可傳回兩數中的最小數。

2. 8~19 行 ： 定義 GetMin()多載方法，可傳回整數陣列中的最小數。

3. 22 行 ： 呼叫第 2~5 行的 GetMax()多載方法，並傳回兩個整數的最小數。

4. 24 行 ： 呼叫第 8~19 行的 GetMax()多載方法，並傳回整數陣列的最小數。

5.9 課後練習

一、選擇題

1. 下例哪個類別可用來產生亂數？ (A) Rnd   (B) Randomize   (C) Random
   (D) Connection。

2. 使用亂數類別建立 rndObj 物件，試問下列哪行敘述可以產生 3~10 之間的
   亂數？   (A) rndObj.Next(3, 10);   (B) rndObj.Next(3, 11); (C) rndObj.Next()
   (D) rndObj.DoubleNext(3, 11)。

3. 試問亂數類別是放在下例哪個命名空間之中？   (A) System   (B)
   System.Data (C) System.Rnd   (D) System.Random。

4. 下例說明何者有誤？ (A) 方法名稱可同名   (B) switch 為選擇敘述 (C)
   C# 可使用?... : ....三元運算子   (D) 方法只能宣告一個引數。

5. 若要定義靜態方法，必須在傳回值之前加上？ (A) case   (B) static   (C)
   Shared (D) class。

6. 方法引數預設的傳遞方式為？ (A) 傳值呼叫 (B) 參考呼叫 (C) 傳址呼叫 (D) 傳名呼叫。

7. 參考呼叫為 (A) 虛引數之前要加上 ref (B) 實引數與虛引數之前都要加上 ref (C) 虛引數之前要加上 value (D) 虛引數與實引數之前要加上 value。

8. 下列何者有誤 (A) 定義參考呼叫時，實引數與虛引必須宣告為 ref (B) 使用 return 可離開迴圈 (C) break 可跳離 switch 和迴圈 (D) 方法定義為 void，表示呼叫該方法並不會有傳回值。

9. 下列何者說明正確 (A) switch 為迴圈 (B) 使用參考呼叫表示實引數和虛引數會佔用相同記憶體空間 (C) 使用傳值呼叫表示實引數和虛引數會佔用相同記憶體空間(D) do…while 是選擇敘述 。

10. 下列何者有誤 (A) 物件和陣列預設的傳遞方式為參考呼叫 (B) 物件和陣列預設的傳遞方式為傳值呼叫 (C) 方法定義為 int 表示會傳回整數 (D) 方法定義為 void 表示不傳回值

11. 方法中再呼叫自己本身就構成？ (A) 多載 (B) 覆寫 (C) 遞迴 (D) 以上皆非。

12. 定義多個方法可以使用相同的名稱，可稱為？ (A) 多載 (B) 覆寫 (C) 遞迴 (D) 以上皆非。

13. try…catch…finally 敘述的哪個區塊可用來監控可能會發生例外的程式碼？ (A) try (B) catch (C) finally (D) 以上皆非。

14. try…catch…finally 敘述的哪個區塊可用來補捉並處理發生例外的程式碼？ (A) try (B) catch (C) finally (D) 以上皆非。

15. 下例可者有誤？
(A) 靜態方法可以不用建立物件即可使用
(B) 方法可傳入多個引數

(C) 若方法定義為 private 表示是私有型態，此時該方法只能在目前的類別使用

(D) 若方法定義為 public 表示是私有型態，此時該方法只能在目前的類別使用

二、程式設計

1. 試寫一個名稱為 void Show() 的方法，將鍵盤輸入的值當作 Show 方法的引數，若輸入值為 5，則顯示五個 "*" 星號。一直到輸入 "/" ，才結束程式執行。

2. 試寫一個計算階乘的遞迴方法。

3. 試寫一個名稱為 PloyAdd 的方法，該方法有三個引數，前面兩個引數為相加的陣列，第三個為相加後傳回的陣列。若三個陣列都含有五個陣列元素，欲相加的陣列分別由鍵盤輸入到陣列中，經過呼叫 PolyAdd 方法，將輸入的兩個陣列相加，再將相加後的結果傳回主程式的陣列中，最後顯示相加的結果。

4. 定義了三個相同名稱的 GetMax() 多載方法，第一個 GetMax()方法用來傳回兩個整數的最大數；第二個 GetMax()方法用來傳回三個整數的最大數；第三個 GetMax()用來傳回整數陣列中的最大數。

5. 使用 Random 類別產生七個 1~49 之間的大樂透號碼。(1~49 之間的亂數不能重複出現)

6. 使用 Random 類別產生十組 0~9 之間的四星彩號碼。(0~9 之間的亂數可重複出現)

7. 設計一個名稱為 int GetSum(S, E) 的使用者自定靜態方法，其中 S 是起始值，E 為終值。主程式呼叫 GetSum( )方法時，會傳回 S + (S + 1) + (S + 2) + … + (S + E) 相加的整數結果。

CHAPTER

物件與類別

傳統的結構化程式設計對現今的軟體開發技術已經不敷使用,取而代之是目前最流行的物件導向技術,在 C# 提供完整的物件導向技術,例如類別繼承、多型、介面、運算子多載、泛型(泛型就類似 C++ 的樣板)…等機制,讓使用 C# 的程式設計師能大幅度減少程式的撰寫及增加應用程式的效能。本章主要探討物件與類別之間的關係。主要讓初學者了解如何定義類別並透過類別來產生物件實體,並學會定義類別中的資料成員—欄位、屬性和方法以及類別建構函式的定義;並學會類別的繼承來增加程式的延展性。由於本書是入門的教科書,無法完整將 C# 所有的物件導向語法做介紹,請自您行參閱相關 C# 的進階書籍。

6.1 物件與類別

6.1.1 何謂物件與類別

學習物件導向程式設計之前一開始必須先了解什麼是物件(Object),什麼是類別(Class)。物件簡單的說就是一個東西,物件是可以被識別和描述、有狀態(屬性)、有行為(方法);而類別是物件抽象的定義,也就是說類別是定義物件的一個藍圖。例如說:Peter(物件)是一個人(類別),Peter 物件是屬於人這一種類別,Peter 的身高是 164(身高的屬性),Peter 會走路(行為, 方法),如果用程式設計來表示上述 Peter 物件的話可以撰寫如下程式:

```
Person Peter = new Person(); //建立 Peter 物件屬於 Person 類別
Peter.Height=164;            //設定 Peter 身高屬性為 164
Peter.Walk(10);              //Peter 執行走路方法,並設定走 10 公里
```

接著我們再來比較下面使用 TextBox 類別建立物件名稱為 txtId 文字方塊的敘述:

```
TextBox txtId = new TextBox();   //建立 txtId 物件屬於 TextBox 類別
txtId.Height=20;              //設定 txtId 物件的高度屬性是 20
txtId.Clear();               //執行 txtId 的 Clear()方法
                        //將 txtId 文字方塊的內容清為空白
```

由上述可知道類別與物件之間的關係，因此在建立物件之前必須先定義類別，在 .NET Framework 中已經提供許多內建的類別讓您使用，可以讓使用 C# 的程式設計師大幅增加應用程式開發的速度。

6.1.2 類別的定義

我們可以使用 class 關鍵字來定義類別，接在 class 後面的是類別名稱，並在 class {…} 區塊內加入該類別所定義的資料成員(欄位, 屬性, 方法…等)，類別檔的副檔名為*.cs，在一個類別檔內可以定義多個不同名稱的類別，不過為了管理方便我們建議將一個類別儲存在一個*.cs 類別檔。如下為類別的定義寫法：

```
語法：
public class 類別名稱 {      //在 class 之前加上 public 表示該類別
                      //為公開型態，其存取沒有限制
      [成員存取修飾詞] 資料型別 欄位;
      [成員存取修飾詞] 資料型別 屬性 {get; set;}
      [成員存取修飾詞] 資料型別 方法 {
         ……
      }
}
```

C# 資料成員常用的成員存取修飾詞有 private、public、protected。宣告為 private，該成員即為私有型態，表示該成員只能在自身類別內存取；若宣告為 public，該成員即為公開型態，表示該成員的存取沒有限制，允許其它類別也可存取；若宣告為 protected，該成員即為保護型態，表示該成員只能在自身類別和被繼承的子類別內進行存取。關於上述這三種成員

存取修飾詞的使用方式，後面範例會有詳細介紹。類別中常定義的資料成員說明如下：

1. 欄位：用來儲存物件的資料以表示物件擁有的狀態，可用一般的資料型別或其他的類別來宣告。

2. 屬性：若物件欄位的值需要受到限制或管理，可以先將該欄位的值宣告為 private，接著讓使用者透過 public 的「存取子」來取得或設定 private 私有型別的欄位值，存取子是一種特殊的方法，它可以定義類別的唯讀或唯寫屬性。關於屬性的用法請參閱 Property.sln 範例。

3. 方法：可使用方法(或稱函式)來定義，用來表示一個類別該擁有的行為。

   例如下面簡例定義 Person 類別擁有 Height(身高)及 Weight(體重)的欄位，以及一個 Walk(走路)方法：

```
public class Person              //定義 Person 類別
{
    public int Height;           //Height 身高欄位
    public int Weight;           //Weight 體重欄位
    public void Walk(int x )      //走路方法
    {
        Console.WriteLine("走了{0}公里", x) ;
    }
}
```

6.1.3 物件的宣告與建立

定義類別完成之後，接著您可以使用 new 關鍵字來建立該類別的物件實體。建立物件的方法有下面兩種：

方法一　先宣告，再建立物件

```
類別名稱 物件變數;          //宣告某個物件變數屬於某個類別
物件變數 = new 類別名稱();   //使用 new 建立物件實體
```

方法一　宣告物件同時建立物件

```
類別名稱 物件變數 = new 類別名稱(); //宣告物件時直接建立物件
```

　　下面簡例是以 6.1.2 節介紹的 Person 類別為例來產生 Person 類別的 Peter 物件實體，當建立物件時，該類別中的成員即屬於該物件所擁有，若要存取類別的 public 成員可以使用「.」運算子來達成。如下寫法：

```
Person Peter;              //宣告 Peter 物件為 Person 類別
Peter=new Person();        //建立 Peter 物件實體
Peter.Height=164;          //設定 Peter 身高為 164
Peter.Weight=65;           //設定 Peter 體重為 65
Peter.Walk(50);            //呼叫 Peter 的 Walk(50)方法
                           //結果會印出 "走了 50 公里" 訊息
Person Mary = new Person();//宣告並建立 Mary 物件，屬於 Person 類別
Mary.Height=172;           //設定 Mary 身高為 172
Mary.Weight=53;            //設定 Mary 體重為 53
Mary.Walk(20);             //呼叫 Mary 的 Walk(20)方法
                           //結果會印出 "走了 20 公里" 訊息
```

　　綜合上述我們可以知道，當建立不同物件時，每一個物件都視為不同的執行個體，且每一個物件都會擁有類別所定義的成員，因此物件才是類別的執行個體，而類別是定義物件的藍圖。

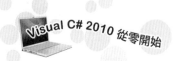

 範例演練

檔名：FirstClass.sln

在 FirstClass.sln 專案新增 Product.cs 類別檔，Product 產品類別有 PartNo 編號, PartName 品名, Qty 數量三個欄位成員，以及定義 ShowInfo()方法用來顯示該項產品的編號, 品名, 數量等資訊。最後在 Program.cs 的 Main()方法使用 Proudct 產品類別建立兩個產品物件。

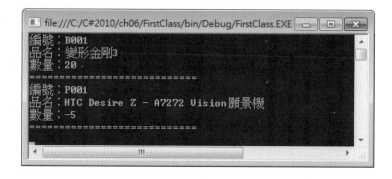

上機實作

Step1 新增專案

新增「主控台應用程式」專案，其專案名稱設為 FirstClass。

Step2 在專案中新增類別檔

執行功能表的【專案(P)/加入類別(C)...】出現下圖「加入新項目」視窗，請選取「類別」選項，我們建議類別名稱最好與類別檔名相同，所以請將 名稱(N) 設為「Product.cs」，最後再按 加入(A) 鈕開啟 Product.cs 檔。

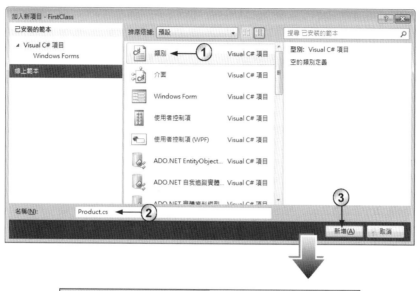

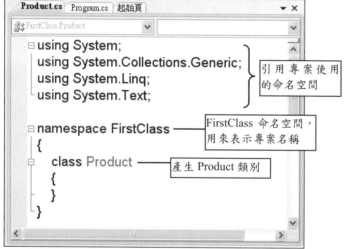

Step3 定義 Product 類別

在 Product.cs 程式碼中先定義 Product 類別擁有 PartNo 編號，PartName 品名，Qty 數量欄位，以及可顯示產品編號，品名，數量的 ShowInfo()方法。上述 Product 類別中的成員因為是 public，所以可以讓物件直接以「.」運算子來存取這些欄位。程式碼如下：

```
FileName : Product.cs
01 using System;
02 using System.Collections.Generic;
03 using System.Linq;
04 using System.Text;
05
06 namespace FirstClass
07 {
08    class Product   //定義 Product 類別
09    {
10       //宣告 public 公開型態的 PartNo 編號, PartName 品名欄位
11       public string PartNo, PartName;
12       public int Qty;           //宣告 public 公開型態的 Qty 數量欄位
13       public void ShowInfo()    //定義 ShowInfo 方法用來顯示產品的編號,品名,數量
14       {
15          Console.WriteLine("編號:{0}", PartNo);
16          Console.WriteLine("品名:{0}", PartName);
17          Console.WriteLine("數量:{0}", Qty);
18          Console.WriteLine("============================");
19       }
20    }
21 }
```

Step4　撰寫 Main()方法

　　　　請切換到 Program.cs 類別檔，然後在該檔中撰寫如下程式。在 Main()
　　　　方法可以使用 new 關鍵字來建立屬於 Product 類別的物件，如果要存
　　　　取類別中的成員，可以使用「.」運算子。

```
FileName : Program.cs
01 namespace FirstClass
02 {
03    class Program
04    {
05       static void Main(string[] args)
06       {
07          //宣告並建立 DVD 物件屬於 Product 類別
08          Product DVD = new Product();
09          DVD.PartNo = "B001";          //設定 PartNo 編號欄位
10          DVD.PartName = "變形金剛3"; //設定 PartName 品名欄位
11          DVD.Qty = 20;                 //設定 Qty 產品數量欄位
12          DVD.ShowInfo();
```

```
13      Product PDA;                   //宣告 PDA 物件屬於 Product 類別
14      PDA = new Product();           //建立 PDA 物件屬於 Product 類別
15      PDA.PartNo = "P001";
16      PDA.PartName = "HTC Desire Z - A7272 Vision 願景機";
17      PDA.Qty = -5;
18      PDA.ShowInfo();
19      Console.Read();
20    }
21  }
22 }
```

6.1.4 使用存取子設定屬性

　　使用 public 的欄位來表示物件的狀態或屬性非常方便，但是如果物件的屬性狀態需要受到控管或限制的話就必須使用「存取子」。例如，前一個範例第 17 行 **PDA.Qty=-5;**，將 PDA 產品的數量設為-5。若我們希望 Qty 欄位的值最小不能少於 0，因此您想將類別的欄位值定義在某個範圍之內，可以用「存取子」來達成，存取子其實是一種特殊的方法，它有 get 存取子和 set 存取子兩個區塊，其中 get {…} 可用來傳回類別私有欄位值，而 set{…} 是用來設定類別私有欄位值，因此若要限制某個欄位值的範圍，可以將條件規則的敘述撰寫在 set{…} 區塊。存取子語法如下：

```
語法：
 public 資料型別 屬性名稱
 {
     get
     {
         return 傳回值;
     }
     set //設定的屬性值會傳給 value，value 會放入 set 區塊
     {
         [程式區塊;]
     }
 }
```

延續上例,請您在 FirstClass.sln 專案 Product 類別中加入一個_Qty 的私有欄位,然後將原本 public 的 Qty 欄位改使用 public 的存取子來設定屬性,並在 set{…} 區塊中判斷 Qty 屬性傳入的 value 是否小於 0,若 value 小於 0 則_Qty 欄位則指定為 0,否則_Qty 欄位值即是我們所設定的 value 值。下面 Product.cs 檔中的第 6~19 行敘述即是所加入及修改的程式碼:

```
FileName : Product.cs
01 namespace Property
02 {
03    class Product
04    {
05      public string PartNo, PartName;
06      private int _Qty;  //_Qty為私有成員
07      // 設定數量Qty屬性不可小於0, 若小於0則設定_Qty欄位為0
08      public int Qty
09      {
10        get
11        {
12          return _Qty;
13        }
14        set
15        {
16          if (value < 0) value = 0;  //若value小於0則指定value為0
17          _Qty = value;
18        }
19      }
20      public void ShowInfo()
21      {
22        Console.WriteLine("編號:{0}", PartNo);
23        Console.WriteLine("品名:{0}", PartName);
24        Console.WriteLine("數量:{0}", Qty);
25        Console.WriteLine("============================");
26      }
27    }
28 }
```

此時您可觀察下面 Program.cs 檔中的第 17 行敘述將 Qty 屬性設為-5,則最後顯示如下圖 Qty 數量屬性會以 0 表示。完整程式碼可參閱 Property.sln 專案檔。

```
FileName : Program.cs
01 namespace Property
02 {
03    class Program
04    {
05       static void Main(string[] args)
06       {
07          //宣告並建立DVD 物件屬於 Product 類別
08          Product DVD = new Product();
09          DVD.PartNo = "B001";          //設定 PartNo 編號欄位
10          DVD.PartName = "變形金剛3"; //設定 PartName 品名欄位
11          DVD.Qty = 20;                 //設定 Qty 產品數量欄位
12          DVD.ShowInfo();
13          Product PDA;                  //宣告 PDA 物件屬於 Product 類別
14          PDA = new Product();          //建立 PDA 物件屬於 Product 類別
15          PDA.PartNo = "P001";
16          PDA.PartName = "HTC Desire Z - A7272 Vision 願景機";
17          PDA.Qty = -5;  //設定 Qty 屬性值為-5，-5 會傳給 Qty 屬性存取子中
                            //set {…}區塊中的value 引數
18          PDA.ShowInfo();
19          Console.Read();
20       }
21    }
22 }
```

執行結果如下：

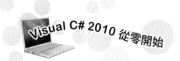

6.1.5 唯讀與唯寫屬性

要設定唯讀屬性的做法很簡單，就是讓設定屬性的存取子只有 get {…} 區塊，表示該屬性只能傳回值而不能設定值；若是唯寫屬性就是讓存取子中只有 set {…} 區塊，表示該屬性只能設定值而不能傳回值。唯讀屬性與唯寫屬性的寫法如下：

1. 唯讀屬性

```
public 資料型別 屬性名稱{
    get{
        return ;
    }
}
```

2. 唯寫屬性

```
public 資料型別 屬性名稱{
    set{
        [程式區塊;]
    }
}
```

6.1.6 自動實作屬性

由上例可知，屬性能讓類別可以隱藏實作或驗證程式碼的同時，以公開方式取得並設定值。除此之外，類別的屬性還能夠繫結至控制項的屬性，這是欄位所做不到的，因此建議將類別的公開欄位修改成屬性。但若將上例的 PartNo 編號及 PartName 品名公開欄位改成以屬性表示，在早期 C# (C# .NET, C# 2005)的版本必須使用存取子分別定義 PartNo 屬性及 PartName 屬性的 set 和 get 區塊來存取_PartNo 和_PartName 私有欄位，就像下面寫法一樣。

```
class Product                      //定義 Product 類別
{
    private string _PartNo, _PartName;   //私有欄位
    public string PartNo                 //定義 PartNo 編號屬性
    {
        get{return _PartNo ;}
        set{_PartNo = value;}
    }
    public string PartName               //定義 PartName 品名屬性
    {
        get{return _PartName ;}
        set{_PartName = value; }
    }
    ......
    ......
}
```

　　上面的程式碼，當屬性一多就必須逐一定義屬性存取子，而且像字串屬性這種不需要設定屬性存取範圍的資料型別，早期還是非要撰寫這麼多程式碼，幸好從 C# 2008 開始提供「自動實作屬性」來解決這個問題，透過自動實作屬性讓屬性宣告更為簡明，而且存取子中不需要額外的邏輯或重複撰寫程式碼。例如：當您將上例改以自動實作屬性的方式來定義 PartName 及 PartNo 屬性，此時編譯器會自動建立私有 (private) 匿名支援欄位，讓該屬性只能透過存取子的 get 和 set 區塊來進行存取。如下寫法發現，程式碼真的減少很多。

```
class Product                      //定義 Product 類別
{
    public string PartNo{get ; set ; }    //定義 PartNo 編號屬性
    public string PartName{get ; set ;}   //定義 PartName 品名屬性
    ......
    ......
}
```

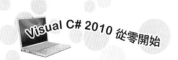

6.2 建構函式

6.2.1 建構函式的使用

前一個範例我們都是先建立物件之後,再逐一設定該物件的屬性或欄位狀態。若想在建立物件的同時即完成物件屬性或欄位的初始值設定就必須使用建構函式(Constructor Function)來達成。在 C# 中建構函式名稱必須和類別名稱相同,建構函式的使用方式和一般函式(方法)相同,當使用 new 關鍵字來建立物件的同時即會執行該類別中的建構函式。

 範例演練

檔名:Constructor.sln

延續上例,在 Product 類別中新增一個可傳入編號, 品名, 數量三個引數的建構函式,讓使用者可以使用 Product DVD = new Product ("B001", "變形金剛 3", 15); 敘述在建立 Product 類別的 DVD 物件同時即指定 PartNo, PartName 以及 Qty 屬性的初值。

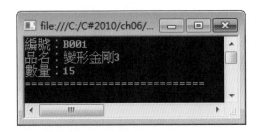

上機實作

Step1 新增專案

新增「主控台應用程式」專案,其專案名稱設為「Constructor」。

Step2 建立 Product 類別

執行功能表的【專案(P)/加入類別(C)...】出現「加入新項目」視窗，
請選取「類別」選項，再將「名稱(N)」設為「Product.cs」(類別檔
案名稱設為 Product.cs)，最後再按 ［加入(A)］ 鈕開啟 Product.cs 檔。
請在 Product.cs 撰寫如下程式碼，若延續上例請在 Product 類別中加
入第 9~14 行的建構函式。完整程式碼如下：

```
FileName : Product.cs
01 namespace Constructor
02 {
03   class Product
04   {
05     public string PartNo { get; set; }        //PartNo 編號屬性
06     public string PartName { get; set; }      //PartName 品名屬性
07     private int _Qty;          //_Qty 為私有成員
08     //Product 建構函式
09     public Product(string vNo, string vName, int vQty)
10     {
11       PartNo = vNo;
12       PartName = vName;
13       Qty = vQty;
14     }
15     // 設定數量 Qty 屬性不可小於 0，若小於 0 則設定_Qty 欄位為 0
16     public int Qty
17     {
18       get
19       {
20         return _Qty;
21       }
22       set
23       {
24         if (value < 0) value = 0;
25         _Qty = value;
26       }
27     }
28     public void ShowInfo()
29     {
30       Console.WriteLine("編號:{0}", PartNo);
31       Console.WriteLine("品名:{0}", PartName);
32       Console.WriteLine("數量:{0}", Qty);
33       Console.WriteLine("===========================");
```

```
34        }
35    }
36 }
```

程式說明

1. 9~14 行：定義 Product 建構函式，此建構函式定義了建立物件的同時
   必須傳入 vNo 編號, vName 品名, vQty 數量三個引數，然後
   再指定給 PartNo, PartName, Qty 用來初始化物件的屬性值。

Step3　撰寫 Main() 方法

切換到 Program.cs，然後撰寫如下程式。在第 9 行我們可以使用 new
關鍵字，建立 Product 類別的物件實體同時會呼叫 Product.cs 類別檔
中的第 9 行並傳入編號, 品名, 數量三個引數來初始化 DVD 物件的
PartNo, PartName, Qty 的屬性值。

在 C# 的類別中預設會自動產生一個沒有帶引數的預設建構函式，若
在某類別檔中撰寫該類別的建構函式時，由於使用有引數的建構函
式則預設的建構函式就無法使用，因此第 7 行敘述我們無法使用。

```
FileName : Program.cs
01 namespace Constructor
02 {
03   class Program
04   {
05     static void Main(string[] args)
06     {
07         //Product DVD = new Product();
08         //無法使用使用建構函式建立物件時並給予初值
09         Product DVD = new Product("B001", "變形金剛3", 15);
10         DVD.ShowInfo();
11         Console.Read();
12     }
13   }
14 }
```

6.2.2 建構函式的多載

　　若我們希望在建構物件的同時，也能呼叫不帶引數或帶引數的建構函式，此時就必須使用建構函式的多載，您可以定義建構函式，並以不同的引數個數，不同的引數的資料型別來加以區隔這是不同的建構函式，建構函式的多載和一般的方法多載(函式多載)的使用方式相同。

範例演練

檔名：OverLoads.sln

延續上例，在 Product 類別中再新增一個不帶引數的建構函式，當使用者使用 **Product 物件名稱 = new Product();** 敘述呼叫不帶引數的 Product() 建構函式時，不帶引數的 Product()建構函式會將"送審中"、"品名未定"、0 指定給 Product 類別的 PartNo, PartName, Qty 屬性。最後再加入 ShowInfo() 方法多載(函式多載)，透過此方法可設定 PartNo, PartName, Qty 並顯示產品資訊。

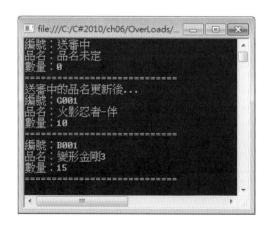

上機實作

Step1 新增專案

新增「主控台應用程式」專案，其專案名稱設為「OverLoads」。

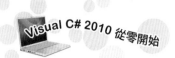
Step2 建立 Product 類別

執行功能表的【專案(P)/加入類別(C)...】指令新增「Product.cs」類別檔。接著請在 Product.cs 撰寫如下程式碼,若延續上例請在 Product 類別中加入第 8~13 行的 Product 建構函式;再加入第 42~48 行的 ShowInfo() 多載方法可用來設定 PartNo, PartName, Qty 的屬性值並顯示產品資訊。完整程式碼如下:

```
FileName : Product.cs
01 namespace OverLoads
02 {
03   class Product
04   {
05     public string PartNo{get;set;}          //PartNo 編號屬性
06     public string PartName { get; set; }  //PartName 品名屬性
07     private int _Qty; // _Qty 為私有成員
08     public Product()
09     {
10       PartNo = "送審中";
11       PartName = "品名未定";
12       Qty = 0;
13     }
14     public Product(string vNo, string vName, int vQty)
15     {
16       PartNo = vNo;
17       PartName = vName;
18       Qty = vQty;
19     }
20     // 設定數量 Qty 屬性不可小於 0, 若小於 0 則設定_Qty 欄位為 0
21     public int Qty
22     {
23       get
24       {
25         return _Qty;
26       }
27       set
28       {
29         if (value <= 0) value = 0;
30         _Qty = value;
31       }
32     }
33     //此 ShowInfo() 多載方法可顯示產品資訊
34     public void ShowInfo()
```

```
35    {
36        Console.WriteLine("編號:{0}", PartNo);
37        Console.WriteLine("品名:{0}", PartName);
38        Console.WriteLine("數量:{0}", Qty);
39        Console.WriteLine("===========================");
40    }
41    //此 ShowInfo()多載方法可設定產品的編號, 品名, 數量,並同時顯示產品資訊
42    public void ShowInfo(string vNo, string vName, int vQty)
43    {
44        PartNo = vNo;
45        PartName = vName;
46        Qty = vQty;
47        ShowInfo();              //呼叫 Product 類別的 ShowInfo
48    }
49    }
50 }
```

程式說明

1. 第 8~13 行:定義不帶引數的 Product() 多載建構函式。

2. 第 14~19 行:呼叫這個 Product() 多載建構函式必須傳入編號、品名、數量三個引數。

3. 第 34~40 行:定義不帶引數的 ShowInfo() 多載方法。

4. 第 42~48 行:呼叫這個 ShowInfo() 多載方法必須傳入編號、品名、數量三個引數。

Step3 撰寫 Main()方法

切換到 Program.cs,然後撰寫如下程式。在第 7 行我們可以使用不帶引數的方式來建立 Product 類別的 Game 物件,此時 Game.PartNo="送審中", Game.PartName="品名未定", Game.Qty=0;第 10 行呼叫 ShowInfo()方法可設定 PartNo, PartName, Qty 的屬性值並顯示產品資訊。完整程式碼如下:

```
FileName : Program.cs
01 namespace OverLoads
02 {
03    class Program
```

```
04  {
05      static void Main(string[] args)
06      {
07          Product Game = new Product();   //無引數之建構函式
08          Game.ShowInfo();
09          Console.WriteLine("送審中的品名更新後...");
10          Game.ShowInfo("G001", "火影忍者-伴", 10);
11          //使用此建構函式建立物件時並給予編號,品名,數量的初值
12          Product DVD = new Product("B001", "變形金剛3", 15);
13          DVD.ShowInfo();
14          Console.Read();
15      }
16  }
17 }
```

6.2.3 物件初始設定式

當我們使用 new 來建立物件,此時會呼叫指定的多載建構函式,若初始化物件的屬性很多,那就要定義多個多載建構函式。例如:Employee 員工類別擁有 EmpID 編號、EmpName 姓名、EmpTel 電話、EmpAdd 住址以及 EmpSalary 薪水屬性,現在希望建立物件的同時可初始化員工物件 0~5 個屬性的內容,此時最少就要定義如下的 6 個 Employee 建構函式了,而且在初始化物件的屬性內容就會變的非常麻煩。

```
public class Employee            //定義 Employee 類別
{
    public string EmpID { set; get; }
    public string EmpName { set; get; }
    public string EmpTel { set; get; }
    public string EmpAdd { set; get; }
    private int _Salary;             //_Salary 薪資欄位
    public int EmpSalary             //Salary 屬性必須大於 20000 以上
    {
        get{return _Salary ;}
        set{
            if(value <=20000) value=20000 ;
```

```
            _Salary = value ;
        }
    }
    public Employee (){}                            //建構函式#1
    public Employee (string vID){EmpID=vID ;}       //建構函式#2
    public Employee (string vID, string vName){
        EmpID=vID ; EmpName=vName ;}                //建構函式#3
    ......
    public Employee (string vID, string vName,      //建構函式#6
    string vTel, string vAdd, int vSalary){
        EmpID=vID ; EmpName=vName ; EmpTel=vTel,
        EmpAdd=vAdd; EmpSalary=vSalary;}
    }
}
```

　　由 C# 2008 開始提供「物件初始設定式」的宣告方式來初始化物件的欄位或屬性值，透過「物件初始設定式」並不需要明確呼叫類別的建構函式即可進行物件屬性或欄位初始化的動作。下面簡例示範如何使用物件初始設定式來初始化 Employee 類別物件的 EmpID 編號，EmpName 姓名，EmpTel 電話，EmpAdd 住址，EmpSalary 薪資的屬性值，完全不需要使用類別的建構函式來初始化物件的屬性值。

```
public class Employee                  //定義 Employee 類別
{
    public string EmpID { set; get; }
    public string EmpName { set; get; }
    public string EmpTel { set; get; }
    public string EmpAdd { set; get; }
    private int _Salary;                //_Salary 薪資欄位
    public int EmpSalary                //Salary 屬性必須大於 20000 以上
    {
        get{return _Salary ;}
        set{
```

```
            if(value <=20000) value=20000 ;
            _Salary = value ;
        }
    }

    static void Main(string[] args)
    {
        //Mary 物件設定員工編號為"A01"
        Employee Mary = new Employee {EmpID="A01"};

        //Jack 物件設定員工編號為 "A02", 姓名為 "傑克", 薪資為 25000
        Employee Jack = new Employee
        {EmpID="A02", EmpName="傑克",EmpSalary="25000"};

        //Tom 物件初始化員工編號, 姓名, 薪資, 住址, 電話
        Employee Tom = new Employee
        { EmpID="A03", EmpName="湯姆",EmpSalary="35000" ,
        EmpAdd="台中市忠明南路 1 號", EmpTel="04-1236587"};
    }
}
```

 範例演練

檔名：ObjectSetValue.sln

將上面簡例寫成一個完整的範例，並練習使用「物件初始設定式」的
宣告方式來初始化物件的屬性值。定義 Employee 員工類別擁有 EmpID
編號、EmpName 姓名、EmpTel 電話、EmpAdd 住址欄位以及 EmpSalary
薪水屬性，並定義 EmpSalary 屬性的值不可小於 20000；定義 ShowInfo()
方法用來顯示員工的所有資訊。最後在 Main()方法使用物件初始設定
式來初始化 MoMo(莫莫)及 Dora(朵拉)兩個員工物件，最後再將這兩位
員工的資料顯示出來。

上機實作

Step1 新增專案

新增「主控台應用程式」專案，其專案名稱設為「ObjectSetValue」。

Step2 建立 Employee 類別

執行功能表的【專案(P)/加入類別(C)...】指令新增「Employee.cs」
類別檔。接著請在 Employee.cs 撰寫如下程式碼：

```
FileName : Employee.cs
01 namespace ObjectSetValue
02 {
03   class Employee
04   {
05     public string EmpID { set; get; }
06     public string EmpName { set; get; }
07     public string EmpTel { set; get; }
08     public string EmpAdd { set; get; }
09     private int _Salary;              //_Salary薪資欄位
10     public int EmpSalary            //Salary屬性必須大於20000以上
11     {
12       get
13       {
14         return _Salary;
15       }
16       set
17       {
```

```
18              if (value <= 20000) value = 20000;
19            _Salary = value;
20        }
21    }
22    //顯示員工資訊
23    public void ShowInfo()
24    {
25        Console.WriteLine("編號:{0}", EmpID);
26        Console.WriteLine("姓名:{0}", EmpName);
27        Console.WriteLine("電話:{0}", EmpTel);
28        Console.WriteLine("住址:{0}", EmpAdd);
29        Console.WriteLine("薪資:{0}", EmpSalary.ToString());
30        Console.WriteLine("============================");
31    }
32  }
33 }
```

程式說明

1. 3~32 行 ： 定義 Employee 類別。

2. 5~8 行 ： 定義 Employee 擁有 EmpID 編號、EmpName 姓名、EmpTel
電話、EmpAdd 位址四個屬性。

3. 9~21 行 ： 定義 EmpSalary 薪水屬性，且薪水屬性不可小於 20000。

4. 23~31 行： 定義 ShowInfo()方法，用來顯示員工的編號、姓名、住址、
電話、薪水...等資訊。

Step3 撰寫 Main()方法

切換到 Program.cs，然後撰寫如下程式。在第 7~8 行我們使用物件初
始設定式來初始化 MoMo 及 Dora 兩位員工的 EmpID 編號、EmpName
姓名、EmpAdd 住址、EmpTel 電話、EmpSalary 薪水的屬性值。完
整程式碼如下：

```
FileName : Program.cs
01 namespace ObjectSetValue
02 {
03   class Program
04   {
05     static void Main(string[] args)
```

```
06      {
07          Employee MoMo = new Employee
                { EmpID = "A01", EmpName = "莫莫",
                  EmpAdd = "台中市中山路一段1號",
                  EmpTel = "04-7895642", EmpSalary = 30000 };
08          Employee Dora = new Employee
                { EmpID = "A02", EmpName ="朵拉",
                  EmpAdd ="台北市南港路一段2號",
                  EmpTel ="02-1234567", EmpSalary =10000 };
09          MoMo.ShowInfo();    //顯示員工資訊
10          Dora.ShowInfo();
11          Console.Read();
12      }
13   }
14 }
```

6.3 靜態成員

使用 static 關鍵字宣告的成員稱為「靜態成員」，靜態成員可以讓同一類別所建立的物件都可以一起共用，靜態成員不需要使用 new 建立物件就可以直接使用，它必須透過類別名稱再加上「.」運算子直接呼叫 public 的靜態成員即可。呼叫靜態成員的寫法如下：

> 類別名稱.欄位
> 類別名稱.屬性
> 類別名稱.方法([引數串列])

範例演練

檔名：StaticMember.sln

在 Product 類別新增一個 private static _num 靜態欄位，用來記錄目前共生產幾個產品；新增 public static Num 靜態唯讀屬性，用來讀取目前生產產品的個數；新增 public static ShowNum()靜態方法，用來印出 "目前共生產幾個產品" 的訊息。

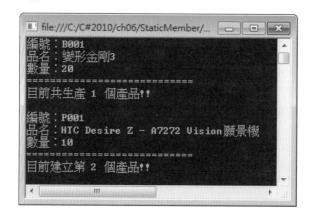

上機實作

Step1 新增主控台應用程式專案

新增「主控台應用程式」專案,其專案名稱為 StaticMember。

Step2 建立 Product 類別

執行功能表的【專案(P)/加入類別(C)...】指令新增「Product.cs」類別檔。接著請在 Product.cs 撰寫如下程式碼,若延續上例請在 Product 類別中加入第 8 行定義 private static _num 的靜態欄位,用來記錄建立物件的個數;加入第 9~12 行 public static ShowNum() 靜態方法,用來顯示 "目前共生產幾個產品" 訊息的;加入第 28~34 行定義 public static Num 的靜態唯讀屬性,用來取得目前生產物件的個數;最後在建構函式的 15 及 23 行中加入 _num+=1; 的敘述;表示建立物件的同時_num 會進行加 1 的動作,如此才可以記錄物件建立的數量。完整程式碼如下:

```
FileName : Product.cs
01 namespace StaticMember
02 {
03    class Product
04    {
05       public string PartNo { get; set; }
```

```
06      public string PartName { get; set; }
07      private int _Qty;            //_Qty 為私有成員
08      private static int _num;//_num 為私有的靜態成員，用來記錄共產生幾個物件
09      public static void ShowNum()
10      {
11          Console.WriteLine("目前共生產 {0} 個產品!!\n", _num);
12      }
13      public Product()      //無引數的 Product 建構函式
14      {
15          _num += 1;
16          PartNo = "送審中";
17          PartName = "品名未定";
18          Qty = 0;
19      }
20      // 可設定編號,品名,數量的 Product 建構函式
21      public Product(string vNo, string vName, int vQty)
22      {
23          _num += 1;
24          PartNo = vNo;
25          PartName = vName;
26          Qty = vQty;
27      }
28      public static int Num
29      {
30          get
31          {
32              return _num;
33          }
34      }
35      // 設定數量 Qty 屬性不可小於 0, 若小於 0 則設定_Qty 欄位為 0
36      public int Qty
37      {
38          get
39          {
40              return _Qty;
41          }
42          set
43          {
44              if (value < 0) value = 0;
45              _Qty = value;
46          }
47      }
48      public void ShowInfo()
49      {
50          Console.WriteLine("編號:{0}", PartNo);
```

```
51          Console.WriteLine("品名：{0}", PartName);
52          Console.WriteLine("數量：{0}", Qty);
53          Console.WriteLine("=============================");
54      }
55      public void ShowInfo(string vNo, string vName, int vQty)
56      {
57          PartNo = vNo;
58          PartName = vName;
59          Qty = vQty;
60          ShowInfo(); //呼叫 Product 類別的 ShowInfo()方法
61      }
62  }
63 }
```

Step3 撰寫 Main 方法

切換到 Program.cs，然後撰寫如下程式。在第 9 行可以直接以 Product
類別名稱來呼叫 ShowNum()靜態方法；第 13 行可以直接以 Product
類別名稱來取得 Num 唯讀靜態屬性。

```
FileName : Program.cs
01 namespace StaticMember
02 {
03   class Program
04   {
05     static void Main(string[] args)
06     {
07         Product DVD = new Product("B001", "變形金剛3", 20);
08         DVD.ShowInfo();
09         Product.ShowNum();   //呼叫 static 成員 ShowNum()方法
10         Product PDA = new Product
                ("P001", "HTC Desire Z - A7272 Vision 願景機", 10);
11         PDA.ShowInfo();
12         //呼叫 Product 類別的 Num 靜態屬性
13         Console.WriteLine("目前建立第 {0} 個產品!!", Product.Num);
14         Console.Read();
15     }
16   }
17 }
```

6.4 物件陣列

欲使用類別建立物件陣列，首先必須先建立屬於該類別的陣列元素，接著再逐一使用 new 關鍵字來對每一個陣列元素做物件實體化。如下寫法，先建立 p[0]~p[4] 的五個陣列元素是屬於 Product 類別的物件，此時 p[0]~p[4] 的值皆為 null 並未做物件實體化的動作，接著再使用 new 關鍵字對 p[0]~p[4] 做物件實體化，最後逐一設定 p[0]~[4] 每一個陣列的屬性內容，其設定方式即是在 [] 中括號之後加上「.」運算子就可以了。

```
Product[] p = new Product[5];    //建立 p[0] ~ p[4] 五個陣列元素
p[0] = new Product();           //建立 p[0] 為 Product 類別的物件，並設初值
p[0].PartNo ="A01";   p[0].PartName="火影忍者";   p[0].Qty = 100;
p[1] = new Product();           //建立 p[1] 為 Product 類別的物件，並設初值
p[1].PartNo ="A02";   p[1].PartName="哈利波特";   p[1].Qty = 250;
......
......
p[4] = new Product();           //建立 p[4] 為 Product 類別的物件，並設初值
p[4].PartNo ="A05";   p[4].PartName="網球王子";   p[4].Qty = 50;
```

                              檔名：ObjectArray.sln

延續上例，使用 Product 類別來建立物件陣列。程式開始執行先詢問要產生多少個產品，接著再讓使用者逐一輸入產品的編號、品名及數量。如下圖，使用者先輸入「3」，接著會產生 p 陣列物件，且陣列元素為 p[0]~p[2]，接著再讓使用者逐一輸入 p[0]~p[2] 的編號、品名、數量的資料，最後再印出 "目前共生產幾個產品" 的訊息。

上機實作

Step1 新增主控台應用程式專案

新增「主控台應用程式」專案，其專案名稱為 ObjectArray。

Step2 建立 Product 類別

執行功能表的【專案(P)/加入類別(C)...】指令新增「Product.cs」類別檔。並定義 Product 類別，該類別的成員和前一範例差不多，但本例為減少程式碼，將 ShowInfo()方法刪除了。完整程式碼如下：

```
FileName : Product.cs
01 namespace ObjectArray
02 {
03   class Product
04   {
05     public string PartNo { get; set; }
06     public string PartName { get; set; }
07     private int _Qty;              // _Qty 為私有成員
08     private static int _num; //_num 為私有的靜態成員，用來記錄共產生幾個物件
09     //顯示共產生幾個產品
10     public static void ShowNum()
11     {
12       Console.WriteLine("目前共生產 {0} 個產品!!\n", _num);
13     }
```

```
14      public Product()     //無引數的Product建構函式
15      {
16          _num += 1;          //物件數量+1
17      }
18      // 設定數量Qty屬性不可小於0, 若小於0則設定_Qty欄位為0
19      public int Qty
20      {
21          get
22          {
23              return _Qty;
24          }
25          set
26          {
27              if (value < 0) value = 0;
28              _Qty = value;
29          }
30      }
31  }
32 }
```

Step3 撰寫 Main 方法

切換到 Program.cs，然後撰寫如下程式。

```
FileName : Program.cs
01 namespace ObjectArray
02 {
03   class Program
04   {
05     static void Main(string[] args)
06     {
07       try   //監控可能會發生例外的程式碼
08       {
09           Console.Write("請輸入欲產生幾個產品：");
10           int n = int.Parse(Console.ReadLine());   //輸入的資料轉型成整數
11           Product[] p = new Product[n];         //產生p[0]~p[n-1] 的陣列元素
12           for (int i = 0; i <= p.GetUpperBound(0); i++)
13           {
14               p[i] = new Product();                  //建立p[i] 物件的實體
15               Console.WriteLine("請輸入第 " + (i + 1).ToString() + " 筆產品");
16               Console.Write(" 編號：");
17               p[i].PartNo = Console.ReadLine();    //輸入編號
18               Console.Write(" 品名：");
19               p[i].PartName = Console.ReadLine();   //輸入品名
```

```
20            Console.Write(" 數量:");
21            p[i].Qty = int.Parse(Console.ReadLine());//輸入數量轉型成整數
22            Console.WriteLine("====================");
23          }
24        Product.ShowNum(); //顯示共產生幾個產品
25      }
26      catch (Exception ex)  //補捉並處理例外
27      {
28          Console.WriteLine(ex.Message);
29          Console.WriteLine("輸入資料有誤, 準備離開程式!");
30      }
31      Console.Read();
32    }
33  }
34 }
```

程式說明

1. 7~30 行 : 為防止使用者輸入不符合的資料,因此本例使用 try{…}
   catch{…}來補捉與處理可能會發生的例外。

2. 10~11 行 : 建立 p[0]~p[n-1] 的陣列元素。

3. 12~23 行 : 使用迴圈並配合 new 關鍵字建立 p[0]~p[n-1] 的物件實
   體,並讓使用者由鍵盤輸入產品的編號、品名、數量並存
   放到 PartNo、PartName、Qty 的屬性內。

4. 24 行 : 顯示共產生多少個產品。

6.5 類別繼承

在物件導向程式設計中最為強大的機制就是繼承,透過類別繼承可增
加程式的延展性。如下寫法 class B:A 表示 B 繼承 A,此時可以讓被繼承
的類別 A 所有功能延伸到類別 B,被繼承的類別 A 可稱為基底類別(Base
class)或父類別(Parent class),而繼承的類別 B 可稱為衍生類別(Derived
class)或子類別(Child class)。

```
class A
{
    …………       //A 類別的欄位, 屬性, 方法
}
```

```
class B : A    //使用「:」指定類別 B 要繼承類別 A
{
               //此時類別 B 會擁有類別 A 所有非 private 的成員
    …………       //然後加入新的欄位, 屬性, 方法
}
```

　　衍生類別無法使用基底類別的 private 成員，但是可以使用基底類別的 public 和 protected 成員。若衍生類別的成員想要使用基底類別的成員但不想公開，此時基底類別的成員必須宣告為 protected 保護層級。請參考下面範例說明：

範例演練　　　　　　　　　　　　　　　檔名：ClassInherits.sln

繼承範例實作，說明如下：

① 定義 Rectangle 基底類別(矩形類別)有 protected 保護層級的_Num 靜態欄位用來計算目前共產生多少個圖形；執行 public 的建構函式時_Num 欄位會加 1，並在該類別定義 Width 寬屬性、Height 高屬性、GetArea() 方法與 ShowNum()靜態方法。GetArea()方法用來取得矩形面積(寬 x 高)，ShowNum 靜態方法()用來顯示目前共產生多少個圖形。

② 定義 Triangle 衍生類別(三角形類別)繼承自 Rectangle 基底類別並加入 public 的 ShowData()方法用來顯示三角形的寬、高(即底與高)及面積，此時 Triangle 類別會擁有 Width 寬屬性(即三角形的底)、Height 高屬性、_Num 欄位、GetArea()方法、ShowNum()靜態方法，且建立 Triangle 物件時也會執行 Rectangle 基底類別的建構式。由於三角形面積和矩形面積的計算方式不同，因此必須重新定義(覆寫)GetArea()方法(三角形面積公式=(寬 x 高) / 2)。

③ 在 Main()方法建立 Rectangle 類別物件及 Triangle 類別物件，並使用該類別提供的方式來顯示矩形與三角形的寬高與面積，最後再呼叫 Rectangle.ShowNum() 或 Triangle.ShowNum() 來顯示共產生多少個圖形。執行結果如下：

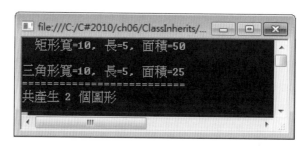

上機實作

Step1 新增主控台應用程式專案
新增「主控台應用程式」專案，其專案名稱為 ClassInherits。

Step2 定義 Animal 類別
執行功能表的【專案(P)/加入類別(C)...】指令新增「Rectangle.cs」類別檔。接著請在 Rectangle.cs 撰寫如下程式碼：

```
FileName : Rectangle.cs
01 namespace ClassInherits
02 {
03    class Rectangle      // 定義矩形類別
04    {
05       //用來記錄共產生多少個圖形，為保護層級，可讓衍生類別使用
06       protected static int _Num;
07       public int Width { get; set; }      // Width 寬屬性
08       public int Height { get; set; }     // Height 高屬性
09       //呼叫此建構式圖形數量+1
10       public Rectangle ()
11       {
12          _Num++;
13       }
14       // 定義方法為 virtual，表示該方法可讓衍生類別重新定義父類別方法
15       public virtual int GetArea()        // 取得矩形的面積
```

```
16        {
17            return Width * Height;  // 寬*高=矩形的面積
18        }
19        //顯示共產生多少個圖形
20        public static void ShowNum()
21        {
22            Console.WriteLine("共產生 {0} 個圖形", _Num);
23        }
24    }
25 }
```

程式說明

1. 15 行：此方法宣告為 virtual，表示該方法可讓衍生類別(子類別)重新定
   義(覆寫)。

Step3 定義 Person 類別

　　執行功能表的【專案(P)/加入類別(C)...】指令新增「Triangle.cs」類
別檔。接著請在 Triangle.cs 撰寫如下程式碼：

```
FileName : Triangle.cs
01 namespace ClassInherits
02 {
03    //Triangle 類別繼承 Rectangle 類別,
04    //Traiangle 類別會擁有 Rectanglel 類別的 public 和 protected 的成員
05    class Triangle : Rectangle
06    {
07        // 由於三角形的面積的計算方式和矩形不一樣
08        // 所以必須重新定義 GetArea 方法
09        public override int GetArea()      // 取得三角形的面積
10        {
11            return (Width * Height) / 2;     // 寬(底)*高/2=三角形的面積
12        }
13        // 新增 ShowData 方法,用來顯示三角形的寬, 高, 面積
14        public void ShowData()
15        {
16            Console.WriteLine("三角形寬=" + Width + ", 長=" + Height +
                ", 面積=" + GetArea());
17        }
18    }
19 }
```

程式說明

1. 第 5 行 Triangle 類別繼承自 Rectangle 類別，因此 Triangle 類別除了擁有自行新增的 ShowData()方法用來顯示三角形的寬、高及面積，還可以使用 Rectangle 類別的 Width 寬屬性、Height 高屬性、ShowNum() 靜態方法和_Num 靜態欄位。

2. 由於矩形和三角形面積的計算方式不一樣，因此必須重新定義(覆寫) Rectangle 類別的 GetArea 方法。(參考第 9-12 行)

3. Rectangle 類別的 Width 屬性若為 private，則 Triangle 類別則無法使用 Width 屬性。因此衍生類別無法使用基底類別的 private 成員。若衍生類別想要使用基底類別的成員但又不想公開給外部使用，就必須將該成員宣告為 protected 保護層級。

Step4 撰寫 Main 方法

切換到 Program.cs，然後撰寫下面程式。使用 Rectangle 類別建立 r 物件，並使用該物件 Width 屬性、Height 屬性及 GetArea 方法顯示 r 物件的寬、高以及矩形面積；再使用 Triangle 類別建立 t 物件，該物件除了可使用 Width 屬性(底)、Height 屬性及 GetArea 方法來顯示 t 物件的寬(底)、高以及三角形面積外，還可以使用 ShowData 方法來顯示。Triangle 類別中並沒有定義 Width 及 Height 屬性，Triangle 類別的 Width(底)及 Height 屬性是由 Rectangle 類別繼承而來的。

```
FileName : Program.cs
01 namespace ClassInherits
02 {
03   class Program
04   {
05     static void Main(string[] args)
06     {
07         // 建立矩形物件r
08         Rectangle r = new Rectangle { Width = 10, Height =5 };
09         Console.WriteLine(" 矩形寬=" + r.Width + ", 長=" + r.Height +
            ", 面積=" + r.GetArea());
```

```
10        Console.WriteLine();
11        Triangle  t = new Triangle { Width = 10, Height = 5 };// 建立三角形物件 t
12        t.ShowData();
13        Console.WriteLine ("============================");
14        Rectangle.ShowNum();//顯示共產生多少個圖形，也可用 Triangle.ShowNum();
15        Console.Read ();
16      }
17    }
18 }
```

程式說明

1. 第 8,11,14 行：當使用衍生類別建立物件時除了先行呼叫衍生類別自已的建構函式外，接著會再呼叫基底類別的建構函式。因此建立 Rectangle 及 Triangle 類別的物件時，皆會執行 Rectangle 類別的建構函式使 Rectangle 類別的 _Num 靜態欄位進行加 1。所以執行 Rectangle.ShowNum()方法時會顯示 "共產生 2 個圖形"。

2. 第 14 行：Triangle 類別繼承自 Rectangle 類別，所以 Triangle 類別也可以使用 ShowNum()靜態方法，因此第 14 行也可以改使用 Triangle.ShowNum() 由 Triangle 類別直接呼叫 ShowNum()靜態方法。

3. Rectangle 類別的_Num 靜態欄位宣告為 protected 保護層級，因此_Num 只能在 Rectangle 類別和 Triangle 類別內使用，無法直接以 Rectangle._Num 或 Triangle._Num 公開給外部使用。

6.6　使用主控台程式建立視窗程式

　　.NET Framework 的類別程式庫就是以類別繼承的架構而來，因此我們也可以自己撰寫一個類別然後繼承 .NET Framework 的類別並加以延伸。下面 FirstForm.sln 範例我們使用主控台應用程式並繼承 .NET 的 System.Windows.Forms 命名空間的 Form 類別來實作視窗應用程式。您可以跟著練習來體會使用手動寫程式的方式來繼承 System.Windows.Forms 命名空間的 Form 類別並實作第一個 Windows Form 視窗應用程式。

範例演練

檔名：FirstForm.sln

建立一個 MyForm 類別繼承 System.Windows.Forms.Form 類別，在 MyForm 類別中加入 確定 鈕，並建立該鈕的 Click 事件，使得按下 確定 鈕之後會顯示右圖的對話方塊訊息。

上機實作

Step1 新增主控台應用程式專案

新增「主控台應用程式」專案，其名稱為 FirstForm。

Step2 加入 System.Windows.Forms 命名空間

1. 在方案總管按下「參考」資料夾，此時參考資料夾下會列出目前專案引用參考的命名空間。

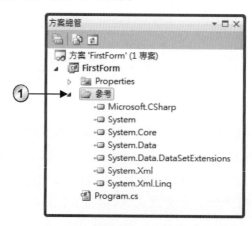

2. 因為我們要建立一個 MyForm 類別繼承自 System.Windows.
Forms.Form 類別並製作視窗程式,主控台應用程式預設沒有加入
System.Windows.Forms 命名空間的參考,所以請執行功能表的
【專案(P)/加入參考(R)】並依照圖示在「加入參考」視窗加入
「System.Windows.Forms」元件名稱(即命名空間)。

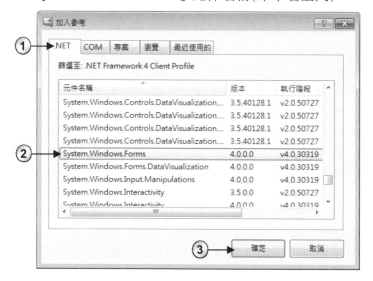

3. 完成上述步驟之後,方案總管視窗的參考資料夾下會出現「System.
Windows.Forms」命名空間。

Step3 撰寫程式碼

接著請在 Program.cs 撰寫如下程式。建立 MyForm 類別並繼承 System.Windows.Forms 命名空間的 Form 類別,此時 MyForm 類別會 擁有 Form 表單視窗的所有屬性及方法;接著在 MyForm 類別的建構 函式加入一個 Button 類別的 btnOk 確定 物件(或稱控制項)。

```
FileName : Program.cs
01 using System;
02 using System.Collections.Generic;
03 using System.Linq;
04 using System.Text;
05 using System.Windows.Forms;    //引用 System.Windows.Forms 命名空間
06                                //才能使用較簡潔的名稱來使用 Form 表單類別
07 class MyForm : Form            //繼承 System.Windows.Forms 命名空間下的 Form 類別
08 {
09   Button btnOk; //宣告 btnOk 為 System.Windows.Forms 命名空間下的 Button 按鈕類別
10   public MyForm()
11   {
12     btnOk = new Button();     //建立 btnOk 按鈕物件
13     btnOk.Text = "確定";       //設定 btnOk 上的文字為"確定"
14     btnOk.Width = 60;         //設定 btnOk 鈕的寬為 60
15     btnOk.Height = 30;        //設定 btnOk 鈕的高為 30
16     btnOk.Visible = true;     //設定 btnOk 鈕顯示
17     btnOk.Left = 20;          //設定 btnOk 距離表單左上角的水平位置為 20
18     btnOk.Top = 15;           //設定 btnOk 距離表單左上角的垂直位置為 15
19     this.Width = 200;         //設定表單的寬度 200
20     this.Height = 100;        //設定表單的高度 100
21     this.Controls.Add(btnOk);//在表單中加入一個 btnOk 鈕(即確定鈕)
22     //表單的標題顯示"第一個視窗程式"
23     this.Text = "第一個視窗應用程式";
24     //指定 btnOk 按鈕的 Click 事件被觸發時會執行 Click_Event 事件處理函式
25     //所以當按下 btnOk 鈕時會執行 Click_Event 事件處理函式
26     btnOk.Click += new EventHandler(Click_Event);
27   }
28   //Click_Event 事件處理函式用來處理 btnOk.Click 事件
29   private void Click_Event(System.Object sender, System.EventArgs e)
30   {
31     MessageBox.Show("Hello World...\n歡迎光臨 Windows Form 視窗程式");
32   }
33 }
34
```

```
35 namespace FirstForm
36 {
37   class Program
38   {
39     static void Main(string[] args)
40     {
41       MyForm f = new MyForm();    //使用 MyForm 類別建立 f 物件
42       f.ShowDialog();             //使用 ShowDialog() 方法顯示視窗
43     }
44   }
45 }
```

程式說明

1. 5 行   ：使用 using 敘述引用 System.Windows.Forms 命名空間，這
            樣才能使用較簡潔的名稱來使用 Form 和 Button 類別。

2. 7 行   ：定義 MyForm 類別繼承 System.Windows.Forms 命名空間的
            Form 類別。

3. 9 行   ：宣告 btnOk 按鈕為 System.Windows.Forms 命名空間的
            Button 按鈕類別。

4. 12 行 ：建立 btnOk 按鈕。

5. 13~18 行：設定 btnOk 鈕的文字, 寬, 高, 位置等屬性。

6. 19~20 行：設定表單的寬度 200, 高度 100。(this 表示目前物件，在此
            即是目前 MyForm 表單物件)

7. 21 行 ：在表單內加入 btnOk 鈕。(this 表示為目前物件，也就是目
            前的 MyForm 表單)

8. 23 行 ：表單的標題顯示「第一個視窗程式」。

9. 26 行 ：指定 btnOk 按鈕的 Click 事件被觸發時會執行 Click_Event
            事件處理函式(方法)，也就是說當按 確定 鈕時即會執行
            Click_Event 事件處理函式(第 29-32 行)。

10. 29~32 行：當在 btnOk 鈕上按一下時觸發該鈕的 Click 事件，此時即
            會執行 Click_Event 事件處理函式。

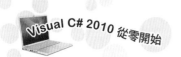

11. 39-43 行 ： 在 Main() 方法建立 f 為 MyForm 類別物件，接著再呼叫
f.ShowDialog() 方法使視窗強佔顯示。

Step4 顯示表單設計畫面

接著您可快按 Program.cs 檔兩下，結果會顯示表單的設計畫面，且
右方會顯示工具箱。關於 Windows Form 表單設計的使用方式將在第
七章做詳細介紹。

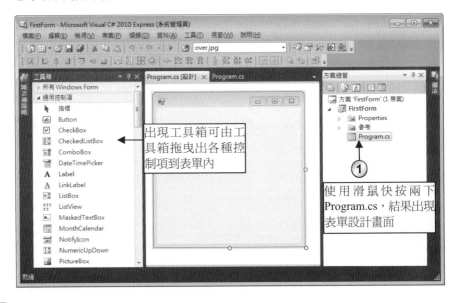

Step5 執行程式

執行功能表的【偵錯(D)/開始偵錯(S)】指令執行程式並測試其結果。

6.7 課後練習

一、選擇題

1. 下列哪個關鍵字可用來定義類別？ (A) class (B) final (C) using (D)
interface。

2. 下列哪個關鍵字可用來宣告私有成員？ (A) class (B) private (C) protected (D) public。

3. 下列哪個關鍵字可用來宣告保護層級的成員？ (A) class (B) private (C) protected (D) public。

4. 下列哪個關鍵字可用來宣告公開成員？ (A) class (B) private (C) protected (D) public。

5. 若基底類別的成員想要讓衍生類別的成員使用，但又不想公開存取，必須宣告成什麼成員？ (A) static (B) private (C) protected (D) public。

6. 下列哪個成員是不需要使用 new 來建立物件實體，可以由類別來直接呼叫？ (A) static (B) private (C) protected (D) public。

7. 下列哪個成員可以讓同一類別所建立的物件一起共用？ (A) static (B) private (C) protected (D) public。

8. 下列何者說明錯誤？ (A) 定義參考呼叫時，實引數與虛引數必須宣告為 ref (B) 使用 return 可離開方法 (C) break 可跳離 switch 和迴圈 (D) 若宣告為 private 成員，表示讓成員可公開呼叫使用。

9. 下列何者說明錯誤？ (A) 建構函式的名稱必須和類別同名 (B) 建構函式的名稱為 New (C) 靜態成員可讓同一類別的物件一起共用 (D) if...else...是選擇敘述 。

10. 下列何者說明錯誤？ (A) 方法無法多載 (B) 靜態成員不須使用 new 建立物件即可直接呼叫使用 (C) 建構函式可用來設定物件初始化的工作 (D) 當建立衍生類別時，除了呼叫衍生類別的建構函式，還會再呼叫基底類別的建構函式

11. 方法中再呼叫自己本身就構成？ (A) 多載 (B) 覆寫 (C) 遞迴 (D) 以上皆非。

12. 定義多個方法可以使用相同的名稱，可稱為？ (A) 多載 (B) 覆寫 (C) 遞迴 (D) 以上皆非。

13. 下列何者非 Student 類別的多載建構函式？ (A) public Student(){...} (B) public void Student(){...} (C) public Student(int _w){...} (D) public Student(int _w, int _h){...}

14. 下列何者非 ShowSum 的多載方法？ (A) public void ShowSum(int _s){...} (B) public void ShowSum(int _s, int _e){...} (C) public ShowSum(int _s){...} (D) public void ShowSum(int _s, int _e, int _i){...}

15. 下例何者有誤？

(A) 靜態方法可以不用建立物件即可使用

(B) 方法可傳入多個引數

(C) 若方法定義為 private 表示是私有型態，此時該方法只能在目前的類別使用

(D) 若方法定義為 public 表示是私有型態，此時該方法只能在目前的類別使用

二、程式設計

1. 使用主控台應用程式撰寫視窗應用程式，執行程式時會有 [確定] 鈕及 [離開] 鈕，若按下 [確定] 鈕即出現一個訊息方塊並顯示 "你好嗎" 的訊息，按下 [離開] 鈕則結束程式。(PS：Application.Exit();為結束程式的敘述)

2. 使用主控台應用程式撰寫視窗應用程式，執行程式時表單內有 [打招呼] 鈕、姓名標籤及文字方塊，在文字方塊內輸入使用者姓名再按下 [打招呼] 鈕即出現一個訊息方塊並顯示 "XXX 你好嗎" 的訊息。執行結果如下圖：(PS：姓名標籤可使用 Label 類別來建立，文字方塊可使用 TextBox 類別來建立)

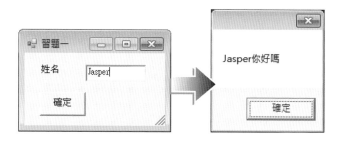

3. 撰寫一個 MathDemo 類別，在該類別定義多載的 GetMax 方法可用來印出兩數的最大數，也可以用來印出陣列中的最大數；在類別定義多載的 GetMin 方法可用來印出兩數的最小數，也可以用來印出陣列中的最小數。

4. 修改 ObjectArray.sln 範例，當輸入產品資料之後，接著會詢問所要搜尋的產品，搜尋以產品的編號為依據。若找不到該產品則顯示 "找不到"，若找到則顯示該產品的編號、品名、數量。

5. 修改 ObjectArray.sln 範例，當輸入產品資料之後，接著會自動顯示數量最多及數量最少的產品資訊。

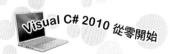

筆記頁

7

CHAPTER

視窗應用程式開發

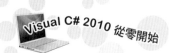

本章主要探討 Visual C# 2010 Express 所提供視覺化的整合開發環境 (Integrated Development Environment 簡稱 IDE)，在 IDE 環境下，將編輯程式、編譯程式、執行程式、除錯程式、部署、管理以及建立應用程式的相關資訊，都整合在一個開發平台，讓程式設計者可以快速、有效率地開發和管理程式。在第 1-6 章已經介紹如何在主控台應用程式下開發程式，並且學會 C# 的基本語法以及如何在主控台應用程式下開發視窗程式。從本章起，將介紹如何在視窗模式下開發視窗應用程式。我們先以如何建立一個 Windows Form 應用程式為例，來介紹 Visual C# 2010 Express 的整合開發環境。

7.1 建立視窗應用程式專案

本書是在 Windows 7 作業系統下介紹 Visual C# 2010 Express，當你的電腦作業系統是 Windows 7 且有安裝 Visual C# 2010 Express，請執行【 🪟 / 所有程式 / Microsoft Visual Studio 2010 Express / Microsoft Visual C# 2010 Express 】指令，就會進入如下圖 Visual C# 2010 Express 起始頁畫面。

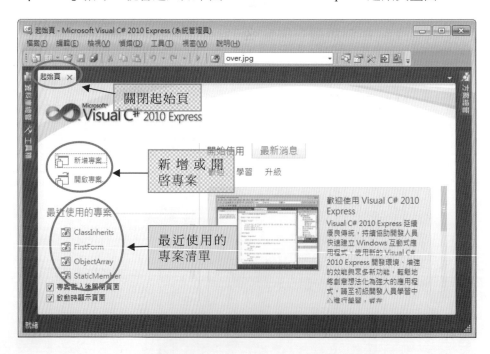

　　起始頁中有「新增專案」、「開啓專案」、「最近使用的專案」、「開始使用」標籤頁(內含「歡迎」、「學習」、「升級」等主題)、「最新消息」標籤頁等和 Visual C# 2010 Express 相關的功能。若想關閉起始頁，可以在起始頁索引上面按 ✕ 即可。若希望能顯示起始頁時，只要執行功能表的【檢視(V)/起始頁(G)】即可重新打開起始頁。其中「最近使用的專案」中會顯示最近使用過的專案清單，方便由此直接開啟最近使用的專案。

7.1.1 如何新增專案

　　在起始頁上點選左上方的 ⬚ 新增專案… 項目，或是按工具列上 ⬚ 「新增專案」鈕，或執行功能表【檔案(F)/新增專案(P)…】指令，就會開啟「新增專案」對話方塊，供我們對新專案做相關的設定。

説明

❶ 點選「Windows Form 應用程式」，設定要建立一個 Visual C# 視窗應用程式的專案。

❷ 在「名稱(N)：」文字方塊中輸入專案的名稱，預設專案名稱為「WindowsFormsApplication1」，本例專案名稱更名為「test」。

❸ 按 ⬚ 確定 ⬚ 鈕後即進入下圖 Visual C# 2010 Express 的 IDE 環境：

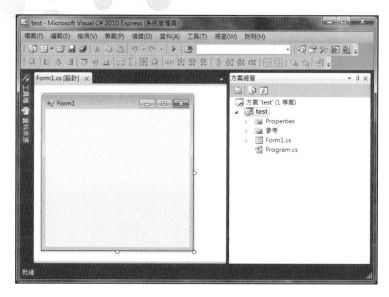

7.1.2 如何儲存專案

執行【檔案(F)/全部儲存(L)】，或按工具列中 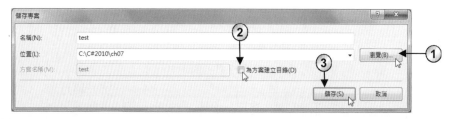「全部儲存」鈕可以進行儲存專案，若是第一次儲存會出現如下的「儲存專案」視窗，「名稱(N)」中會是 test，我們不作更動。

說明

❶ 按在「位置(L)」右邊的 [瀏覽(B)...] 鈕，設定專案的儲存位置是「C:\C#2010\ch07」。

❷ 不勾選「為方案建立目錄(D)」項目。若有勾選 ☑為方案建立目錄(D) 表示允許為該方案建立一個資料夾，此時「方案名稱(M)：」欄位允許輸入資料夾名稱，若以上面設定為例，會在 test 指定資料夾的上層再建立一個此欄位所指定的資料夾。一般都不勾選此項目，以免開啟專案時會點選多層的資料夾。

❸ 完成後可按 ▢儲存⑤▢ 鈕儲存專案。(若路徑未建立，系統會自動建立預設在 C:\Documents and Settings\使用者名稱\My Documents\Visual Studio 2010\Projects 的資料夾)

7.1.3 如何固定工具箱視窗

1. 系統預設「工具箱」視窗是採彈跳式而未固定，但因為「工具箱」視窗常使用所以將其改為固定式。請移動滑鼠指標到左邊「工具箱」處，工具箱會向右彈出。若滑鼠離開工具箱時，視窗又自動彈回隱藏起來。

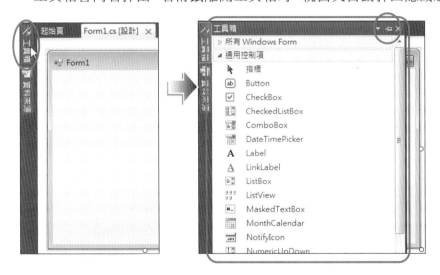

2. 移動滑鼠到下圖右邊平躺的 ▣ 自動隱藏圖示上按一下，會變成直立 ▣ 圖示，表示將工具箱視窗改為固定式，以方便建立視窗中的各種控制項。

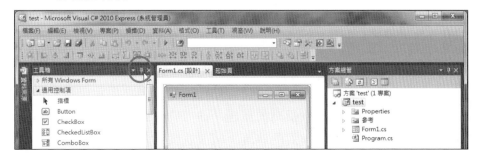

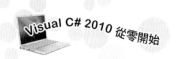

7.1.4 如何新增屬性視窗

有了工具箱就可以在表單建立控制項，若控制項需要更改屬性值，此時就要透過「屬性」視窗。執行【檢視(V)/其他視窗(E)/屬性視窗(W)】，就會在右邊「方案總管」下面顯示屬性視窗。經過以上調整後，就成為初學者用來撰寫 Visual C#程式的最佳整合開發環境(簡稱 IDE)。

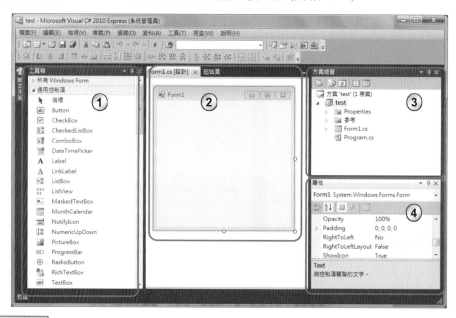

畫面說明

❶ 工具箱

位於 IDE 的左視窗。只要將工具箱的工具，透過滑鼠拖曳到表單上，並調整控制項的大小，不用寫程式便可輕易地製作出輸出入介面，符合所見即所得的精神。

❷ 設計工具視窗

位於 IDE 的正中央。以標籤頁方式放置表單設計、程式碼、起始頁...等標籤頁供切換。提供程式自動偵錯的功能，會標示出程式語法錯誤的地方，減少程式撰寫的錯誤。並有物件屬性、事件「敘述」完成的功能，加快寫程式的速度，減少查閱手冊的時間。建立和管理物件，也非常輕鬆容易。

❸ 方案總管

用來管理方案內各種檔案。

❹ 屬性視窗

位於 IDE 的右下方。用來快速設定各個控制項的屬性值和事件。

7.2 整合開發環境介紹

當我們開啟專案後，就會進入 Visual C# 2010 Express 的整合開發環境 (IDE)。使用整合開發環境的視覺化操作介面，讓管理、設計和測試「Windows Form 應用程式」專案都變得輕鬆和容易操作。下面將逐一介紹在 Visual C# 2010 Express 的整合開發環境下，對設計 Windows Form 應用程式專案所提供的各種常用功能。

7.2.1 標題欄

標題欄中會顯示目前編輯的專案名稱以及程式語言名稱和版本。

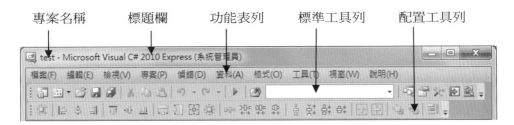

7.2.2 功能表列

功能表列位在標題欄的下方，將各種功能指令分類置於相關的下拉式功能表中，方便使用者選取。

屬性	說明
檔案(F)	提供檔案存取、列印和專案新增等指令。
編輯(E)	提供復原、複製、尋找…等和編輯相關的指令。

屬性	說明
檢視(V)	提供開啟或關閉 IDE 的各種視窗。
專案(P)	提供加入專案中表單、控制項、元件…等的指令。
偵錯(D)	提供程式啟動、逐行執行…等和程式除錯相關的指令。
資料(A)	提供產生資料集和預覽資料的指令。
格式(O)	提供控制項的對齊、順序、鎖定的指令。
工具(T)	提供新增工具和設定 IDE 環境的相關指令。
視窗(W)	提供視窗各種顯示方式的相關指令。
說明(H)	提供輔助說明。

7.2.3 標準工具列

「標準」工具列位在功能表列的下方，是將最常用的功能，以圖示按鈕的方式集中在一起，讓操作更加快速。

上圖「標準」工具列各圖示說明如下：

圖示	對應的功能表指令	功能說明
	[檔案/新增專案]	新增專案或空白方案。
	[檔案/加入新項目]	新增一個表單、類別…等項目。
	[檔案/開啟檔案]	開啟現有的專案。
	[檔案/儲存]	儲存目前編輯中的檔案。
	[檔案/全部儲存]	儲存方案中全部的檔案。
	[編輯/剪下]	將選取的物件或文字剪到剪貼簿中。
	[編輯/複製]	將選取物件或文字複製到剪貼簿中。
	[編輯/貼上]	將剪貼簿中的物件或文字複製到目前的位置。

圖示	對應的功能表指令	功能說明
	[編輯/復原]	取消前一個編輯動作。
	[編輯/取消復原]	復原前一個取消的編輯動作。
	[偵錯/開始偵錯]	執行程式（快速鍵為 F5 ）。
	[編輯/尋找和取代/ 檔案中尋找]	尋找指定的字串。
	[檢視/方案總管]	開啟方案總管視窗。
	[檢視/屬性視窗]	開啟屬性視窗。
	[檢視/工具箱]	開啟工具箱。
	[檢視/其他視窗/起始頁]	開啟起始頁。
	[工具/擴充管理員]	開啟擴充管理員對話方塊。

7.2.4 配置工具列

「配置」工具列預設位在「標準」工具列的下方，是將控制項在表單上配置的最常用功能，以圖示按鈕的方式集中在一起。

上圖「配置」工具列各圖示說明如下：

圖示	對應的功能表指令	功能說明
	[格式/對齊/格線]	選取的控制項對齊格線。
	[格式/對齊/左]	左緣對齊基準控制項的左緣。
	[格式/對齊/置中]	中央垂直對齊基準控制項的中央。
	[格式/對齊/右]	右緣對齊基準控制項右緣。
	[格式/對齊/上]	上緣對齊基準控制項的上緣。
	[格式/對齊/中間]	中央水平對齊基準控制項的中央。

圖示	對應的功能表指令	功能說明
	[格式/對齊/下]	下緣對齊基準控制項的下緣。
	[格式/設成相同大小/寬度]	選取的控制項設成相同寬度。
	[格式/設成相同大小/高度]	選取的控制項設成相同高度。
	[格式/設成相同大小/兩者]	選取的控制項設成相同大小。
	[格式/設成相同大小 /依格線調整大小]	選取的控制項大小貼齊格線。
	[格式/水平間距/設成相等]	將所選取多個控制項的水平間距設成相同。
	[格式/水平間距/增加]	增加所選取多個控制項的水平間距。
	[格式/水平間距/減少]	減少所選取多個控制項的水平間距。
	[格式/水平間距/移除]	設定所選取多個控制項的水平間距為 0。
	[格式/垂直間距/設成相等]	將所選取多個控制項的垂直間距設成相同。
	[格式/垂直間距/增加]	增加所選取多個控制項的垂直間距。
	[格式/垂直間距/減少]	減少所選取多個控制項的垂直間距。
	[格式/垂直間距/移除]	設定所選取多個控制項的垂直間距為 0。
	[格式/對齊表單中央/水平]	控制項水平置中表單。
	[格式/對齊表單中央/垂直]	控制項垂直置中表單。
	[格式/順序/提到最上層]	選取的控制項移到所有控制項的最上層。
	[格式/順序/移到最下層]	選取的控制項移到所有控制項的最下層。
		顯示控制項的定位順序。

7.2.5 工具箱

工具箱中用來放置系統所提供的各種控制項工具，只要在該工具圖示上快按兩下，就可以在表單建立一個控制項或稱物件。至於各個控制項工具的用法，在下面章節陸續介紹。

前面我們將工具箱設為固定式，但為使表單工作區加大，也可點選工具箱標題右邊的 🔒 圖示使變成 ➡ 圖示，工具箱會由固定式變成彈跳式 (自動隱藏)，此時工具箱會縮到左邊界隱藏起來，代以直立的 🛠 工具箱圖示顯現。

當需要工具箱時，滑鼠移動到左邊界的 🛠 工具箱圖示上，工具箱就會自動彈出。當選取完畢滑鼠離開工具箱視窗時，工具箱自動彈回隱藏，使得表單有較大的操作空間。

7.2.6 方案總管

方案（Solution）就像是一個容器，它可以包含多個專案（Project），而一個專案通常含有多個項目。項目可以是檔案和專案的其他部分，如參考、資料連接或資料夾。Visual C# 2010 Express 提供一個「方案總管」視窗，提供整個方案的圖形檢視畫面，協助您在開發應用程式時管理其專案和檔案。若在 IDE 開發環境看不到方案總管視窗，可以執行【檢視(V)/方案總管(P)】指令，或直接點選「標準」工具列中的 🔲 方案總管圖示來開啟該視窗。

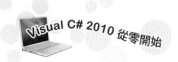

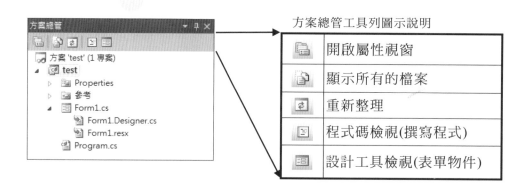

方案總管工具列圖示說明

	開啟屬性視窗
	顯示所有的檔案
	重新整理
	程式碼檢視(撰寫程式)
	設計工具檢視(表單物件)

7.2.7 屬性視窗

我們將 Visual C# 2010 Express 工具箱所提供的工具拖曳到表單上，所建立的物件就稱為「控制項」(Control)或稱物件(Object)，當然表單亦是一個大物件。每個控制項都有自己的屬性和方法，有些屬性在別的控制項也具有，但有些屬性則是該控制項所特有。

我們只要在表單上選取一個控制項，使其周圍出現小白方框(控點)，該控制項就變成「作用控制項」，作用控制項的所有屬性會出現在「屬性視窗」上，可以用視覺化的操作方式選取和設定屬性值。每個屬性都有其預設值，你可以在設計階段(即程式未執行前)和程式執行中更改其屬性值。熟悉的屬性需要時才更改，不熟悉的屬性建議最好先保持預設值，以免程式執行時發生異常，而不易除錯。

若 IDE 中找不到「屬性」視窗時，可執行【檢視(V)/其他視窗(E)/屬性視窗(W)】指令，或按「標準」工具列中的 圖示，或是在表單上壓滑鼠右鍵來開啟該視窗。至於屬性設定步驟如下：

❶ 由控制項清單的 下拉按鈕選取控制項，或直接在表單上的控制項壓滑鼠右鍵由快顯功能表中選取 屬性(R) 選項。

❷ 若按分類選取屬性則點選 圖示(如圖一)：若按字母順序則點選 圖示(如圖二)。

❸ 移動屬性值右側的快捲鈕，在欲修改屬性的屬性值上按一下選取，
若在預設值後面出現 ⬇ 圖示，按此鈕表示有選項清單提供選擇。
若出現 ⋯ 表示此鈕會出現對話方塊，供你設定相關參數。若出現
插入點游標表示可直接鍵入資料。

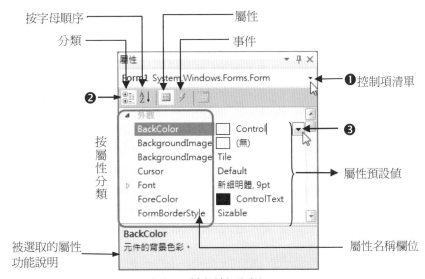

圖一 按屬性分類

圖二 按字母分類

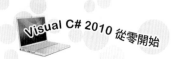

7.2.8 設計工具標籤頁

　　「設計工具」標籤頁是用來顯示和設計表單。我們可以在表單上新增控制項，作為程式輸出和輸入的介面。

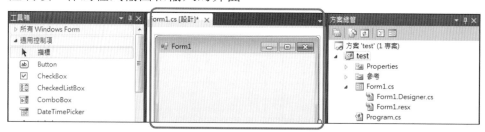

　　若在 IDE 環境下，沒看到「設計工具」標籤頁，可執行功能表的【檢視(V)/設計工具(D)】指令或如右圖選按「方案總管」工具列中的  設計工具檢視圖示開啟該標籤頁；另外也可在方案總管的 Form1.cs 表單檔（副檔名為.cs）上快按兩下，會在 IDE 正中央出現「設計工具」標籤頁含有表單物件的畫面。

　　下圖方框處即為「設計工具」標籤頁範圍。表單四周出現三個控點(小白方框)，用來調整表單大小，當移動滑鼠到控點處會出現雙箭頭，在控點按住滑鼠左鍵並依箭頭方向拖曳滑鼠即可調整表單大小。表單標題欄左上角 Form1 為表單標題名稱。

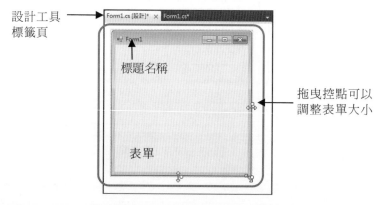

設計工具
標籤頁

標題名稱

表單

拖曳控點可以
調整表單大小

7.2.9 程式碼標籤頁

「程式碼」標籤頁是用來顯示和撰寫程式碼的地方，每個表單檔都有一個對應的程式碼標籤頁。譬如：上圖有 Form1 表單檔，有一個對應的「Form1.cs」。若沒有看到「程式碼」標籤頁，可執行【檢視(V)/程式碼(C)】指令，或按「方案總管」中的 🔲 程式碼檢視圖示開啟下圖程式碼標籤頁。

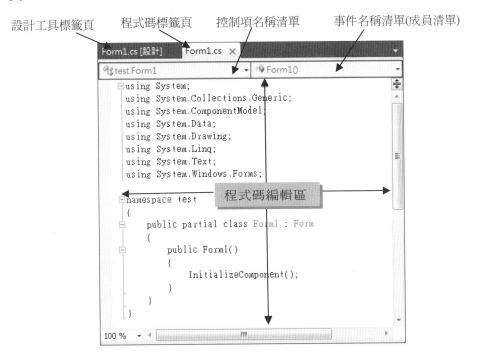

設計工具標籤頁　　程式碼標籤頁　　控制項名稱清單　　事件名稱清單(成員清單)

7.3 控制項編輯與命名

我們將從工具箱中的工具拖曳到表單上，所建立的物件稱為「控制項」(Control)或稱「物件」(Object)。在表單上所建立的控制項就成為程式執行時的使用者輸出入介面。Visual C# 2010 Express 將工具箱內的工具分為：所有 Windows Form、通用控制項、容器、功能表與工具列、資料、元件、列印、對話方塊、WPF 互通性。譬如：如下圖在通用控制項前面的 ▷ 展開鈕按一下變成 ◿ 縮小鈕，便可看到通用控制項所提供的各種工具。

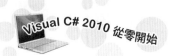

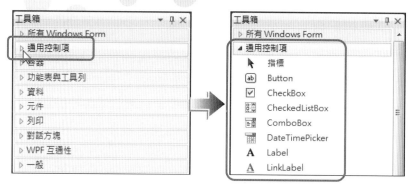

7.3.1 如何建立控制項

首先移動滑鼠到工具箱中，點選欲使用的工具類別，接著使用下列方式在表單上建立需要的控制項，下面以建立 Label 標籤控制項為例：

方式一 直接拖曳方式

❶ 滑鼠點選工具箱中 ┃ A Label ┃ 標籤工具不放。

❷ 拖曳到表單中適當位置放開滑鼠左鍵，會產生一個預設固定大小的標籤控制項。由於標籤控制項的 AutoSize 屬性預設為 true，表示控制項會隨著控制項文字的長度自動調整寬度，而無法手動調整，此時控制項的左上角只有一個控點表示無法手動調整大小。

❸ 先點選 AutoSize 屬性名稱，然後在 AutoSize 屬性欄位預設值右側的下拉鈕 ▼ 按一下，會出現清單。

❹ 由清單中選取 false 屬性值，將標籤控制項改成可手動調整。

❺ 此時標籤控制項的四周出現八個白色控點，移動滑鼠指標到控點上，按照所出現的箭頭方向便可調整控制項的大小。

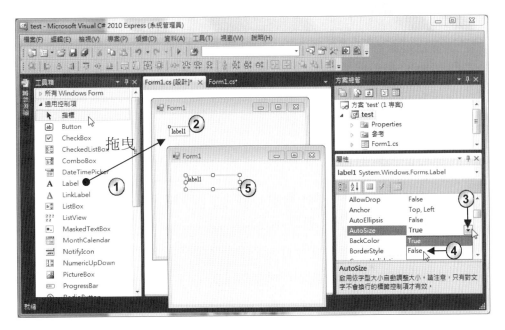

當你在表單上建立第一個標籤控制項時，表單的標籤控制項上面顯示 label1，它是標籤控制項 Text 屬性的預設值，若再建立第二個標籤控制項，則 Text 屬性的預設值為 label2，以此類推下去。

方式二　快按兩下工具圖示

① 在工具箱中的工具圖示上快按兩下，自動在表單建立指定的控制項。

② 若目前是選取表單狀態(即表單出現三個控點時)，則該控制項會置於表單的左上角；若目前是在選取某個控制項狀態，會在該控制項上方產生新建的控制項。

③ 將新產生的控制項拖曳到適當的位置並調整其大小即可。

方式三　以複製的方式建立控制項物件

① 在表單中先選取要複製的控制項，使其成為作用控制項（此時該控制項四周出現控點）。

② 在該控制項的上面壓滑鼠右鍵，由快顯功能表中選取 ⌈複製(Y)⌋ 。再壓滑鼠右鍵，由出現的快顯功能表中選取 ⌈貼上(P)⌋，會在表單的正中央附近產生所複製新的控制項。

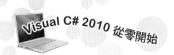

③ 最快速的複製方式，是先按住 `Ctrl` 鍵不放，再拖曳控制項物件到指定位置即可。

④ 此種方式是當欲複製的控制項和來源控制項屬性大同小異時使用，拷貝完後，只需要對新的控制項修改部份屬性值即可。若是新建控制項，則會修改較多的屬性值。

7.3.2 如何選取控制項

當你要對表單或表單中控制項的屬性作修改時，就必須先選取表單或控制項使其變成作用物件，其點選方式如下：

① 單選：移動滑鼠到表單或控制項上按一下，使其當控制項四周有控點出現，表示該控制項被選取。

② 單選：另一種方式連續按 `Tab` 鍵，可以在各控制項和表單間輪流切換選取。

③ 多選：使用工具箱的 `指標` 指標工具將欲選取的多個控制項框住。

④ 多選：先按住 `Ctrl` 或 `⇧ Shift` 鍵，再用滑鼠點選，也可以選取多個控制項。

7.3.3 控制項的排列

如下圖表單上有多個控制項，當你移動 button1 按鈕控制項時，若按鈕四個邊界有對齊到其中一個標籤控制項，如左下圖會出現藍色線表示這兩個控制項邊框相互對齊。若出現粉紅色線條，則表示控制項內的文字互相對齊。

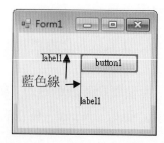

但是若有很多個控制項需要做控制項之間的對齊，或是調整水平/垂直間距，以及控制項的鎖定時，那就要借重配置工具列或【格式】功能表指令較為快速。首先，將欲做各項排列的多個控制項，利用 ▶ 指標 指標工具框住，再移動滑鼠點選以哪個控制項作為基準，此時當基準的控制項四周會出現小白框，其它框住的控制項則是小黑框，然後點按配置工具列圖示或【格式】功能表指令。例如，點選 圖示或執行【格式/對齊/左】指令，其它控制項的左緣會對齊基準控制項的左緣。

　　當表單上的控制項都排列妥當後，可以鎖定控制項使其無法移動。【格式】功能表中有「鎖定控制項(L)」指令，此指令對表單上所有的控制項有效，當點選控制項時，控制項的左上角出現鎖頭圖示 label1 。

7.3.4　如何刪除控制項

　　刪除控制項的方法非常簡單，先選取要刪除的控制項或框住欲刪除多個控制項，壓滑鼠右鍵由快顯功能表中選取【刪除(D)】，也可以直接按鍵盤的 Del 鍵即可。若欲復原直接按標準工具列的 復原鈕即可。

7.3.5　控制項的命名

　　當在表單上建立一個控制項，系統會自動產生一個預設的名稱給該控制項，以方便在程式中使用，這個預設的名稱是放在控制項的 Name 屬性中。譬如：標籤控制項預設名稱為 label1、label2、label3…，當表單中有許多控制項時以此種方式命名很難區分，所以允許重新命名，改以有意義且易記的名稱，以提高程式的可讀性減少錯誤發生。

　　控制項名稱 Name 屬性的命名，建議名稱的前三個字母為控制項名稱的小寫英文縮寫，後面接著是該控制項有意義的名稱（第一個字母建議為大寫）。例如：某個按鈕的功能是用來結束程式，可以命名為 btnExit。撰寫程式時，看到「btn」開頭的控制項，就知道是「按鈕」控制項，Exit代表離開程式的功能。控制項的命名規則亦遵循識別項的命名規則，說明如下：

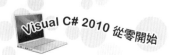

1. 名稱可以使用英文字母、數字、底線和中文，但不可以使用標點符號和空白。

2. 名稱可以用英文字母、底線或中文開頭。

3. 盡量使用有意義的名稱，日後程式維護程式比較容易。

◎ 常用控制項建議命名名稱

控制項中文名稱	控制項英文名稱	建議字首	實例
表單	Form	frm	frmScore
標籤	Label	lbl	lblUserName
按鈕	Button	btn	btnDelete
文字方塊	TextBox	txt	txtPassWord
圖片方塊	PictureBox	pic	picMan
影像清單	ImageList	img	imgFlyBird
核取方塊	CheckBox	chk	chkGame
選項按鈕	RadioButton	rdb	rdb50
清單	ListBox	lst	lstBook
下拉式清單	ComboBox	cbo	cboWriter
超連結標籤	LinkLabel	llbl	llblIP
計時器	Timer	tmr	tmrPlay
豐富文字方塊	RichTextBox	rtb	rtbInput

7.4 視窗應用程式的開發

7.4.1 視窗應用程式的開發步驟

熟悉 Visual C# 2010 Express 的 IDE 整合開發環境後，接著要知道在視窗環境下開發一個應用程式的步驟：

Step1 設計輸出入介面

根據輸出入的需求在表單上面建立適當的控制項，並設定相關屬性值。

Step2　設計流程圖或編寫演算法

使用演算法或流程圖規劃出程式的執行流程，以免設計出來的程式，執行時發生邏輯上的錯誤。

Step3　撰寫程式碼

在適當的事件處理函式中，按照演算法或流程圖撰寫相關程式碼，並進行程式偵錯和驗證執行結果是否正確。至於進入「程式碼檢視」模式撰寫程式的方式有下列四種：

❶ 直接選取「Form1.cs」。

❷ 在控制項或表單物件上壓滑鼠右鍵，由快顯功能表中選取【檢視程式碼(C)】。

❸ 在方案總管視窗選取 ▣ 程式碼檢視圖示。

❹ 執行功能表的【檢視(V)/程式碼(C)】指令。

當你使用上面其中一種方式，便可進入下圖的「程式碼檢視」模式：

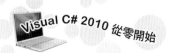

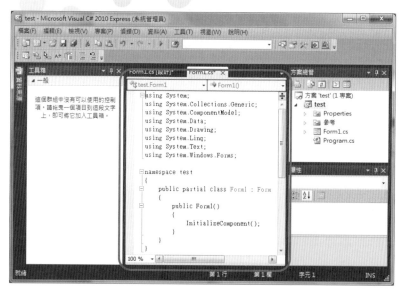

Step4 執行程式與除錯

程式碼撰寫完畢後,就要執行程式並測試輸出結果是否符合預期?若程式執行時發生語法上的錯誤,或是輸出結果錯誤,就要修改程式碼。程式碼修改後,還要再執行程式測試是否正確?如此,反覆測試一直到輸出完全正確才結束工作。

7.4.2 如何撰寫控制項的事件處理函式

至於控制項事件處理函式內的程式碼如何撰寫。現以在 button1 按鈕控制項的 Click 事件處理函式內撰寫程式碼為例做介紹,其操作方式如下:

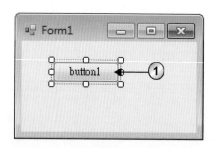

❶ 先選取要撰寫事件的物件，本例請選取 button1 按鈕。

❷ 在屬性視窗的 🗲 事件圖示鈕按一下，會切換到事件清單。

❸ 在 Click 清單快按兩下，即進入下圖 button1_Click 事件處理函式。

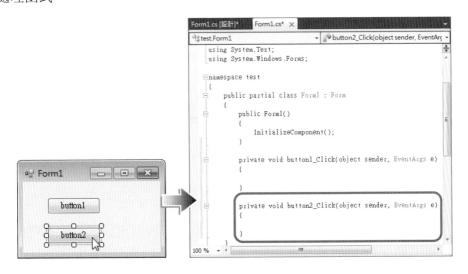

　　若要撰寫的事件是該控制項的預設事件，Visual C# 另外提供下面更快速方式進入事件處理函式編碼視窗。例如按鈕的預設事件為 Click 事件，現以編輯 button2_Click()事件處理函式為例：

　　先在表單如左下圖另外建立一個新的 button2 按鈕控制項，然後直接在表單的 button2 按鈕控制項上面快按滑鼠左鍵兩下即進入 button2_Click 事件處理函式。

7.4.3 如何刪除控制項的事件處理函式

如果想要刪除某一個控制項的事件處理函式，首先必須先到屬性視窗的事件清單中將該控制項所指定的事件處理函式名稱刪除，接著再進入編碼視窗刪除該事件處理函式就可以了。例如：想要刪除上一個步驟 [button2] 的 button2_Click 事件處理函式，其操作步驟如下：

Step1 選取 button2 鈕，接著將 Click 事件觸發時要執行的 button2_Click 事件處理函式刪除，以後按下 [button2] 鈕時不會執行 button2_Click 事件處理函式。

刪除 Click 事件被觸發時欲執行的 button2_Click 事件處理函式

Step2 切換到編碼視窗，再將 button2_Click 事件處理函式刪除就可以了。

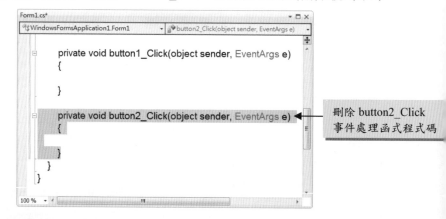

刪除 button2_Click 事件處理函式程式碼

假若直接刪除 Step2 步驟的 button2_Click 事件處理函式，當執行程式時則會出現下圖錯誤清單告知 button2 的 Click 事件找不到欲執行的

button2_Click 事件處理函式。因此正確的做法必須先到屬性視窗刪除控制項觸發事件時所欲執行的事件處理函式，接著再刪除編碼視窗內相關的事件處理函式就可以了。

接下來我們以一個簡單的範例，按照上面步驟來介紹如何撰寫一個視窗應用程式。

範例演練

檔名：hello.sln

使用上面介紹的視窗應用程式設計步驟，撰寫一個簡單的程式。其要求如下：

① 程式開始執行時，表單的標題欄會顯示 "我的第一個程式"，在淺黃色的表單上方出現 "Hello" 的打招呼訊息，表單下方有 你好 、日期 、結束 三個按鈕。

② 當按 你好 鈕時，原 "Hello!" 文字改為 "你好"，標籤背景為淺藍色(Aqua)。

③ 當按 日期 鈕時，改顯示今天日期和現在時間，標籤背景為巧克力色(Chocolate)。

④ 當按 結束 鈕時，關閉視窗結束程式執行。

開始執行　　　　　　按 你好 鈕　　　　　　按 日期 鈕

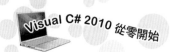

上機實作

Step1 建立專案

1. 建立 Windows Form 應用程式專案

   執行功能表 【檔案(F)/新增專案(P)】，開啟下圖新增專案視窗，專案名稱，請設為「hello」。

2. 儲存專案

   接著進入整合開發環境，請執行功能表的【檔案(F)/全部儲存(L)】開啟儲存專案視窗，再依下圖操作，將 hello 專案儲存在「C:\C#2010\ch07」資料夾下。

Step2 設計輸出入介面

依題目要求在表單上建立一個標籤控制項以及三個按鈕控制項。各控制項需變更的屬性如下圖所示：

Name=lblShow
Text="Hollo!"
Font/Size=18

Name=btnHi
Text="你好"

Name=Form1
Size=280,160
BackColor
=255,255,192

Name=btnDate
Text="日期"

Name=btnQuit
Text="結束"

接著依下面步驟來建立上圖的控制項，以及設定屬性值。

① 建立控制項

請如下圖在表單建立一個 Label 及三個 Button 控制項，設定表單的大小其寬度為 280，高度為 160。

② 設定表單標題欄初值

先在表單中沒有控制項的地方按一下，將表單設成作用表單。接著在屬性視窗中的 Text 屬性值上快按兩下，接著再將表單標題欄的 "Form1" 更改為 "我的第一個程式"。

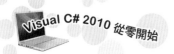

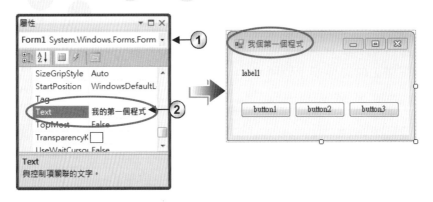

③ 設定表單的 BackColor 屬性

在表單屬性視窗中的 BackColor 屬性值右邊的 ▾ 下拉鈕按一下，然後點選「自訂」標籤頁，從中選取淺黃色(屬性值會改為 255,255,192)。

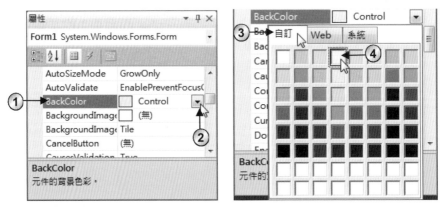

④ 設定標籤控制項的 Name 屬性

先在表單中的標籤控制項上按一下，設成作用控制項。接著在屬性視窗中的 Name 屬性值上快按兩下，將「label1」更改為「lblShow」。

⑤ 設定標籤控制項的 Text 屬性

接著在屬性視窗中的 Text 屬性值上快按兩下，將 "label1" 更改為 "Hello !"。

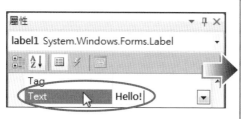 

若輸入的字串太長一行放不下時，可以按 ▼ 鈕，出現輸入框，以方便看到整個輸入的字串，輸入完畢再按 **Ctrl** + ⏎ 鍵結束。

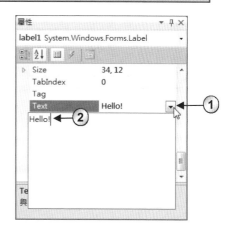

⑥ 設定標籤控制項的 Font 屬性

接著在屬性視窗中的 Font 屬性值上按一下，會出現 ⬚ 圖示，在上面按一下，開啟字型對話方塊，將「大小(S)」改成 18。另一種方式，點選「Font」前面的 ▷ 展開鈕，會展開 Font 的副屬性清單。在 Size 屬性值直接鍵入 18，結束時再按 ◢ 縮回鈕，恢復原狀。

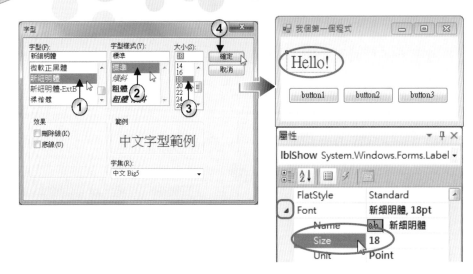

⑦ 設定 button1 按鈕控制項的 Name 屬性
先在表單中的 button1 按鈕控制項上按一下設成作用控制項,接著在屬性視窗的 Name 屬性的屬性值上按一下,將 "button1" 改成 "btnHi"。

⑧ 設定 button1 按鈕控制項的 Text 屬性
接著在屬性視窗中的 Text 屬性的屬性值上按一下,會出現插入點游標,將 "button1" 改成 "你好"。

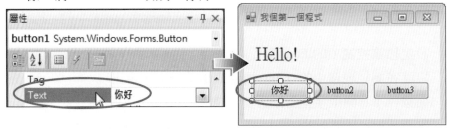

⑨ 比照上一步驟更改 button2 的 Name 和 Text 屬性
Name 屬性的 button2 ⇨ btnDate;Text 屬性的 button2 ⇨ 日期

⑩ 比照上一步驟更改 button3 的 Name 和 Text 屬性
Name 屬性的 button3 ⇨ btnQuit;Text 屬性的 button3 ⇨ 結束

Step3 分析問題

由於按下各按鈕才顯示訊息及結束程式，因此必須將相關的程式碼撰寫於對應按鈕的 Click 事件處理函式中，如下說明：

① 按下 [你好] 鈕會執行 btnHi_Click 事件處理函式，在此函式中設定 lblShow 標籤控制項顯示 "你好"，以及將 lblShow 標籤控制項的背景色設為淺藍色(Aqua)。

② 按下 [日期] 鈕會執行 btnDate_Click 事件處理函式，在此函式中設定 lblShow 標籤控制項顯示今日日期和目前時間，以及將 lblShow 標籤控制項的背景色設為巧克力色(Chocolate)。

③ 按下 [結束] 鈕會執行 btnQuit_Click 事件處理函式，在此函式中設定結束本程式。

Step4 撰寫程式碼

1. 撰寫 btnHi_Click 事件處理函式

① 程式執行時，當你在 [你好] 鈕上按一下，會觸動 btnHi 按鈕的 Click 事件，會將此事件處理函式內的程式碼執行一次。本例希望按下 [你好] 鈕後 lblShow 標籤控制項上面會顯示 "你好"，以及將 lblShow 標籤控制項的背景色設為淺藍色(Aqua)。

② 程式中要指定控制項名稱中的某個屬性名稱，是以控制項名稱開頭，屬性名稱在後，中間使用小數點符號當作分隔符號。例如，欲設定 lblShow 標籤控制項的 BackColor 背景色屬性值為淺藍色(Aqua)，其寫法如下：

lblShow.**BackColor** = **Color**.**Aqua;**

標籤控制項名稱 . 屬性名稱 = 結構 . 成員

上面敘述中 Color.Aqua 是指定結構為 Color，Aqua 是淺藍色為 Color 的成員。

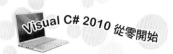
③ 程式中欲設定 lblShow 的 Text 屬性顯示訊息為 "你好！"，寫法如下：

lblShow.**Text** = "你好!";

標籤控制項名稱 ． 屬性名稱 　　字串常值

④ 表單設計階段時，在 你好 鈕快按兩下，會進入 btnHi_Click 事件處理函式內，接著輸入下面兩行敘述。使程式執行時按下 你好 鈕，會讓 lblShow 標籤控制項顯示 "你好!"，且 lblShow 標籤背景色設為淺藍色。

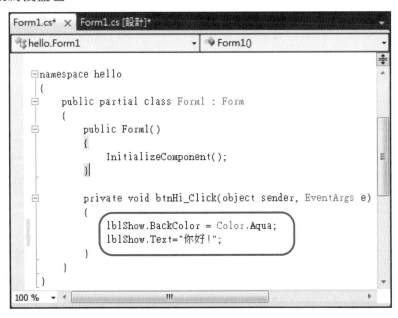

注意

撰寫程式碼時系統提供了 IntelliSense 功能，可以讓輸入資料的速度加快並減少輸入錯誤。在輸入部分程式碼時，系統會根據我們輸入的部分文字，開啟適當的清單來建議後續的程式碼。當你由鍵盤鍵入 lblShow 標籤控制項的名稱後，接著鍵入小數點當分隔符號時，會如下圖自動出現清單，清單中包含該控制項的屬性、方法，若繼續鍵入 B 後，清單會由 B 開頭往下依序列出屬性和方法供你選取。此時移動上下鍵，找到 BackColor 屬性名稱後按 Tab 鍵，或用滑鼠點選，便可將該屬性名稱置入目前插入點游標處。

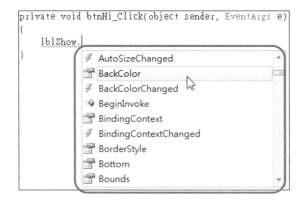

2. 撰寫 btnDate_Click 事件處理函式

程式執行時按 　日期　 鈕，希望在 lblShow 標籤上面顯示今天日期和目前時間，且 lblShow 標籤的背景色為巧克力色。

① 表單設計階段時，在 　日期　 鈕快按兩下，會進入 btnDate_Click 事件處理函式內。

② 在下圖虛框處撰寫下面兩行敘述。

③ DateTime.Now 屬性可以用來取得今天的日期和目前時間，因為 DateTime.Now 為日期型別資料，所以要加上「.ToString()」方法將日期型別轉為字串，然後再指定給 lblShow.Text 屬性。寫法如下：

```
lblShow.Text=DateTime.Now.ToString();
```

其完整程式碼如下：

```
private void btnHi_Click(object sender, EventArgs e)
{
    lblShow.BackColor = Color.Aqua;
    lblShow.Text="你好!";
}

private void btnDate_Click(object sender, EventArgs e)
{
    lblShow.BackColor = Color.Chocolate;
    lblShow.Text = DateTime.Now.ToString();
}
```

3. 撰寫 btnQuit_Click 事件處理函式

程式執行時按 `結束` 鈕，希望可以結束程式執行，我們使用另外一種方式來撰寫事件處理函式。

① 在表單設計階段先選取 `結束` 鈕。

② 接著在屬性視窗的 ⚡ 事件圖示鈕按一下切換到事件清單。

③ 在事件清單中的 Click 上快按兩下進入 btnQuit_Click 事件處理函式。

④ 在此事件處理函式內插入 Application.Exit(); 用來結束程式執行。

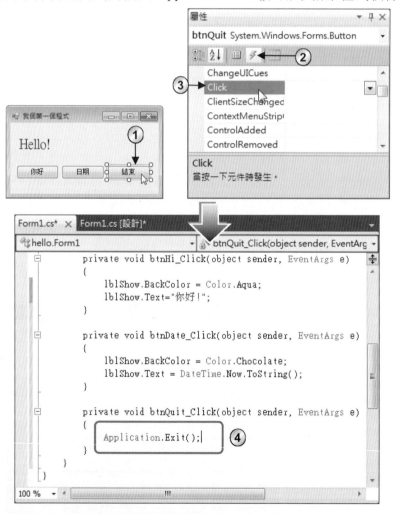

完整程式碼如下：

```
FileName : hello.sln
01 using System;
02 using System.Collections.Generic;
03 using System.ComponentModel;
04 using System.Data;
05 using System.Drawing;
06 using System.Linq;
07 using System.Text;
08 using System.Windows.Forms;
09
10 namespace hello
11 {
12   public partial class Form1 : Form
13   {
14     public Form1()
15     {
16       InitializeComponent();
17     }
18
19     private void btnHi_Click(object sender, EventArgs e)
20     {
21       lblShow.BackColor = Color.Aqua;
22       lblShow.Text="你好!";
23     }
24
25     private void btnDate_Click(object sender, EventArgs e)
26     {
27       lblShow.BackColor = Color.Chocolate;
28       lblShow.Text = DateTime.Now.ToString();
29     }
30
31     private void btnQuit_Click(object sender, EventArgs e)
32     {
33       Application.Exit();
34     }
35   }
36 }
```

程式說明

1. 1~17 行　：引用控制項及物件類別的相關命名空間，此部份程式碼為 C#
　　　　　　　自動產生，為省略篇幅在後面章節除非有特殊需要，這幾行
　　　　　　　敘述將省略。

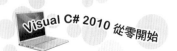

2. 10 行　　：為 hello 命名空間，用來表示專案名稱。

3. 12 行　　：Form1 類別繼承自 Form 類別。

4. 14~17 行　：Form1 類別的建構函式，此函式中會呼叫 InitializeComponent()
函式，此函式撰寫在 Form1.Designer.cs 檔中。Form1.Designer.
cs 檔中的 InitializeComponent()函式內記錄各控制項屬性的
程式碼；Form1.cs 程式檔中則撰寫控制項的事件處理函式。

5. 19~23 行　：在 btnHi 按鈕按一下會觸動 Click 事件，此時會執行 btnHi_
Click 事件處理函式。

6. 25~29 行　：在 btnDate 按鈕按一下會觸動 Click 事件，此時會執行 btnDate
_Click 事件處理函式。

7. 31~34 行　：在 btnQuit 按鈕按一下會觸動 Click 事件，此時會執行 btnQuit
_Click 事件處理函式。

> 當由工具箱拖曳出一個控制項物件，此時 Visual C# 2010 Express 會將
> 該控制項自動產生的相關程式碼置入 Form1.Designer.cs 檔中，因此撰
> 寫程式時只要專注於控制項事件處理函式內程式碼的撰寫即可。

Step5 執行程式

執行程式可以按「標準」工具列中 ▶ 開始偵錯圖示，或按 F5 功能
鍵就可以執行程式。執行中要對表單中每個按鈕按一下，檢視輸出結果
是否符合預期？程式中每個流程也都要經過測試，驗證是否得到正確的
輸出結果？若程式執行時發生語法上的錯誤，就會停在錯誤的程式碼
上，此時只要將程式碼修正，重新再執行一次，檢查輸出結果是否正確？
一直到正確的輸出才結束除錯的工作。下圖是範例 hello.sln 程式的執行
結果：

 TIPS 當按下 ▶ 開始偵錯鈕執行程式時會在目前專案的 bin\Debug 資料夾下產生一個 *.exe 執行檔,該執行檔不用進入 Visual C# 2010 Express IDE 環境,只要直接在該執行檔上快兩下就可以執行。例如前一個 hello 專案資料夾中的「bin\Debug」資料夾中會產生一個 hello.exe。

7.5 課後練習

一、選擇題

1. 若要將目前編輯專案內的檔案全部儲存,可以按標準工具列的哪個圖示?(A) 🗐 (B) 🖫 (C) 🗐 (D) 🔁 。

2. 若要開啟程式碼標籤頁來撰寫程式碼,可以按方案總管上的哪個圖示?
   (A) 🗐 (B) 🖫 (C) 🗐 (D) 🔳 。

3. 當工具箱視窗上顯示 🔱 圖示,表示視窗為哪種形式?
   (A) 固定式 (B) 彈跳式 (C) 自動隱藏 (D) 浮動式 。

4. 開啟屬性視窗要按哪個圖示?
   (A) 🗐 (B) 🖫 (C) 🗐 (D) 🔳 。

5. Visual C#中的表單檔的副檔名為何?(A) cs (B) frm (C) sln (D) resx

6. 下列何者不能作為控制項的物件名稱?
   (A) 確定 (B) H2O (C) 3M (D) B_Q 。

7. 下列何者是功能為結束程式的按鈕控制項最適當的物件名稱？
(A) btnExit　　(B) 結束　　(C) end　　(D) abc。

8. 若要由屬性視窗中進入控制項的事件處理函式，要按哪個圖示？
(A) ▦　　(B) ▦↕　　(C) ▤　　(D) ⚡　。

9. Visual C#中的方案檔的副檔名為何？(A) cs　　(B) frm　　(C) sln　　(D) resx

10. 若想將所選取多個控制項的水平間距設成相同，應按配置工具列的哪個
圖示？　(A) ▮◆▮　　(B) ▯▯◦　　(C) ⇥⇤　　(D) ▯▯↕。

二、程式設計

1. 試撰寫一個符合下列程式的要求。

　　① 程式開始執行時，顯示「Hollo World!」文字。

　　② 按 ▢日期 鈕顯示目前日期。

　　③ 按 ▢時間 鈕顯示目前時間。

[提示]

　　① 現在日期的寫法：DateTime.Now.ToLongDateString ();

　　② 現在時間的寫法：DateTime.Now.ToLongTimeString();

2. 試撰寫一個符合下列程式的要求。

　　① 程式開始執行時，顯示「今日環保，明日有保!」文字。

　　② 按 ▢紅色 鈕文字顏色改為紅色，背景為淺紅色。

　　③ 按 ▢綠色 鈕文字顏色改為綠色，背景為淺綠色。

[提示]

① 要改變標籤控制項的文字顏色，要設定 ForeColor 屬性。

② 紅色-Color.Red、綠色-Color.Green、淺紅色-Color.LightPink、淺綠色-Color.LightGreen

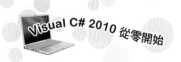

筆記頁

8

CHAPTER

表單輸出入介面設計

在上一章熟悉了 Visual C# 2010 Express 的整合開發環境，以及如何撰寫和執行一個簡單的視窗應用程式的過程。知道不用撰寫程式碼，便能在表單上面設計輸出入介面。例如在前章第一個範例程式中，將「標籤」控制項置於表單上，當作輸出介面來顯示資料；使用「按鈕」控制項，當作輸入介面用來執行功能。

由於視窗應用程式中，表單是最重要的基本容器，用來安置各種控制項。本章將深入探討表單常用的屬性、方法與事件。另外，介紹常用來當做輸出入介面的控制項：Label 標籤控制項、LinkLabel 超連結控制項、TextBox 文字方塊控制項、Button 按鈕控制項，和 MessageBox.Show()訊息對話方塊方法。

8.1 Form 常用的屬性

表單（Form）是視窗應用程式中最重要的容器（Container）之一，它可以容納各種控制項。由於表單或控制項的屬性都很多，本書只介紹常用屬性。為方便在屬性視窗中操作，Visual C# 提供兩種方式選取欲更改的屬性，其中一種方式是在屬性視窗點選 分類圖示，另一種方式在屬性視窗點選 按字母順序圖示。至於表單的所有屬性分類如右圖所示。現在介紹表單的常用屬性：

1. Text 屬性

設定標題欄上面的文字。譬如：欲在程式執行中將目前作用的表單 Form1 的標題欄名稱由預設的 Form1 更名為 "我的表單"。由於 Visual C# 將目前被點選的表單當作用(Active)表單，在程式中以 this 代替目前作用的表單名稱 Form1。如在程式中將目前作用表單的標題欄設為 "我的表單"，寫法：

```
this.Text = "我的表單";
```

2. ForeColor/BackColor 屬性

ForeColor、BackColor 屬性分別用來設定表單的前景色和背景色。因為 Visual C# 所建立的控制項具有繼承的特性，例如 ForeColor 屬性值的變更後，會影響修改以後在表單新建立控制項的字體顏色。在程式中將目前作用表單的前景色設成淺藍色，寫法如下：

```
this.ForeColor = Color.Aqua;
```

3. Font 屬性

Font 屬性可設定表單的字型，和 ForeColor 屬性一樣會影響設定以後新建立控制項的字型。當你在 Font 屬性上面按一下，可看到 Font 的預設值是新細明體，大小 9 pt。在左下圖 Font 屬性值右邊的 ⋯ 圖示上按一下，出現右下圖的「字型」對話方塊，可做字型種類、大小、樣式…設定：

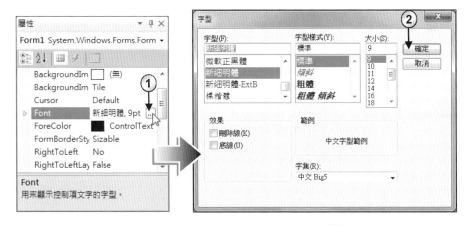

另一種方式是如左下圖點選 Font 屬性名稱前面的 ▷ 展開鈕，會將 Font 的子屬性展開供你直接設定，設定完畢再按 ◢ 縮回鈕還原。

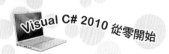
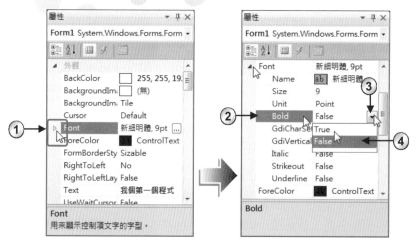

程式中欲設定表單的字型為："標楷體"、大小為"24"、樣式為"粗體"，其寫法如下：

this.Font = new Font("標楷體",   24,   FontStyle.Bold);

字體種類　字體大小　字體樣式

new Font ()建構函式的第三個引數用來設定字型樣式，可設定為：

①FontStyle.Bold：粗體　　　　②FontStyle.Italic：斜體

③FontStyle.Strikeout：刪除線　④FontStyle.Underline：底線

4. BackgroundImage/BackgroundImageLayout 屬性

BackgroundImage 用來設定表單的背景圖片，預設是空白。一般配合 BackgroundImageLayout 屬性用來配置背景圖，預設值為 Tile 表示若背景圖比表單小時，會以貼磁磚方式佈滿整個表單。若載入的背景圖比表單大，希望能以目前表單大小顯示整張背景圖，必須設為 Stretch。

回 設定圖檔

設定圖片可使用「匯入資源檔」及「指定路徑」兩種方式:

方式一 將圖檔匯入到專案資源檔內的步驟

Step1

先點選表單,接著在屬性視窗點選 BackGroundImage 屬性的 […] 圖示,打開「選取資源」對話方塊。選取 ⊙ 專案資源檔(P): 選項,表示將背景圖納入專案資源檔,接著按 匯入(I)… 鈕。

[注意] 採專案資源選項比本機資源好,因拷貝時不用再複製圖片檔及其路徑。

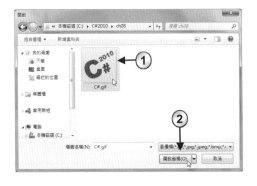

Step2

出現「開啟」視窗,按 檢視功能表圖示,由縮圖視窗中選取書附光碟 ch08/images 資料夾內的 C#.gif,最後按 開啟舊檔(O) 鈕離開回到「選取資源」對話方塊。

Step3

接著在左圖按 確定 鈕,匯入圖檔完畢時在方案總管的 Resource 資料夾會看到此背景圖檔。

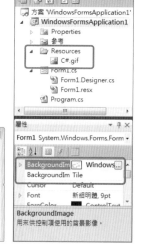

Step4

由於 BackgroundImageLayout 屬性
預設為 Tile，且背景圖比表單
小，因此背景圖以貼磁磚方式顯
示在表單上當背景。完成後方案
總管會出現一個 Resource 資料
夾(資源檔)，該資料夾下會有匯
入的背景圖。此種將圖檔匯入到
資料檔的方式比較好管理。

方式二 指定圖檔的路徑的步驟

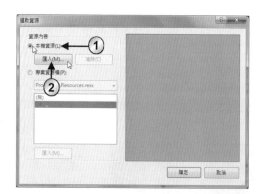

Step1

另一種方式是不把載入的圖檔拷
貝到專案的 Resource 資料夾中。
其做法是先點選表單，接著在屬
性視窗點選 BackgroundImage 屬
性的 [...] 圖示，打開「選取資
源」對話方塊。選取 ⊙ 本機資源(L):
選項，再按 [匯入(T)...] 鈕。

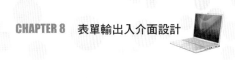

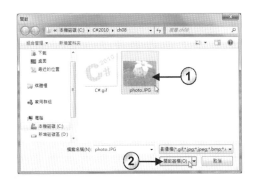

Step2

出現「開啟」視窗，按 圖示 檢視功能表圖示，由縮圖視窗中選取書附光碟 ch08/images 資料夾內的 photo1.jpg，按 鈕離開回到「選取資源」對話方塊。

Step3

接著在左圖按 確定 鈕，匯入圖檔完畢時在方案總管的 Resource 資料夾無此背景圖檔，圖檔仍放在原來資料夾內。此種方式拷貝整個程式時要記得同時將背景圖對應的資料夾路徑一起拷貝。

Step4

若將 BackGroundImageLayout 的屬性值設為 Stretch，背景圖會縮小或放大填滿整個表單。

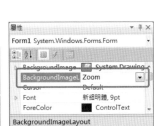

Step5

若將 BackGroundImageLayout 的屬性值設為 Zoom，背景圖會等比例縮放，並置於表單的正中央。

◙ 清除圖檔

若欲將表單還原為空白,如右圖在屬性視窗 BackgroundImage 屬性名稱上壓滑鼠右鍵選取 **重設(R)** 指令即可。

◙ 程式中設定圖檔與清除圖檔

若欲在程式中由 "C:\C#2010" 資料夾載入"pic.bmp",且表單的背景圖設成貼磁磚樣式,其寫法如下:

```
this.BackgroundImage = new Bitmap("C:\\C#2010\\pic.bmp");
this.BackgroundImageLayout = ImageLayout.Tile;
```

若欲在程式中將表單的背景圖清成空白,其寫法如下:

```
this.BackgroundImage = null;
```

5. FormBorderStyle 屬性 (預設值:Sizable)

用來設定表單視窗的邊框樣式,其屬性值有:

① None:無邊框、大小固定、無標題欄。

② FixedSingle:單線邊框、大小固定、有標題欄。

③ Fixed3D:立體邊框、大小固定、有標題欄。

④ FixedDialog:單線邊框、無法調整大小、有標題欄。

⑤ Sizable:立體邊框、可調整大小、有標題欄 (預設值)。

⑥ FixedToolWindow:單線邊框大小固定、標題欄只有結束鈕。

⑦ SizableToolWindow:單線邊框、可調大小、標題欄只有結束鈕。

6. Enabled 屬性

設定表單中的控制項是否有作用。true：有作用 ；false：無作用。

[註] 視窗屬性所設定的布林值為 True 及 False；在程式編輯窗格中設定的布林值為 true 及 false。

7. StartPosition 屬性(預設值：WindowDefaultLocation)

設定表單開啟時顯示的位置，其值有：

① Manual（手動）。
② CenterScreen：置於螢幕中央。
③ WindowDefaultLocation；預設位置。
④ WindowDefaultBounds：系統預設位置和大小。
⑤ CenterParent：父視窗中央。

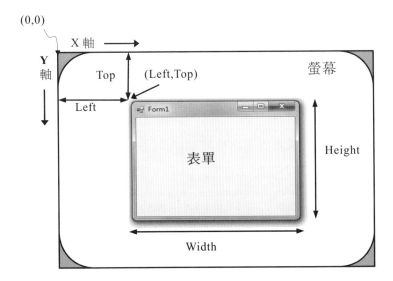

8. Location、Top、Left 屬性

當 StartPosition 屬性值設為 Manual（手動）時，才能透過 Location 屬性變更表單顯示的位置。

① Location 屬性

有兩個子屬性 X 和 Y，分別代表 X-座標和 Y-座標，在設計階段可輸入(100,50)直接更改表單位置，當然也可以按 Location 前面的展開鈕，直接更改 X 和 Y 值。

② Top、Left 屬性

可以在設計或程式執行時設定表單的位置。

- Top 屬性：是指表單上緣到螢幕上邊界的距離，單位為像素 pixel，即表單左上角的 Y 座標。

- Left 屬性：是指表單左邊到螢幕左邊界的距離，即表單左上角的 X 座標。兩者合起來 (Left,Top)代表表單左上角座標。

③ 程式中設定表單位置有兩種方式：

```
this.Location = new Point(x,y);  // this 代表目前作用的表單
    或
this.Left = x;    this.Top = y;
```

9. Size、Width、Height 屬性

① Size 屬性：設定表單的大小，包含寬度（Width）和高度（Height）兩個子屬性。

② 在程式執行階段設定表單大小的語法如下：

```
this.Size = new Size(width, height);
    或
this.Width = width ;  this.Height = height;
```

10. WindowState 屬性 (預設值：Normal)

用來設定表單視窗開啟時的顯示狀態，其值有：

① Normal：一般 (預設值)

② Minimized：視窗最小化

③ Maximized：視窗最大化

程式中寫法：

```
this.WindowState = FormWindowState.Maximized ;    // 最大化
this.WindowState = FormWindowState.Minimized ;    // 最小化
this.WindowState = FormWindowState.Normal;        // 正常
```

11. ControlBox、MaximizeBox、MinimizeBox 屬性

① 分別設定表單的標題欄是否顯示控制盒（ControlBox 屬性）、最大化鈕（MaximizeBox 屬性）、最小化鈕（MinimizeBox 屬性）。若設為 true 表示顯示。若設為 false 表不顯示。

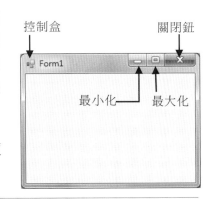

② 程式中設定表單的標題欄左上角不顯示控制盒，其寫法如下：

```
this.ControlBox =false;
```

12. AcceptButton 屬性

當表單中有按鈕控制項時，可設定按 ⌷ 鍵相當於按下哪個按鈕控制項。譬如表單中有 button1 和 button2 兩個按鈕控制項，欲將 AcceptButton 屬性設成 button1 時，執行時按 ⌷ 鍵相當於按 button1 按鈕。程式中寫法如下：

```
this.AcceptButton = button1;
```

13. CancelButton 屬性

當表單中有按鈕控制項時，設定按 Esc 鍵相當於按下哪個按鈕控制項。譬如表單有 button1 和 button2 兩個按鈕控制項，欲將 CancelButton 屬性設成 button2 時，執行時按 Esc 鍵相當於按 button2 按鈕。程式中寫法如下：

```
this.CancelButton = button2;
```

14. Opacity 屬性（預設值：100%）

設定表單的透明度，其值由 0%（完全透明）～ 100%（完全不透明）。

透明度=100%

透明度=30%

15. ShowInTaskbar 屬性（預設值：true）

用來設定表單是否顯示在工作列中，其值有：true 表示當表單最小化時會置於工作列的上面；若設為 false 表示最小化時不出現在工作列上面隱藏起來，可按 Alt + Tab 鍵切換重新顯示出來。

16. TopMost 屬性（預設值：false）

用來設定表單是否永遠出現在所有視窗最上層。若設為 false 表示不必置於所有視窗的最上層；若設為 true 表示永遠保持置於最上層。

17. Icon 屬性

用來更改標題欄左邊的小圖示，圖檔的副檔名為 .ico。

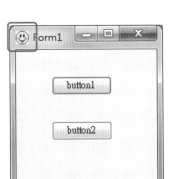

8.2 Form 常用的事件

在 Windows 環境下,表單啟動、按下或放開滑鼠、拖曳滑鼠、按下或放開鍵盤的按鍵、打開或關閉視窗等動作的處理狀況都屬於「事件」。我們將為回應事件時,所要執行的程式碼稱為「事件處理 (Event-handle) 函式」。每個表單和控制項 Visual C# 都提供一組預先定義好的事件處理函式,事件處理函式內預設空的程式碼,需要時再依需求撰寫相關的程式碼。程式執行中,若觸發(引發)到該事件,就會將此事件處理函式內的程式碼執行一次。所以,在視窗應用程式設計中,事件處理扮演著舉足輕重的地位。

物件或稱控制項所引發的事件有多種類型,但對大部分控制項來說,許多類型都是常見的。例如大部分控制項都會處理 Click 事件。當使用者按下某個表單時,該表單 Click 事件處理函式內的程式碼便會被執行。

Visual C# 中的事件處理函式是 void 型別。但是系統本身有自己的呼叫事件方式,和一般 void 方法(或稱函式)的呼叫方式是不相同的。Visual C# 宣告事件處理函式是使用+=運算子及 new EventHandler 來指定控制項的事件觸發時要執行哪個函式,如下寫法是當 button1 的 Click 事件被觸發時會執行 button1_Click 事件處理函式。

```
this.button1.Click += new System.EventHandler(this.button1_Click);
```

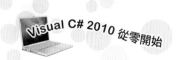

例如：當我們在 button1 按鈕控制項快按滑鼠左鍵兩下，此時以上敘述會自動增加到 Form1.Designer.cs 檔中，我們可以不用去理會它。接著會進入到 Form1.cs 檔中的 button1_Click 事件處理函式，我們只要專注在 button1_Click 事件處理函式內，撰寫 button1 按鈕 Click 事件所要處理的程式碼即可。

```
private void button1_Click(object sender, EventArgs e) {......}
```

至於如何在執行階段動態引發事件，將在第十一章中再做介紹。本節先介紹表單常用到的事件：

◙ Load 事件

表單第一次載入時會觸發 Load 事件，但表單載入後此事件一直到程式結束時都不會再執行。所以，在此事件內可用來設定變數的初值或更改控制項的屬性值。

◙ Activated 事件

當表單第一次啟動時，Activated 事件會緊接在 Load 事件之後被觸發執行。當程式執行時只要表單被選取變成作用表單時，就會觸發此事件，不像 Load 事件只在啟動時執行一次。

◙ Click 事件

當用滑鼠在表單沒有控制項的地方按一下滑鼠左鍵會觸發表單的 Click 事件。

◙ DoubleClick 事件

當用滑鼠在表單空白處快按兩下會觸發 DoubleClick 事件。但要特別注意觸發 DoubleClick 事件的同時也會觸發 Click 事件，而且 Click 事件會先觸發。至於操作滑鼠會觸發的相關事件，會在第十一章作詳細的介紹。

◙ KeyPress 事件

當使用者按鍵盤的按鍵時會觸發 KeyPress 事件。至於按鍵會觸發的相關事件，會在第十一章作詳細的說明。

檔名：FormEventTest.sln

試寫測試表單五個常用事件的程式。

① 當表單載入時，將表單置於螢幕的正中央，並在標題欄顯示 "表單事件測試" (Load 事件)。

② 當在表單上按一下，會使表單的寬度增長 10 Pixels，高度減少 10 Pixels(Click 事件)。

③ 若在表單上快按兩下，表單往右移 20 Pixels(DoubleClick 事件)。

④ 在桌面按一下，表單變成無作用，再按表單一下，表單又變成作用表單時，表單重新置於螢幕正中央且表單恢復成原大小(Activated 事件)。

⑤ 當在鍵盤上按任一鍵，結束程式執行(KeyPress 事件)。

上機實作

Step1 設計輸出入介面

本例只用到一個表單物件，請將表單的 StartPosition 屬性值設為 CenterScreen，讓視窗預設位置在螢幕中央。另外將 FormBorderStyle 屬性值設為 Fix3D，讓視窗不能手動調整大小。

Step2 問題分析

1. 宣告 form_left, form_top, form_width, form_height 這 4 個整數成員變數，用來存放表單的原始座標和原始大小。這 4 個成員變數必須放在事件處理函式之外，當做 Form1 類別的成員以便讓所有函式共用。

2. 表單載入時會觸發 Form1_Load 事件處理函式，並儲存表單的原始座標和大小。

3. 在表單上按一下時會觸發 Click 事件，此時會執行 Form1_Click 事件處理函式，讓表單寬度加 10(this.Width += 10)，高度減 10(this.Height -= 10)。

4. 在表單上快按兩下時會觸發 DoubleClick 事件，此時會執行 Form1_DoubleClick 事件處理函式，讓表單往右移 20 pixels(this.Left += 20)。

5. 當表單成為作用表單會觸發 Activated 事件，此時會執行 Form1_Activated 事件處理函式，讓表單還原為原來的大小。

6. 表單成為作用表單時，按下鍵盤會觸發表單的 KeyPress 事件，此時會執行 Form1_KeyPress 事件處理函式，使程式結束執行。

Step3 撰寫程式碼

本例主要在測試表單的 Load、Activated、Click、DoubleClick、KeyPress 這五個事件，請撰寫下列 Form1 表單的事件處理函式內的程式碼，請注意事件處理函式要使用前章介紹的方式建立，如果只是自行輸入程式碼是不會執行的。

```
FileName : FormEventTest.sln
01  using System;
02  using System.Collections.Generic;
03  using System.ComponentModel;
04  using System.Data;
05  using System.Drawing;
06  using System.Linq;
07  using System.Text;
08  using System.Windows.Forms;
09
10  namespace FormEventTest
11  {
12    public partial class Form1 : Form
13    {
14      public Form1()
15      {
16        InitializeComponent();
17      }
18
19      int form_left, form_top, form_width, form_height;
20      private void Form1_Load(object sender, EventArgs e)  // 表單載入時執行
21      {
```

```
22        form_left = this.Left;
23        form_top = this.Top;
24        form_width = this.Width;
25        form_height = this.Height;
26        this.Text = "表單事件測試";
27      }
28      private void Form1_Click(object sender, EventArgs e)  //在表單上按一下執行
29      {
30        this.Width += 10;
31        this.Height -= 10;
32      }
33      private void Form1_DoubleClick(object sender, EventArgs e)//在表單上按兩下執行
34      {
35        this.Left += 20;
36      }
37      private void Form1_Activated(object sender, EventArgs e)//成為作用表單時執行
38      {
39        this.Location = new Point(form_left, form_top);
40        this.Size = new Size(form_width, form_height);
41      }
42      private void Form1_KeyPress(object sender, KeyPressEventArgs e)
43      {
44        Application.Exit();
45      }
46    }
47  }
```

程式說明

1.1-17行　：引用相關的命名空間。後面範例為了節省篇幅，引用命名空
　　　　　　間的敘述除非有必要，否則將不列出。

8.3 Label 和 LinkLabel 標籤控制項

8.3.1 標籤控制項

　　標籤控制項 ___A　Label___ 是非常重要的輸出介面，可以用來在表單上
面顯示文字以及小圖示。在前一章中已經簡單使用過標籤控制項，下面再
將標籤控制項的一些重要屬性做詳細的介紹：

屬性	說明
Text	用來設定控制項上面顯示的訊息，只能顯示資料，無法輸入資料。表單的 Text 屬性則設定標題欄名稱。其程式寫法如下： label1.Text="Hello!";
TextAlign	設定文字在標籤控制項顯示的位置，其值有： ①TopLeft 左上（預設值） ②TopCenter（中上） ③TopRight（右上） ④MiddleLeft（左中） ⑤MiddleCenter（中央） ⑥MiddleRight（右中） ⑦BottomLeft（左下） ⑧BottomCenter（中下） ⑨BottomRight（右下）
Font	設定控制項上面顯示文字的字型，上一章已介紹過如何在設計階段的設定方法，至於程式中的寫法如下： [例] 將 label1 標籤控制項上面文字設成標楷體、字體大小 16、粗體字。其寫法： 　　label1.Font = new Font("標楷體", 16, FontStyle.Bold);
AutoSize	設定控制項的寬度是否隨文字長度自動縮放。若設為 true，控制項的寬度會隨文字長度自動調整，此時控制項左上角出現一個控點如 `label1` 所示無法調整；若設為 false 則控制項允許手動調整，控制項四周出現八個控點如 `label1` 所示。預設值為 true。
BorderStyle	設定標籤的邊框樣式。其值如下： ①None：不加邊框（預設值） `label1` ②FixedSingle：加邊框 `label1` ③Fixed3D：立體凹陷 `label1`
BackColor	用來設定標籤控制項的背景色。假設表單有背景圖，若將 label1 標籤控制項的背景色設為透明，可避免標籤控制項的背景色遮住破壞表單背景圖。其程式寫法如下： label1.BackColor=Color.Transparent;
ForeColor	設定控制項上面顯示文字的顏色。

屬性	說明
Enabled	設定該控制項是否有作用。若設為 true，該控制項有作用即可點選；若為 false，該控制項文字會以淺灰色顯示。預設值為 true。
Visible	設定該控制項是否被隱藏。若設為 true，表示該控制項在表單看得到；若設為 false，將該控制項隱藏。要注意在設計階段雖設為隱藏，還是看得到該控制項，執行時才會自動隱藏。預設值為 true。

8.3.2 連結標籤控制項

連結標籤控制項 [A LinkLabel] 除了具備標籤控制項的功能外，還增加一些超連結的功能。下表列出連結標籤控制項所增加的常用屬性，至於和標籤控制項相同屬性不再贅述：

一、LinkLabel 常用屬性

屬性	說明
LinkColor	設定控制項上面超連結文字的起始顏色，預設藍色
LinkVisited	設定控制項上面超連結文字超連結後顏色是否設為 VisitedLinkColor 的屬性值，以和尚未點選過的超連結控制項區分，預設值為 true 表示會變色。
VisitedLinkColor	設定控制項上面超連結文字已經超連結過的顏色，預設值為紫色。
DisabledLinkColor	設定控制項超連結被停用時超連結文字的顏色，預設值為灰色。
LinkBehavior	設定超連結文字是否要加底線，說明如下： ①SystemDefault：系統預設（預設值） ②AlwaysUnderline：加底線 ③HoverUnderline：游標在文字上才加底線 ④NeverUnderline：不加底線

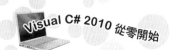
屬性	說明
LinkArea	設定控制項上面文字允許超連結的範圍。屬性值為（Start,Length），Start 為文字起始位置；Length 為長度。 例如：Text ="SuperMan"，LinkArea 屬性值為（5,3），則表示由第六(5+1)個字起取 3 個字，所以超連結的文字為 "Man"。

TIPS　LinkArea 屬性值也可以按一下屬性值的 ⋯ 鈕，以框選方式選取超連結文字的範圍。

二、LinkLabel 常用事件

連結標籤控制項的預設的事件，就是當使用者按到有超連結文字時，會觸發的 LinkClicked 事件。LinkClicked 事件觸發時，Click 事件也同時被觸發。但若按沒有超連結的文字時，只會觸動 Click 事件。我們可以在 LinkClicked 事件處理函式內撰寫超連結的程式碼，其語法如下：

1. 超連結到網站上

語法：System.Diagnostics.Process.Start("網址 URL");

[簡例] 超連結到 "discovery" 網站

```
System.Diagnostics.Process.Start("http://www.discover.com");
```

2. 超連到指定的資料檔或執行檔

> 語法：System.Diagnostics.Process.Start("路徑\\檔名");

[簡例] 超連結到 C 槽 test 資料夾的 readme.doc 檔案

```
System.Diagnostics.Process.Start("c:\\test\\readme.doc");
```

3. 超連結到電子信箱

> 語法：System.Diagnostics.Process.Start("mailto:電子信箱");

[簡例] 超連結到電子信箱

```
System.Diagnostics.Process.Start
    ("mailto:jaspertasi@gmail.com");
```

範例演練

檔名：link1.sln

表單載入時，出現下圖接龍遊戲的相關提示訊息。當按下「接龍遊戲簡介」超連結文字時，會開啟專案 bin/Debug 資料夾下的接龍.txt 檔案。若點選「接龍遊戲」超連結文字時，會開啟接龍遊戲(程式在 C:\\Program Files\\Microsoft Games\\Solitaire\\Solitaire.exe)。若點選「接龍玩法」中「接龍」超連結文字時，會連結到微軟網頁。網址如下：
(http://windows.microsoft.com/zh-TW/windows7/Solitaire-how-to-play)。

1. 程式開始執行

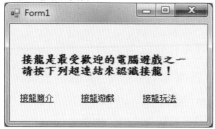

2. 連結到「接龍簡介」(接龍.txt)

3. 連結到接龍遊戲(Solitaire.exe)　　　4. 連結到「接龍玩法」網頁

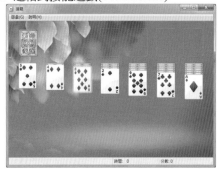 

上機實作

Step1 設計輸出入介面

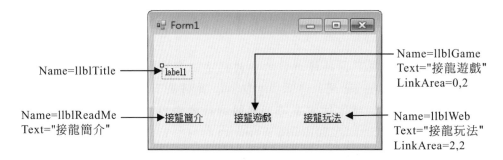

Name=lblTitle ────→ label1

Name=lblGame
Text="接龍遊戲"
LinkArea=0,2

Name=lblReadMe
Text="接龍簡介"

接龍簡介　　　　接龍遊戲　　　　接龍玩法

Name=lblWeb
Text="接龍玩法"
LinkArea=2,2

Step2 儲存專案後,將書附光碟 ch08 資料夾下的「接龍.txt」文字檔複製到目前專案的 bin\Debug 資料夾下,使「接龍.txt」與本例執行檔存放在相同路徑。

Step3 問題分析

1. 表單載入時觸發 Form1_Load 事件處理函式,先將「接龍……接龍!」訊息置入 lblTitle 標籤控制項的 Text 屬性,即能將訊息顯示到該控制項上面。同時設定字型為標楷體、大小為 12、粗體字。

   lblTitle.Font = new Font("標楷體", 12, FontStyle.Bold);

2. 當在「接龍簡介」超連結文字上按一下，會觸發 llblReadMe_ LinkClicked 事件處理函式，在函式中開啟指定的「接龍.txt」文件檔，此檔案與執行檔存在同一資料夾中。

3. 當在「接龍遊戲」的『接龍』超連結文字上按一下，會觸發 llblGame_ LinkClicked 事件處理函式，在此函式中開啟接龍遊戲，遊戲執行檔的路徑為："C:\\Program Files\\Microsoft Games\\Solitaire\\Solitaire.exe"

4. 當在「接龍玩法」超連結文字上按一下時，會觸發 llblWeb_ LinkClicked 事件處理函式，在函式中連結到微軟網站中接龍玩法的網頁，網址為：

"http://windows.microsoft.com/zh-TW/windows7/Solitaire-how-to-play"

Step4 撰寫程式碼

```
FileName : link1.sln
01 private void Form1_Load(object sender, EventArgs e)
02 {
03    lblTitle.Text = "接龍是最受歡迎的電腦遊戲之一\n 請按下列超連結來認識接龍！";
04    lblTitle.Font = new Font("標楷體", 12, FontStyle.Bold);
05 }
06 //按 [接龍簡介] 連結標籤執行
07 private void llblReadMe_LinkClicked(object sender, LinkLabelLinkClickedEventArgs e)
08 {
09    System.Diagnostics.Process.Start("接龍.txt");
10 }
11 //按 [接龍] 連結標籤執行
12 private void llblGame_LinkClicked(object sender, LinkLabelLinkClickedEventArgs e)
13 {
14    System.Diagnostics.Process.Start
         ("C:\\Program Files\\Microsoft Games\\Solitaire\\Solitaire.exe");
15 }
16 //接 [接龍玩法] 連結標籤執行
17 private void llblWeb_LinkClicked(object sender, LinkLabelLinkClickedEventArgs e)
18 {
19    System.Diagnostics.Process.Start
         ("http://windows.microsoft.com/zh-TW/windows7/Solitaire-how-to-play");
20 }
```

8.4　TextBox 文字方塊控制項

　　文字方塊控制項　[abl TextBox]　是用來輸入文字資料，也可以用來顯示文字資料。當你在表單建立文字方塊控制項時，左右兩邊如下圖會出現控點用來調整控制項的左右寬度。

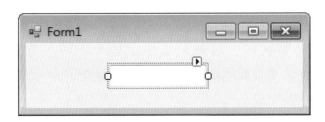

　　在文字方塊的右上角會出現 ▶ 智慧標籤(Smart Tag)，提供文字方塊的常用屬性可以直接選取，而不必再到屬性視窗中點選。當勾選 ☑ MultiLine 表示將 MultiLine 屬性設為 true，允許資料由單行改成多行顯示，此時如右下圖控制項四周出現八個控點，供你調整控制項的大小，此時必須將控制項上下高度調大一點，以便執行時在文字方塊中輸入或顯示資料時才能顯示多行資料。

一、TextBox 常用屬性

屬性	說明
Text	用來接受使用者輸入的資料。輸入的資料視為字串資料型別，若需要轉成數值資料型別，可透過 int.Parse()方法來轉換，如下寫法： int score = int.Parse(txtScore.Text);

屬　性	說　明
TextAlign	設定文字在控制項內顯示位置，其值有： ① Left：靠左(預設值) ② Right：靠右 ③ Center：置中
AutoSize	設定文字方塊控制項大小是否隨字型大小自動縮放，預設值為 true。
MultiLine	設定是否允許多行輸入。若設為 false 表示單行輸入；true 為多行輸入。預設值為 false。
WordWrap	設定輸入文字長度超過控制項寬度時是否可以自動換行，本屬性只有 MultiLine 屬性值為 true 時有效。預設值為 true。
ReadOnly	設定控制項的文字是否為唯讀，預設值為 false;若設為 false 表示該控制項可以輸入和顯示資料。若設為 true，其效果如標籤控制項，不允許輸入資料只能顯示資料。
MaxLength	設定允許接受輸入文字的最大長度(0~32,767)，屬性值若為 0，代表長度不設限。預設值為 32,767。

Lines	Lines 屬性類似 Text 屬性，只是 Lines 的資料型別為字串陣列，用於多行輸入時。例如要取得第 2 行的字串，其寫法如下：
	//第一行陣列索引值為 0
	string input_str = textBox1.Lines[1];
	例：右下圖 textBox1 文字方塊控制項內輸入兩行資料：
	
	label1.Text=textBox1.Lines[0];
	label1 結果取得：\"VC#\"
	
	label2.Text=textBox1.Lines[1];
	label2 結果取得：\"最好的選擇\"

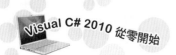
屬性	說明
ScrollBars	當多行輸入時,設定是否出現捲軸。其值有: ① None:無(預設值) ② Vertical:顯示垂直捲軸 ③ Horizontal:顯示水平捲軸 ④ Both:顯示垂直和水平捲軸
CharacterCasing	設定輸入的英文字母是否轉換成大小寫,屬性值有: ① Normal:不轉換(預設值) ② Upper:轉成大寫 ③ Lower:轉成小寫
PasswordChar	設定輸入資料時,以替代字元取代輸入字元,常用於輸入密碼時。
AcceptsReturn、 AcceptsTab	設定多行輸入時,是否可以接受 ⏎ 和 Tab 鍵。
Length	取得控制項內文字的長度,本屬性在執行階段才能使用。如下寫法: int str_length = textBox1.Text.Length;

二、TextBox 常用事件

TextChanged 是文字方塊控制項的預設事件,當使用者在文字方塊控制項內輸入文字而改變 Text 屬性值時,就會觸發 TextChanged 事件。在 TextChanged 事件中,我們可以檢查輸入字元是否正確,或是將輸入的資料同步反應在其它相關的控制項。

 範例演練

檔名:textbox1.sln

試寫一個計算 BMI 值程式。執行時輸入體重和身高資料,BMI 值會同步計算。BMI 值的計算公式如下:

BMI = 體重(公斤) / (身高*身高)　　(請注意身高的單位為公尺)

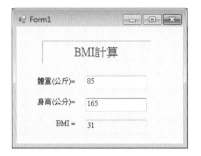 

上機實作

Step1 設計輸出入介面

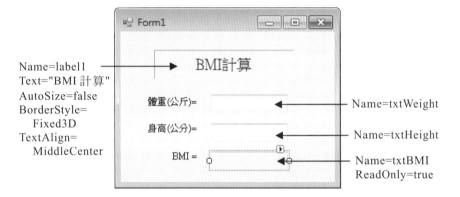

Name=label1
Text="BMI 計算"
AutoSize=false
BorderStyle=
　　Fixed3D
TextAlign=
　　MiddleCenter

Name=txtWeight

Name=txtHeight

Name=txtBMI
ReadOnly=true

Step2 問題分析

1. 由於在 txtWeight 和 txtHeight 內輸入資料時皆會計算 BMI 值並將
   BMI 值顯示於 txtBMI 上，因此必須將計算 BMI 值的程式碼撰寫於
   txtWeight_TextChanged 及 txtHeight_TextChanged 事件處理函式內

2. 計算 BMI 值時，計算過程須使用 try{…}catch 框住，以避免輸入不
   合法的字元而中斷程式。

Step3 撰寫程式碼

```
FileName : textbox1.sln
01    // 體重文字方塊內資料有異動時執行
02    private void txtWeight_TextChanged(object sender, EventArgs e)
03    {
04      try  //使用try{…}框住計算BMI的程式碼
```

```
05      {
06          double h = double.Parse(txtHeight.Text) / 100;
07          double w = double.Parse(txtWeight.Text);
08          txtBMI.Text = Math.Round((w / (h * h))).ToString();
09      }
10      catch (Exception ex)
11      { }
12  }
13  // 身高文字方塊內資料有異動時執行
14  private void txtHeight_TextChanged(object sender, EventArgs e)
15  {
16      try
17      {
18          double h = double.Parse(txtHeight.Text) / 100;
19          double w = double.Parse(txtWeight.Text);
20          txtBMI.Text = Math.Round((w / (h * h))).ToString();
21      }
22      catch (Exception ex)
23      { }
24  }
```

8.5 Button 按鈕控制項

按鈕控制項　[ab] Button　是非常重要的輸入介面，大部分的視窗應用程式都會用按鈕控制項，來做為功能選項。按鈕控制項除了可以顯示文字外，也可以顯示小圖示。下表為 Button 按鈕控制項的常用屬性：

屬性	說明
Text	來設定按鈕控制項上顯示的文字。
Cursor	設定當滑鼠在按鈕控制項上面時，滑鼠游標所顯示的圖示。
Image	設定按鈕控制項上面顯示的圖片。預設值是不顯示圖片，若設定圖片後，可以再利用 ImageAlign 屬性來設定圖片顯示的位置。

屬性	說明
ImageAlign	ImageAlign 屬性可設定圖片的顯示位置，其值有： ① TopLeft：左上(預設)　② TopCenter：中上 ③ TopRight：右上　　　④ MiddleLeft：左中 ⑤ MiddleCenter：中央　⑥ MiddleRight：右中 ⑦ BottomLeft：左下　　⑧ BottomCenter：中下 ⑨ BottomRight：右下
FlatStyle	當滑鼠在按鈕控制項上方按鈕的顯示方式，其值有： ① Standard：預設以立體顯示　button1 。 ② Flat：平面　button1 。 ③ PopUp：原為平面滑鼠按下時以　button1 　立體顯示。 ④ System：系統設定。
Enabled	設定按鈕控制項是否有作用？預設值為 true，若為 true 表按鈕有效；若為 false 按鈕無作用以灰色顯示，此時按鈕的 Click 事件無效。
DialogResult	設定按下按鈕傳回的值，預設值：None。其值有： ① None（不回傳）　② Ok（確定） ③ Cancel（取消）　④Abort（放棄） ⑤ Retry（重試）　⑥Yes（是） ⑦ No（否）。

有時希望有個快速鍵 ↵ 或 Esc 鍵 ，來減少移動滑鼠並加快操作速度，此時可指定 ↵ 和 Esc 鍵對應到某個按鈕。指定的方法是要在表單中的 AcceptButton、CancelButton 屬性，分別選擇 ↵ 和 Esc 鍵對應到哪個按鈕控制項。

範例演練

檔名：guess.sln

設計一個比大小的遊戲。程式開始時，只有 開始、結束 鈕有效。當按 開始 鈕後，提示訊息改為「請選擇按鈕 1 或 2」，開始 鈕改為無效，按鈕1、按鈕2 鈕有效，並產生兩個 1~99 間不重複的亂數。當按 按鈕1、按鈕2 鈕之一時，將產生的亂數顯示到按鈕上面，若所按的鈕值較大，則顯示「你猜對了！」，否則顯示「你猜錯了！」，接著將 按鈕1、按鈕2 設為無效，開始 鈕設為有效，提示訊息改為「請按 開始鈕 猜哪個按鈕大」。各畫面都會顯示累積輸贏的次數。按 結束 鈕結束程式。

① 程式開始的畫面：

開始鈕有效，按鈕 1 和 2 失效

② 按 開始 鈕後的畫面：

開始鈕失效，按鈕 1 和 2 有效

③ 按 按鈕1 猜錯時：

④ 按 按鈕2 猜對時：

上機實作

Step1 設計輸出入介面

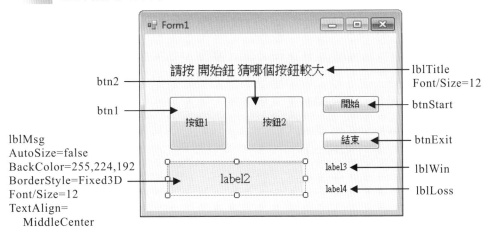

Step2 問題分析

1. 宣告 no1、no2 為整數成員變數用來存放 1~99 所產生的亂數。

2. 宣告 win、loss 為整數成員變數用來存放贏和輸的次數。

3. 在 Form1_Load 事件處理函式中,設定 開始、結束 鈕有效(Enabled 屬性值為 true);按鈕1、按鈕2 鈕無效(Enabled 屬性值為 false);輸贏次數設為 0 次。

4. 在 btnStart_Click 事件處理函式中,將提示訊息改為「請選擇按鈕 1 或 2」,將 開始 鈕設為無效,將 按鈕1、按鈕2、結束 鈕設為有效,產生兩個 1~99 間不重複的亂數置入 no1 和 no2 變數。

```
Random ranobj = new Random();
ranobj.Next(1, 100);
do{
  no2 = ranobj.Next(1, 100);
}while (no1 == no2);
```

5. 透過 Convert.ToString()方法將 no1 和 no2 整數變數轉成字串置入 btn1 和 btn2 按鈕控制項。

```
btn1.Text = Convert.ToString(no1);
btn2.Text = Convert.ToString(no2);
```

6. 在 btn1_Click 事件處理函式中,將產生的 no1 和 no2 亂數分別顯示
   到按鈕 1 和按鈕 2 上面,若所按的鈕值較大,則顯示「你猜對了!」,
   否則顯示「你猜錯了!」,接著將 [按鈕1] 、 [按鈕2] 設為無效,[開始] 、
   [結束] 鈕設為有效,提示訊息改為「請按開始鈕猜哪個按鈕大」。
   最後顯示目前累積輸贏的次數。

7. btn2_Click 事件處理函式和 btn1_Click 事件處理函式的程式碼大致
   相同,只有 if 條件是相反。

Step3 撰寫程式碼

```
FileName :guess.sln
01 int no1, no2, win, loss;        // 成員變數,no1,no2 存放亂數,win,loss 存放輸贏次數
02
03 private void Form1_Load(object sender, EventArgs e)
04 {
05    win = loss = 0;              // 預設 win,loss 輸贏次數為 0
06    lblWin.Text = "贏: " + win.ToString() + "次";
07    lblLoss.Text = "輸: " + loss.ToString() + "次";
08    lblMsg.Text = "";
09    btn1.Enabled = false;        // 按鈕1無效
10    btn2.Enabled = false;        // 按鈕2無效
11 }
12
13 private void btnStart_Click(object sender, EventArgs e)
14 {
15    lblTitle.Text = "請選擇 按鈕1或2 ...";
16    lblMsg.Text = "";
17    btn1.Enabled = true;         // 按鈕1無效
18    btn2.Enabled = true;         // 按鈕2無效
19    btnStart.Enabled = false;    // 開始鈕無效
20    btn1.Text = "按鈕1";          // 顯示按鈕1訊息
21    btn2.Text = "按鈕2";          // 顯示按鈕2訊息
22    Random ranobj = new Random();
23    no1 = ranobj.Next(1, 100);      // 產生1~99的亂數
24    do
25       no2 = ranobj.Next(1, 100);
26    while (no1 == no2);          // 檢查亂數是否重複,若是重新產生
27 }
28
```

```
29  private void btn1_Click(object sender, EventArgs e)
30  {
31    btn1.Text = Convert.ToString(no1);    // 將no1亂數顯示在按鈕1上面
32    btn2.Text = Convert.ToString(no2);    // 將no2亂數顯示在按鈕2上面
33    if (no1 > no2) //若no1 > no2
34    {
35      lblMsg.Text = "你猜對了!";
36      win++;    // 贏的次數加1
37    }
38    else
39    {
40      lblMsg.Text = "你猜錯了!";
41      loss++;    // 輸的次數加1
42    }
43    lblWin.Text = "贏 : " + win.ToString() + "次";
44    lblLoss.Text = "輸 : " + loss.ToString() + "次";
45    lblTitle.Text = "請按 開始鈕 猜哪個按鈕大";
46    btnStart.Enabled = true;                        // 開始鈕有效
47    btn1.Enabled = false; btn2.Enabled = false;     // 按鈕1、2無效
48  }
49
50  private void btn2_Click(object sender, EventArgs e)
51  {
52    btn1.Text = Convert.ToString(no1);    // 將no1亂數顯示在按鈕1上面
53    btn2.Text = Convert.ToString(no2);    // 將no2亂數顯示在按鈕2上面
54    if (no2 > no1) //若no2 > no1
55    {
56      lblMsg.Text = "你猜對了!"; win++; // 贏的次數加1
57    }
58    else
59    {
60      lblMsg.Text = "你猜錯了!"; loss++; // 輸的次數加1
61    }
62    lblWin.Text = "贏 : " + win.ToString() + "次";
63    lblLoss.Text = "輸 : " + loss.ToString() + "次";
64    lblTitle.Text = "請按 開始鈕 猜哪個按鈕大";
65    btnStart.Enabled = true;                        // 開始鈕有效
66    btn1.Enabled = false; btn2.Enabled = false;     // 按鈕1、2無效
67  }
68
69  private void btnExit_Click(object sender, EventArgs e)
70  {
71    Application.Exit();
72  }
```

8.6 MessageBox.Show 方法

MessageBox.Show()方法可產生一個如下圖對話方塊，在對話方塊中允許顯示提示訊息、標題欄標題名稱、相關按鈕和提示圖示，其語法如下：

> DialogResult 傳回值 = MessageBox.Show(*訊息, 標題, 按鈕常數, 圖示常數*);

[例] 寫出下圖的程式碼

標題 → 井字遊戲

圖示常數 → ⚠ 確定結束程式？ ← 訊息

確定　取消 ← 按鈕常數

```
DialogResult result = MessageBox.Show("確定結束程式？","井字遊戲" ,
    MessageBoxButtons.OKCancel , MessageBoxIcon.Exclamation);
```

說明

1. *傳回值*：MessageBox.Show 方法的傳回值為 DialogResult 資料型別，所以要宣告一個變數來儲存此方法的傳回值。當使用者按 確定 鈕時，即表示 MessageBox.Show 方法的傳回值為 DialogResult.OK。變數的宣告語法及 MessageBox.Show 方法的傳回值 DialogResult 型別常數如下：

```
DialogResult 變數名稱;   //宣告 DialogResult 型別變數
```

DialogResult 常數	說明
OK	使用者按 確定 鈕的傳回值
Cancel	使用者按 取消 鈕的傳回值
Abort	使用者按 中止(A) 鈕的傳回值

DialogResult 常數	說明
Retry	使用者按 重試(R) 鈕的傳回值
Ignore	使用者按 略過(I) 鈕的傳回值
Yes	使用者按 是(Y) 鈕的傳回值
No	使用者按 否(N) 鈕的傳回值
None	使用者未按鈕的傳回值

2. *訊息* ：為字串資料，用來做為提醒使用者的提示訊息。

3. *標題* ：為字串資料，會顯示在視窗的標題欄。

4. *按鈕常數* ：用來設定視窗中顯示的按鈕。按鈕常數如下：

MessageBoxButtons 常數	顯示的按鈕
OK	確定
OkCancel	確定 、 取消
AbortRetryIgnore	中止(A) 、 重試(R) 、 略過(I)
YesNoCancel	是(Y) 、 否(N) 、 取消
YesNo	是(Y) 、 否(N)
RetryCancel	重試(R) 、 取消

5. 圖示常數用來設定視窗中顯示的圖示。如下：

MessageBoxIcon 常數	顯示的圖示
Asterisk	
Error	
Exclamation	
Question	
None	不顯示圖示

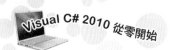
6. 若不需要傳回值，只要顯示對話方塊時，程式碼如下：

```
MessageBox.Show("確定結束程式？","井字遊戲" ,
    MessageBoxButtons.OKCancel ,MessageBoxIcon.Exclamation);
```

範例演練

檔名：msgbox1.sln

試寫一個帳號及密碼檢查程式。程式一開始要求使用者輸入帳號(帳號為 "google")及密碼(密碼為 "1688")，當帳號及密碼正確時，連結到 Google 網站(http://www.google.com.tw)，並結束程式。如果帳號及密碼不正確可再重新輸入，若連續錯誤三次則結束程式。

① 密碼輸入畫面：

② 密碼輸入正確後，顯示歡迎對話方塊以及開啟 Google 網站：

③ 密碼錯誤未超過 3 次時

④ 密碼錯誤超過 3 次時

上機實作

Step1 設計輸出入介面

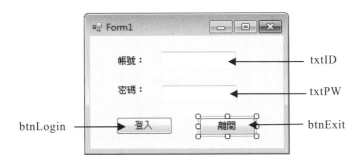

Step2 撰寫程式碼

1. 宣告 num 成員變數,用來記錄帳號及密碼輸入的次數。

2. 宣告一個 DialogResult 資料型別變數 result 用來記錄 MessageBox. Show 方法的傳回值。

3. 在 btnLogin_Click 事件處理函式中做下列事情:

   ① 將 num 加 1,接著檢查帳號和密碼是否正確。

   ② 若 txtID 帳號為 "google" 且 txtPW 密碼為 "1688",則顯示 "歡迎光臨,Google 網站" 對話方塊,接著再連結到 Google 網站,並結束程式執行。

   ③ 當帳號及密碼輸入錯誤次數等於 3 時,使用 MessageBox.Show 方法來顯示訊息並結束程式。

   ④ 當帳號及密碼輸入錯誤次數小於 3 時,使用 MessageBox.Show 方法詢問是否繼續。

Step3 撰寫程式碼

```
FileName : msgbox1.sln
01  int num;          // 宣告為整數變數,存放錯誤次數 所有事件一起共用
02
03  private void btnLogin_Click(object sender, EventArgs e)
04  {
05      DialogResult result;
06      num += 1;    //次數加1
07      if (txtID.Text == "google" && txtPW.Text == "1688")   // 判斷帳密是否正確
08      {
09          MessageBox.Show("歡迎光臨, Google 網站");
10          System.Diagnostics.Process.Start("http://www.google.com.tw");
```

```
11        Application.Exit();
12      }
13    else
14      {
15        if (num == 3)      // 判斷帳密是否連續輸入三次
16        {
17            MessageBox.Show("帳號密碼連續三次輸入錯誤\n無法進入Google網站");
18            Application.Exit();
19        }
20        else
21        {
22            result = MessageBox.Show("你的帳號密碼有誤，剩下" + (3 - num) +
                  "次！是否重新輸入？", "帳號密碼錯誤", MessageBoxButtons.YesNo);
23            if (result == DialogResult.No) Application.Exit();
24        }
25      }
26 }
27
28 private void btnExit_Click(object sender, EventArgs e)
29 {
30    Application.Exit();  // 結束應用程式
31 }
```

8.7 課後練習

一、選擇題

1. 若要改變表單視窗標題欄文字內容，要設定下列哪個屬性？
   (A) Caption　(B) Font　(C) Icon　(D) Text。

2. 當表單的 Font 屬性值改變後，下列何者會改變？　(A) 標題欄文字內容
   (B) 標題欄文字的字型　(C) 之後建立控制項的字型
   (D) 表單邊框樣式。

3. 若希望表單視窗保持在最上層顯示，要設定下列哪個屬性？
   (A) Location　(B) StartPosition　(C) TopMost　(D) WindowState。

4. 表單開啟時，第一個被觸動的是下列哪個事件？　(A) Activated　(B) Click　(C) Load　(D) KeyPress。

5. 下列哪個控制項可以接受使用者輸入文字資料？(A) Label
   (B) LinkLabel　(C) MessageBox　(D) TextBox

6. 若要設定 LinkLabel 的文字 "隨手關燈省能源"，只有 "關燈" 有超連結
   功能時，要設 LinkArea 屬性值為？
   (A) (2,2)　(B) (3,2)　(C) (2,4)　(D) (5,4)。

7. 若要設定 LinkLabel 上文字已經超連結後顯示的顏色時，要設定哪個屬
   性？(A) DisabledLinkColor　(B) ForeColor　(C) LinkColor
   (D) VisitedLinkColor 。

8. 若要設定 TextBox 只能顯示文字，要設定下列哪個屬性？
   (A) ReadOnly　(B) Text　(C) WordWrap　(D) Visible 。

9. 若要 TextBox 輸入文字就立即反應，程式碼要寫在下列哪個事件中？
   (A)Click　(B)Changed　(C)DoubleClick　(D)TextChanged。

10. 若想在 MessageBox.Show 對話方塊中顯示 ⚠，要設定 MessageBoxIcon
    常數值為何？(A)Asterisk　(B)Error　(C)Exclamation　(D)Question。

二、程式設計

1. 完成符合下列條件的程式

   ① 程式執行時，顯示動詞的現在　② 按「核對」鈕會顯示作答的情
   　 式，讓使用者填寫過去式和過去　　　形。若全對按「確定」鈕會顯示
   　 分詞。　　　　　　　　　　　　　下一題。

Form1
動詞三態大考驗
現在式：　become
過去式：　▢
過去分詞：　▢
核對　　結束

Form1
動詞三態大考驗
現在式：　become
過去式：　became
過去分詞：　become
核對

become
過去式正確！
過去分詞正確！
**真厲害全部答對！
確定

③ 若不對時，按「重試」鈕會清空
文字方塊，讓使用者重答；按「取
消」鈕則顯示下一題。

④ 共有四道題目，四題答完題目重
頭再顯示。

⑤ 按「結束」鈕程式結束。

註① 題目陣列的宣告：
string [,] test = new string[,]
{{"become", "became", "become"},
{"do", "did", "done"}, {"has",
"had", "had"}, {"put", "put", "put"}};

② 字串物件的 Trim()方法可以將字串
前後的空白字元移除，以避免使用
者輸入空白。

2. 完成符合下列條件的程式

① 程式執行時，「大」、「小」鈕不能
使用。按下「開始」鈕會隨機產生
五個 1~13 但不等於 7 的數值，使
用者按「大」、「小」鈕來猜測。

② 按「遊戲說明」超連結文字，會
開啟 readme.txt 文字檔(檔案在
書附光碟 ch08 資料夾中)。

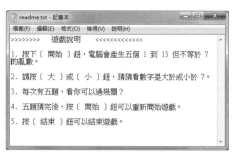

③ 按下「開始」鈕後的畫面。

④ 按「大」、「小」兩個按鈕後，若
猜對就顯示如下訊息。

⑤ 按「大」、「小」兩個按鈕後,若
　猜錯就顯示如下訊息

⑥ 五題都答完後,按「開始」鈕重
　玩,按「結束」鈕程式結束。

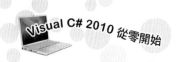

CHAPTER

常用控制項(一)

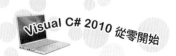

前一章我們介紹了表單和一些基本的控制項，就會發現在 IDE 環境下開發視窗應用程式非常輕鬆。譬如在早期的 DOS 時代，想要做一個按鈕會隨滑鼠動作浮沈的效果，是要花費許多的時間和心力。現在只要在按鈕工具上快按兩下，再設定一些屬性，按鈕控制項就建立完成，省下設計輸入介面的時間，可以將大部分時間集中在程式設計上。本章將繼續介紹一些常用的控制項，認識這些控制項後，讓你撰寫程式時能夠更加如魚得水。

9.1 Timer 計時控制項

程式設計時，若想製作動畫、延遲時間或每隔多少時間就執行某項工作等都可以使用 ❸ Timer 計時控制項來完成。若使用 for、while{…}、do{…}while 迴圈來控制時間延遲程式，相同的程式碼會因不同電腦的 CPU 速度不同，而得到不同的時間延遲。如果改用 Timer 計時控制項，因為是取用 CPU 本身的計時器來計時，而不會發生上述的問題。當我們在表單上面建立計時控制項時，該控制項不會置於表單上，而是置於表單的正下方，表示該控制項屬於非視覺化控制項，非視覺化控制項在程式執行時是幕後執行，在表單上面是看不到計時控制項。

接著下面介紹 Timer 控制項常用的屬性與事件。

一、Timer 常用屬性

屬性	說明
Interval	用來設定計時器的週期時間，預設值為 1000，單位為毫秒(10^{-3} 秒)。所以 Interval 屬性值若設為 1000 表示每隔一秒就會去執行計時控制項的 Tick 事件內的程式碼一次，其先決條件是 Enabled 屬性必須先設為 true，將計時控制項啟動才有效。
Enabled	用來設定是否啟動計時控制項。若設為 false，表示不啟動。若設為 true 時，表示啟動並開始計時。預設值為 false。

二、Timer 常用事件

Tick 事件是計時控制項預設的事件，也是特有的事件。如果 Enabled 屬性值為 true 時，每當設定的 Interval 屬性值週期一到，就會觸動 Tick 事件。因此我們就將該事件要執行的程式碼，撰寫在 Tick 事件處理函式中。

範例演練　　　　　　　　　　　　　　　　　　檔名：traffic.sln

試設計一個紅綠燈交替顯示程式。當按 開始 鈕開始計時，每隔一秒鐘，交互顯示紅色字的 "紅燈：禁止通行"，及綠色字的 "綠燈：可以通行" 訊息。按 結束 鈕停止交互顯示。

上機實作

Step1 設計輸出入介面

1. 顯示訊息要使用標籤控制項(lblShow)，透過 Text 屬性可改變文字，透過 ForeColor 屬性來改變文字色彩。

2. 因為每隔一秒要交互顯示文字，因此需要將 Timer 計時控制項 (tmrChange)的 Interval 屬性值設為 1000。

3. 使用一個按鈕當 開始 鈕(btnStart)，當按下此鈕時將 tmrChange 計時控制項的 Enabled 屬性值設為 true 來啟動計時器。另外再使用一個按鈕 結束 鈕(btnStop)，當按下此鈕時將 Enabled 屬性值設為 false 來關閉計時器。

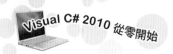
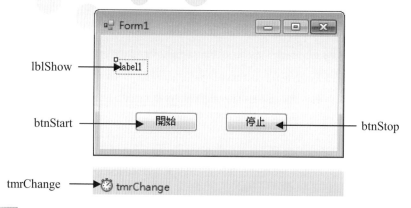

lblShow

btnStart

btnStop

tmrChange

Step2 問題分析

1. 宣告一個布林型別的成員變數 red,來記錄是否為紅燈,當值為 true 時為紅燈。

2. 程式開始時執行,先在表單載入時的 Form1_Load 事件處理函式內設定一些初值,將標籤控制項字型採標楷體、大小 24、樣式為粗體,文字為 "紅燈:禁止通行"。設定 red 值為 true,代表顯示紅燈。設定 tmrChange 計時控制項的 Interval 屬性值為 1000,表示每隔一秒會觸發 tmrChange 的 Tick 事件一次。

3. 按 開始 鈕執行 btnStart_Click 事件處理函式,在此函式內設定啟動 tmrChange 計時控制項。

4. 計時控制項啟動後,每隔一秒鐘執行 tmrChange_Tick 事件處理函式一次。使用 if 敘述先判斷 red 值,若為 false 在 lblShow 標籤控制項顯示 "紅燈:禁止通行",並將 red 值改為 true;若 red 值為 true,就在 lblShow 標籤控制項顯示 "綠燈:可以通行",並將 red 值改為 false。

5. 按 結束 鈕執行 btnStop_Click 事件處理函式,在此函式內設定關閉 tmrChange 計時控制項。

Step3 撰寫程式碼

```
FileName : traffic.sln
01 bool red;        //布林型別成員變數 red 記錄是否為紅燈
```

```
02   //表單載入時執行 Form1_Load 事件處理函式
03   private void Form1_Load(object sender, EventArgs e)
04   {
05      lblShow.Text = "紅燈：禁止通行";
06      lblShow.ForeColor = Color.Red;          //紅色字
07      lblShow.Font = new Font("標楷體", 24, FontStyle.Bold);
08      tmrChange.Interval = 1000;              //設定每1秒執行 Tick 事件一次
09      red = true;                             //記錄為紅色
10   }
11   //按下 btnStart 鈕時
12   private void btnStart_Click(object sender, EventArgs e)
13   {
14      tmrChange.Enabled = true;       //啟動 tmrChange 計時器
15   }
16   //每1秒執行 tmrChange_Tick 事件處理函式一次
17   private void tmrChange_Tick(object sender, EventArgs e)
18   {
19      if (red == true)                //若 red 為 true(紅色)就改為綠色
20      {
21         lblShow.Text = "綠燈：可以通行";
22         lblShow.ForeColor = Color.Green;  //綠色字
23         red = false;                 //記錄為非紅色
24      }
25      else
26      {
27         lblShow.Text = "紅燈：禁止通行";
28         lblShow.ForeColor = Color.Red;
29         red = true;
30      }
31   }
32   //按下 btnStop 鈕時
33   private void btnStop_Click(object sender, EventArgs e)
34   {
35      tmrChange.Enabled = false;      //關閉 tmrChange 計時器
36   }
```

9.2 PictureBox 圖片方塊控制項

PictureBox 圖片方塊控制項主要是用來顯示圖檔、繪製圖形以及製作動畫。若要將圖片顯示在圖片方塊控制項上，可以在設計階段預先載入，也可以在執行階段透過 Image.FromFile()方法載入。PictureBox 圖片方塊控制項允許載入圖檔的主要格式有 bmp、jpg、gif、png、wmf 等。

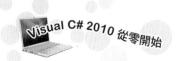

若有多張連續的圖檔，配合 Timer 計時控制項將這些連續圖檔依序交互顯示在 PictureBox 控制項上，或改變 PictureBox 控制項的大小和位置，即可展現出生動的動畫。

9.2.1 PictureBox 圖片方塊常用屬性

下表為 PictureBox 圖片方塊控制項常用屬性：

屬性	說明
Image	設定顯示的圖形檔，預設無。
SizeMode	設定圖形在 PictureBox 控制項上顯示的位置： ① Normal(預設值)：圖形以原大小放在控制項的左上角。 ② StretchImage：圖形依控制項大小縮放。 ③ AutoSize：控制項依圖形大小縮放。 ④ CenterImage：顯示在控制項的正中央。 ⑤ Zoon：依照控制項大小圖形以等比例調整。
Visible	設定控制項是否顯現。 ① true：表示可顯示(預設值)。 ② false：表示隱藏該控制項。

 如果想將前景圖的背景設成透明，就必須將前景圖的 BackColor 屬性設成 Transparent 即可。另外也可以使用 GIF 圖檔格式，因為該格式可以設定透空背景(即去背效果)。

9.2.2 圖檔的載入與移除

圖形檔可以在程式設計階段或者在程式執行階段才載入，其使用時機視當時需求而定。

一、如何在程式設計階段載入圖檔

1. 在 PictureBox 屬性視窗中的 Image 屬性值右邊的 🔲 鈕上按一下，進入「選取資源」對話方塊。

2. 接著如下圖,在「選取資源」對話方塊中選取「專案資源檔」選項鈕,
　　再按 ＿匯入(M)...＿ 鈕由「開啟」對話方塊中選取要載入的圖檔再按
　　＿開啟舊檔(O) ▾＿ 鈕,接著回到「選取資源」對話方塊中會顯示載入的圖檔,
　　最後在「選取資源」對話方塊中按 ＿確定＿ 鈕即可將圖片置於
　　PictureBox 圖片方塊控制項上面。接著圖檔會存放在方案的 Resources
　　資料夾中,圖檔不用在另行複製。

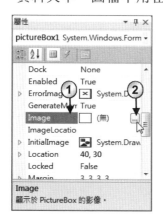

二、如何在程式執行階段載入圖檔

　　程式中可以使用 Image.FromFile() 靜態方法和 new Bitmap() 物件來
設定 Image 屬性值,達到載入圖檔的目的。語法如下:

語法 1：pictureBox1.Image=Image.FromFile(path); //path 為檔名和路徑

語法 2：pictureBox1.Image=new Bitmap(path);

下面簡例為程式執行階段在不同路徑下載入圖檔的方式：

1. 載入固定路徑的圖檔，使用時要特別注意，若將程式安裝在不同的硬碟或資料夾時會產生錯誤。圖檔必須安裝在固定路徑，如下兩種寫法皆是載入 C:\image\ok.bmp 至 pictureBox1 的 Image 屬性：

   寫法 1：pictureBox1.Image=Image.FromFile("C:\\image\\ok.bmp");

   寫法 2：pictureBox1.Image=new Bitmap("C:\\image\\ok.bmp");

2. 載入相對路徑的圖檔，路徑以 C# 執行檔(置於\bin\debug 資料夾)和圖檔的相對位置來表示，可避免使用者安裝在不同資料夾所產生的錯誤：

   ① 欲載入的 ok.bmp 圖檔和執行檔在同一資料夾下，可採用下面兩種寫法：

   寫法1：pictureBox1.Image=Image.FromFile("ok.bmp");

   寫法2：pictureBox1.Image=new Bitmap("ok.bmp");

   ② 欲載入的 ok.bmp 圖檔位在程式執行檔的上一層資料夾內，可採用下面兩種寫法：

   寫法1：pictureBox1.Image=Image.FromFile("..\\ok.bmp");

   寫法2：pictureBox1.Image=new Bitmap("..\\ok.bmp");

   ③ 欲載入的 ok.bmp 圖檔位在執行檔的上一層的 image 資料夾內，可採用下面兩種寫法：

   寫法1：pictureBox1.Image=Image.FromFile("..\\image\\ok.bmp");

   寫法2：pictureBox1.Image=new Bitmap("..\\image\\ok.bmp");

   ④ 欲載入的 ok.bmp 圖檔位在執行檔的上兩層的 image 資料夾內，可採用下面兩種寫法：

```
寫法 1：pictureBox1.Image=Image.FromFile("..\\..\\image\\ok.bmp");

寫法 2：pictureBox1.Image=new Bitmap("..\\..\\image\\ok.bmp");
```

三、如何在程式設計階段移除圖檔

在設計執行階段欲移除圖檔可使用下列兩種方式：

1. 點選 Image 屬性欄，然後按 Del 鍵，就可以移除原先載入的圖檔。

2. 在 Image 屬性上面按右鍵，點選「重設」功能即可。

四、如何在程式執行階段移除圖檔

將 PictureBox 的 Image 屬性值設為 null 就可以將圖檔清除，如下將 pictureBox1 的圖檔清除。其寫法：

```
pictureBox1.Image = null;
```

9.3　ImageList 影像清單控制項

影像清單控制項 `ImageList` 可以預先儲存很多的圖檔，等到需要時再將影像清單控制項指定給某個控制項，來更換欲顯示的圖形。通常 ImageList 中儲存的圖檔都是小圖示，以免佔用過多的記憶空間。工具箱中的 Label、LinkLabel、Button、RadioButton、CheckBox、TabControl、TreeView...等控制項都有 ImageList 屬性，在程式設計階段只要在表單上有建立 ImageList 控制項，在程式設計階段都會出現在這些控制項的 ImageList 屬性的下拉式清單中。因此你可以在表單上建立多組影像清單控制項，以供上面控制項依需求來選取。在執行階段 PictureBox 控制項也可以選取 ImageList 清單的圖片置入 PictureBox 控制項上面。譬如：將 imageList1 的第一張圖置入 pictureBox1 控制項上面，寫法如下：

```
語法：　pictureBox1.Image = imageList1.Images[0];
```

9.3.1 ImageList 影像清單常用屬性

下表為 ImageList 影像清單控制項常用屬性：

屬性	說明
Images	進入影像集合編輯器，載入或刪除清單中的圖片，其索引值由 0 開始。
ImageSize	設定儲存圖片的大小，預設為 16 x 16，最大值為 256 x 256。
ColorDepth	設定儲存圖片的色彩位元數。屬性值有： ① Depth4Bit　　② Depth8Bit(預設值) ③ Depth16Bit　　④ Depth32Bit

9.3.2 ImageList 圖檔的載入與移除

在 ImageList 影像清單控制項載入圖檔前，要先設定 ImageSize 和 ColorDepth 屬性值。ImageList 影像清單控制項儲存的圖檔，會依照 ImageSize 屬性值調整成相同的大小，所以圖形比例最好相同，以免造成變形。另外 ImageList 儲存的圖檔，會透過 ColorDepth 屬性調整成相同的色彩位元數，建議設定以所有圖片清單中色彩最高者為準，以免色彩發生失真。

一、如何在程式設計階段載入圖檔

在 ImageList 控制項中加入和移除小圖片，操作方法類似 PictureBox 控制項。因為 ImageList 控制項可以載入多張圖片，因此會出現「影像集合編輯器」來協助管理圖片。其操作步驟如下：

1. 在屬性視窗中的 Images 屬性值的右邊 ⋯ 鈕上按一下，出現左下圖「影像集合編輯器」。

2. 在「影像集合編輯器」中，按 加入(A) 鈕出現右上圖，由書附光碟中 bird0.png 圖檔置入 imageList1 中。

3. 比照上面步驟將 bird1.png~bird5.png 置入 imageList1 中。

 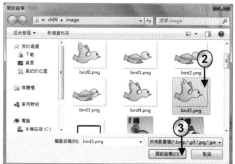

4. 若要移除影像清單中的圖像,選取要移除的圖檔,再按 移除(R) 鈕即可。

5. 若要移動圖檔在集合中的順序,先選取要移動的圖檔,再按 ↑ 或 ↓ 鈕來調整該圖檔在集合中的次序。

二、如何在程式執行階段載入圖檔

使用 Add 和 Image.FromFile 方法或 new Bitmap() 物件來設定 Images 屬性值,達到載入圖檔的目的。其語法如下:

> 語法 1:imageList1.Images.Add(Image.FromFile(path));　//path 為檔案路徑
> 語法 2:imageList1.Images.Add(new Bitmap(path));

[例 1] 下面兩種寫法皆可載入 ok.bmp 圖檔。

```
① imageList1.Images.Add(Image.FromFile("ok.bmp"));
② imageList1.Images.Add(new Bitmap("ok.bmp"));
```

[例 2] 若要將 imageList1 的第一張圖放入 pictureBox1 上顯示,其寫法如下:

```
pictureBox1.Image=imageList1.Images[0];
```

三、如何在程式執行階段移除圖檔

1. 使用 RemoveAt 方法來移除 Images 集合中的圖片，語法如下：

   imageList1.Images.RemoveAt(index);　//index 為索引值

2. 如果要移除所有的圖片，則可以使用 Clear 方法。語法如下：

   imageList1.Images.Clear();

範例演練　　　　　　　　　　　　　　　　　　檔名：Animation.sln

以山景.jpg 當表單背景圖，將 brid0.png~brid5.png 六個連續圖片載入
ImageList 控制項中，然後在 PictureBox 控制項上顯示，製作一個小鳥由
左往右移動並依序每隔 0.05 秒輪流播放小鳥的動畫。當小鳥超出表單的
右邊界時，會由表單最左邊界出現並繼續往右移動。

上機實作

Step1 設計輸出入介面

1. 在表單內放入一個 ImageList 影像清單控制項用來存放小鳥的圖
   檔，一個 PictureBox 圖片方塊控制項來顯示小鳥的圖檔，放入 Timer
   計時器控制項用來製作小鳥移動的動畫。

2. 將動畫的圖檔存到 ImageList(imgBird)的 Images 屬性中，然後在
   Timer(tmrFly)的 Tick 事件中，依序將 ImageList 圖檔指定給
   PictureBox (picBird)顯示。指定 ImageList.Images 屬性的索引值，就
   可以切換圖檔。圖檔能變化，再改變 PictureBox 的位置或大小，就
   可以製作動畫。

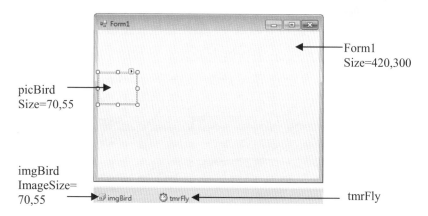

Form1
Size=420,300

picBird
Size=70,55

imgBird
ImageSize=
70,55

tmrFly

Step2 載入圖檔至 imgBird 影像清單中

在 imgBird 的 Images 屬性中，逐一將書附光碟 ch09/images 資料夾內的 bird0.png~bird5.png 六張圖檔載入。

Step3 儲存專案後，將書附光碟 ch09/images 資料夾內的「山景.jpg」複製到目前製作專案的 bin/Debug 資料夾下，使圖檔與執行檔置於相同路徑。

Step4 問題分析

1. 宣告 n 整數成員變數，用來記錄圖檔的索引值。

2. 在表單載入執行的 Form1_Load 事件處理函式中設定下列相關屬性的初值：

   ① 載入表單背景圖「山景.jpg」。

   ② 設定表單無法調整大小，設定表單無法使用最大化鈕，以免破壞表單背景。

   ③ 指定每 0.05 秒執行 Tick 事件一次，並啟動 tirFly 計時器控制項。

   ④ 設定 picBird 的圖為 imgBird.Images[0](bird0.png)。

   ⑤ 設定 picBird 的 BackColor 屬性值為 Color.Transparent，來達成去背的效果，雖稍會閃爍但比較容易設計。

3. tmrFly 計時器啟動後，每隔 0.05 秒鐘會觸動 Tick 事件處理函式，在此事件內請做下列事情：

   ① 將 n 值加 1，表示切換下一張圖片。

② 若 n 大於 5 則將 n 設為 0,讓圖檔重新循環。

③ 當 picBird 的 Left 屬性值大於表單的 Width 屬性值時,表示小鳥飛出表單的右邊界。此時,重設 picBird 的 Left 屬性值為 0-picBird.Width,小鳥就會從表單的左邊界重新飛入。

④ 將 picBird 控制項往右移 5 Pixels 並顯示第 n 張圖(下一張圖)。

Step5 撰寫程式碼

```
FileName : Animation.sln
01  int n = 0;  //宣告 n 成員變數記錄圖檔的索引值
02  //在 Load 事件中設定初值
03  private void Form1_Load(object sender, EventArgs e)
04  {
05      this.BackgroundImage = new Bitmap("山景.jpg");   //載入表單背景圖
06      this.FormBorderStyle = FormBorderStyle.Fixed3D; //設定表單無法調整大小
07      this.MaximizeBox = false;          //表單最大化按鈕無法使用
08      tmrFly.Enabled = true;             //啟動 tmrFly 計時器控制項
09      tmrFly.Interval = 50;              //每 0.05 秒執行 tmrFly_Tick()事件處理函式一次
10      picBird.Image = imgBird.Images[0];   //指定 picBird 的圖檔為 imgBird.Images[0]
11      picBird.BackColor = Color.Transparent;  //使 picBird 去背
12  }
13  //在 Tick 事件中製作動畫
14  private void tmrFly_Tick(object sender, EventArgs e)
15  {
16      n++;
17      if (n > 5)// 若 n 大於 5 則設為 0
18      {
19          n = 0;
20      }
21      if (picBird.Left >= this.Width)// 若 picBird 超出表單寬度,使 picBird 由表單左邊出現
22      {
23          picBird.Left = 0 - picBird.Width;
```

```
24     }
25     picBird.Left += 5;                    // picBird往右移動 5 Pixels
26     picBird.Image = imgBird.Images[n];    // 顯示imgBird的第n個圖檔
27 }
```

9.4 GroupBox / Panel 容器控制項

GroupBox 群組控制項和 Panel 面板控制項和表單一樣都具備有容器（Container）的功能，GroupBox 及 Panel 上面都可以放置其他的控制項，以便對表單上面的控制項做分門別類，使得畫面排列整齊容易操作。另外 GroupBox 和 Panel 都有區隔的功能，例如下圖為「接龍」遊戲的「選項」對話方塊中，使用「發牌」和「計分」兩個群組控制項，來區隔兩組不同性質的選項按鈕。

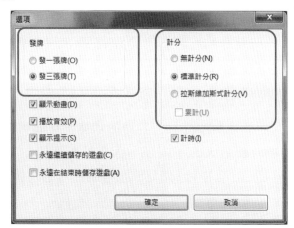

9.4.1 GroupBox 群組控制項

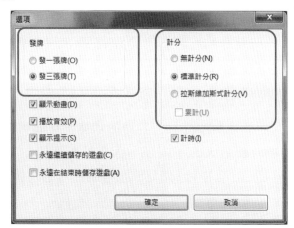 GroupBox 群組控制項(或稱為框架)和表單一樣，允許在該控制項內放置其他的控制項。使用群組控制項的好處是可以將控制項分門別類，調整輸出入介面時，搬移群組控制項時裡面的控制項亦跟隨移動。所以，同一性質的選項按鈕或核取方塊都可使用 GroupBox 或 Panel 來存放。另外要注意 GroupBox 內的控制項位置是以容器的左上角為基準，而不是以表單為基準。

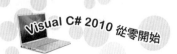
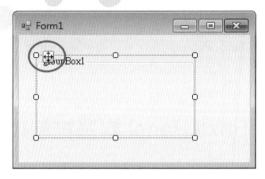

在上圖 GroupBox 控制項內建立控制項,必須先建立 GroupBox 控制項,接著按左上角的 ⊕ 方向鈕才能移動控制項,按控制項四周八個控點來調整 GroupBox 控制項的大小,此時便可在 GroupBox 控制項上面建立相關的控制項。GroupBox 控制項常用屬性為 Text,說明如下:

屬性	說明
Text	設定群組控制項左上角顯示的標題文字,該文字可以提示使用者。預設名稱為 groupBox1。

9.4.2 Panel 面板控制項

☐ Panel 面板控制項亦具有容器的功能,裡面可放置其他的控制項。和群組控制項外觀最大的不同是,面板控制項的左上角無法顯示文字。但是面板控制項允許有捲軸,如此面板控制項可佔用較小的表單空間。

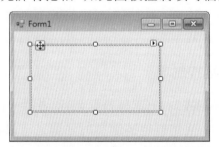

Panel 控制項常用的屬性如下：

屬性	說明
BorderStyle	設定面板控制項的外框，其屬性值有 None（無邊框）-為預設值、FixedSingle（單線框）、Fixed3D（立體邊框）。面板控制項在執行階段，使用者是不能拖曳邊框來調整大小。
AutoScroll	設定面板控制項內的控制項大小若比面板大時是否顯示捲軸。預設值為 true 表顯示捲軸；若設為 false 表不顯示捲軸。下圖是 Panel 裡面的控制項範圍超過面版大小且此屬性設為 true 時，會自動顯示捲軸的情形： 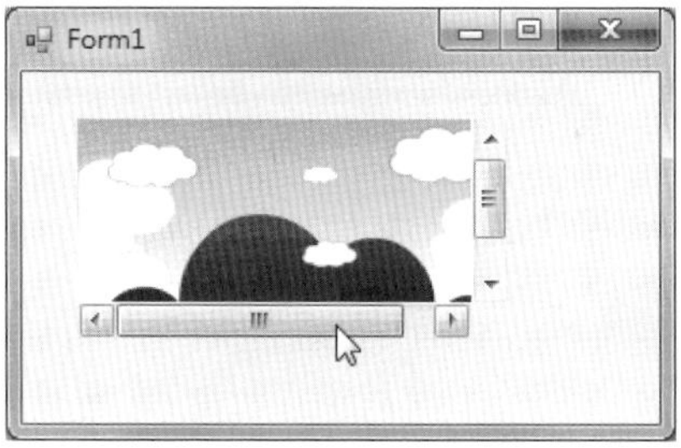

9.5　RadioButton/CheckBox 選擇控制項

當我們要填寫一張申請表時，表中有些資料是使用勾選，例如性別、年收入、購買項目…等。如果將這張申請表，改以電腦方式輸入，這些勾選的資料就可以使用 RadioButton 選項按鈕和 CheckBox 核取方塊控制項來設計。RadioButton 選項按鈕控制項具有排他性，也就是只能選擇其中之一，所以單選性的選項可以用它，例如性別、年收入。CheckBox 核取方塊控制項，每個選項都可獨立選擇互不影響，所以複選性的問題可以用它。例如下圖連環新接龍遊戲的選項對話方塊，上面「難度」群組控制項內有三個選項按鈕控制項，只能三擇一；下面五個核取方塊控制項可獨立勾選。

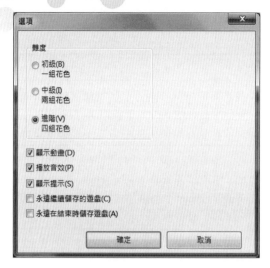

9.5.1 RadioButton 選項按鈕控制項

⊙ RadioButton 選項按鈕控制項，具有排他的特性，所以一組多個 RadioButton 選項按鈕控制項中只能選擇其中之一。若有兩組以上選項按鈕時，可以使用群組或面板控制項來加以區隔。RadioButton 選項按鈕控制項上面除了可以顯示文字外，也可以顯示圖片。

一、RadioButton 常用屬性

屬性	說明
Appearance	設定選項按鈕控制項的外觀，其值為： ① Normal：⊙ radioButton1 （預設值） ② Button： radioButton1
CheckAlign	設定圓形按鈕顯示的位置，當 Appearance 屬性值為 Button 時本屬性無效。其屬性值有九種可供設定，預設值為 MiddleLeft。本屬性再配合 TextAlign 屬性，就可以設計出所要的控制項外觀。

屬性	說明
Checked	設定選項按鈕控制項是否被選取,若屬性值為 true 表示被選取(按鈕外觀呈 ⦿);屬性值為 false 表示未被選取(按鈕外觀呈 ○)。程式執行時,有一個選項按鈕被選取,同一群組其他選項按鈕的 Checked 屬性值都會改為 false。
AutoCheck	設定選項按鈕控制項被按下去時,是否會自動變更 Checked 屬性值。預設值為 true 表示會自動更改。
Text	設定選項按鈕控制項顯示的文字,如果希望使用者可以用快速鍵來選取,可以在文字前加「&」。例如 Text 屬性值為「&1 開啟」,程式執行時選項按鈕控制項會顯示「1 開啟」,使用者只要按 1 鍵,就選取該選項按鈕。

二、RadioButton 常用事件

　　當使用者在選項按鈕控制項上按一下,會變更該控制項的 Checked 屬性值,且同時依序觸動 CheckedChanged 和 Click 兩個事件。但若該按鈕已經被選取,再重複點選時因為 Checked 屬性值不改變,所以只會觸發 Click 事件。通常判斷勾選狀態的程式碼,都寫在 CheckedChanged 事件處理函式中,兩者區分如下:

1. CheckedChanged 事件

　　當選項按鈕控制項的 Checked 屬性值有改變時,就會觸發 Checked Changed 事件。

2. Click 事件

　　當選項按鈕控制項被滑鼠點選時,就會觸發 Click 事件。

三、如何在 GroupBox 內建立選項按鈕

1. 先選取 　[xy] GroupBox　 工具,如下圖在表單建立一個 groupBox1 群組控制項。更改 Text 屬性值,以便當作群組的標題名稱。

2. 接著選取 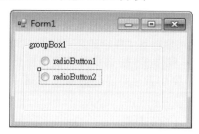 工具快按兩下，或是用拖曳的方式，會在 groupBox1 群組控制項上面建立一個 radioButton1 控制項，調整控制項位置。

3. 移動 groupBox1 群組控制項時，若 radioButton1 隨之移動，就表示該控制項確實在群組控制項內。

4. 以同樣方式，繼續建立選項按鈕控制項。

　　　　　　　　　　　　　　　　　　檔名：RadioButtonDemo.sln

使用 GroupBox、RadioButton、Label、Button、PictureBox…等控制項設計最受歡迎筆電投票程式。如下圖，可在廠牌 GroupBox 內選取筆電型號的選項按鈕後則會顯示該台筆電的圖示，接著按下 　確定　 鈕則 GropuBox 得票數內對應的票數會進行加 1。

上機實作

Step1 設計輸出入介面

在表單放入廠牌 groupBox1、得票數 groupBox2 群組方塊控制項；在廠牌 groupBox1 放入 rdbHp、rdbBenq、rdbAcer 三個選項按鈕；在得票數 groupBox2 放入 lblHp、lblBenq、lblAcer 三個標籤；最後再放入一個 picNb 圖片方塊和 btnOk 按鈕。

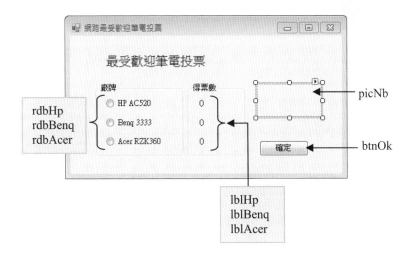

Step2 準備所需的圖檔

將書附光碟 ch09/images 資料夾內的 hp.jpg、benq.jpg、acer.jpg 三張圖複製到目前製作專案的 bin/Debug 資料夾下,使圖檔與執行檔置於相同路徑。

Step3 問題分析

1. 在表單載入的 Form1_Load 事件處理函式中指定 rdbHp 選項鈕選取、使 picNb 顯示 hp.jpg 圖、使 picNb 和 hp.jpg 的圖大小一樣、使 picNb 以 3D 框線呈線。

2. 當選取 ⊙ HP AC520 rdbHp 即執行 rdbHp_CheckedChanged 事件處理函式,使 picNb 顯示 hp.jpg 圖。

3. 選取 rdbBenq 和 rdbAcer 選項按鈕的處理方式同 rdbHp 選項按鈕的處理方式。

4. 按下 確定 鈕即執行 btnOk_Click 事件處理函式,使用 if...else if...else if...判斷使用者選取哪個選項按鈕。若選取 rdbHp 則 lblHp 標籤加 1;選取 rdbBenq 則 lblBenq 標籤加 1;選取 rdbAcer 則 lblAcer 標籤加 1。

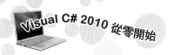

Step3 撰寫程式碼

```
FileName : RadioButtonDemo.sln
01   private void Form1_Load(object sender, EventArgs e)
02   {
03      rdbHp.Checked = true;
04      picNb.Image = new Bitmap("hp.jpg");
05      picNb.SizeMode = PictureBoxSizeMode.AutoSize;   //使picNb與圖的大小相同
06      picNb.BorderStyle = BorderStyle.Fixed3D;         //PicNb以3D框線呈線
07   }
08   //選取rdbHp選項鈕，即將hp.jpg圖載入picNb圖片方塊控制項
09   private void rdbHp_CheckedChanged(object sender, EventArgs e)
10   {
11      picNb.Image = new Bitmap("hp.jpg");
12   }
13   //選取rdbBenq選項鈕，即將benq.jpg圖載入picNb圖片方塊控制項
14   private void rdbBenq_CheckedChanged(object sender, EventArgs e)
15   {
16      picNb.Image = new Bitmap("benq.jpg");
17   }
18   //選取rdbAcer選項鈕，即將acer.jpg圖載入picNb圖片方塊控制項
19   private void rdbAcer_CheckedChanged(object sender, EventArgs e)
20   {
21      picNb.Image = new Bitmap("acer.jpg");
22   }
23   //按下btnOk鈕即執行btnOk_Click事件處理函式
24   private void btnOk_Click(object sender, EventArgs e)
25   {
26      if (rdbHp.Checked)                //選取rdbHp，lblHp+1
27      {
28         lblHp.Text = (Convert.ToInt32(lblHp.Text) + 1).ToString();
29      }
30      else if (rdbBenq.Checked)         //選取rdbBenq，lblBenq+1
31      {
32         lblBenq.Text = (Convert.ToInt32(lblBenq.Text) + 1).ToString();
33      }
34      else if (rdbAcer.Checked)         //選取rdbAcer，lblAcer+1
35      {
36         lblAcer.Text = (Convert.ToInt32(lblAcer.Text) + 1).ToString();
37      }
38   }
```

9.5.2 CheckBox 核取方塊控制項

☑ CheckBox 核取方塊控制項，每個選項都可以任意選取彼此間互不影響，所以複選性的選項可用它來設計。CheckBox 核取方塊控制項除可以顯示文字外，上面也可以顯示圖片。下表介紹核取方塊控制項的常用屬性，若其屬性和選項按鈕控制項相同時，就不再重複介紹。

一、CheckBox 常用屬性

屬性	說明
ThreeState	設定核取方塊控制項是否允許三種核取狀態。預設值為 false 表示有勾選和不勾選兩種狀態。若設為 true 表示有勾選、不勾選和未確定三種狀態。

CheckState	當 ThreeState 屬性值為 true 時，設定核取方塊控制項是有三種選取狀態。依 Appearance 屬性值而異：
	
	表格：
	ThreeState / Appearance.Normal / Appearance.Button
	Checked / 勾選 ☑ checkBox1 / checkBox1
	Unchecked / 未勾選 ☐ checkBox1 / checkBox1
	Indeterminate / 不確定 ▣ checkBox1 / checkBox1
	
	譬如將 checkBox1 設成未確定：
	　checkBox1.ThreeState = true;
	　checkBox1.CheckState = CheckState.Indeterminate;

Checked	當 ThreeState 屬性值為 false 時，若核取方塊控制項被選取，其屬性值為 true；預設為 false 未被勾選。

二、CheckBox 常用事件

當 ThreeState 屬性值為 false 時，使用者按核取方塊控制項時會依序觸動 CheckedChanged、CheckStateChanged 和 Click 三個事件。所以，判斷核取方塊勾選狀態的程式碼，寫在其中一個事件中皆可。但是當 ThreeState 屬性值為 true 時，若使用者點選勾選狀態為「未確定」時，是不會觸動 CheckedChanged 事件。三者使用時機說明如下：

1. CheckedChanged 事件

   當核取方塊控制項的 Checked 屬性值改變時,就會觸發此事件。

2. CheckStateChanged 事件

   當核取方塊控制項的 CheckState 屬性值改變時,就會觸發此事件。

3. Click 事件

   當核取方塊控制項被滑鼠點選時,就會觸發此事件。

範例演練

檔名:shopping.sln

設計相機易購網程式。在「機型」GroupBox 選項只能單選,在「配件」GroupBox 選項可多選,只要有選取會隨時更新「購買總金額:」。各機型和配件單價如下圖表單所示。

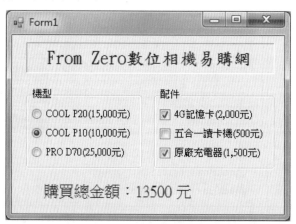

上機實作

Step1 設計輸出入介面

機型只能三選一,所以使用三個選項按鈕。三個配件都可以獨立勾選,所以使用核取方塊。兩組各放置在群組控制項中,作為區隔與識別。輸出入介面如下:

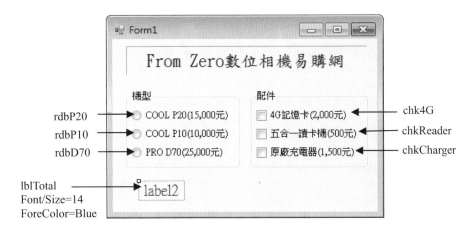

Step2 問題分析

1. 宣告 priceDSC(機型單價)、price4G(記憶卡單價)、priceReader(讀卡機單價)、priceCharger(原廠充電器單價)成員變數(即欄位)，以便讓所有事件處理函式一起共用。

2. 在 rdbP20 快按滑鼠左鍵兩下，進入 rdbP20_CheckedChanged 事件處理函式，撰寫更新購買總金額程式碼。

   ① 由於「機型」GroupBox 內的選項為單選，可共用一個 priceDSC 變數來存放選取的機型單價。

   ② 由於「配件」GroupBox 內的選項為多選，必須分別使用 price4G、priceReader、priceCharger 來存放各核取方塊控制項的單價，若該核取方塊被勾選，對應變數則存放該配件指定的單價，若未被勾選對應的單價則必須設為 0。

   ③ 最後將 priceDsc、price4G、priceReader、priceCharger 四個變數相加後的結果置於 lblTotal 的 Text 屬性中。

3. 因為 rdbP10、rdbD70、chk4G、chkReader 和 chkCharger 的 CheckedChanged 事件處理函式的程式碼和 rdbP20_CheckedChanged 事件處理函式相同，為使程式碼縮短而且容易維護，所以請將 rdbP10、rdbD70、chk4G、chkReader、chkCharger 的 CheckedChanged 事件都共用 rdbP20_CheckedChanged 事件處理函式。

Step3 撰寫程式碼

```
FileName : shopping.sln
01  int priceDsc, price4G, priceReader, priceChanger;
02
03  private void Form1_Load(object sender, EventArgs e)
04  {
05      rdbP20.Checked = true;
06  }
07
08  private void rdbP20_CheckedChanged(object sender, EventArgs e)
09  {
10      if (rdbP20.Checked)          //選取 rdbP20
11      {
12          priceDsc = 15000;
13      }
14      if (rdbP10.Checked)          //選取 rdbP10
15      {
16          priceDsc = 10000;
17      }
18      if (rdbD70.Checked)          //選取 rdbD70
19      {
20          priceDsc = 25000;
21      }
22      if (chk4G.Checked)           //選取 chk4G
23      {
24          price4G = 2000;
25      }
26      else                         //未選取 chk4G
27      {
28          price4G = 0;
29      }
30      if (chkReader.Checked)       //選取 chkReader
31      {
32          priceReader = 500;
33      }
34      else                         //未選取 chkReader
35      {
36          priceReader = 0;
37      }
38      if (chkCharger.Checked)      //選取 chkCharger
39      {
40          priceChanger = 1500;
41      }
42      else                         //未選取 chkCharge
43      {
44          priceChanger = 0;
45      }
```

```
46      //計算總金額
47      lblTotal.Text = "購買總金額：" + (priceDsc + price4G + priceReader +
                priceChanger).ToString()+ " 元";
48  }
```

Step4　設定共享事件

設定 rdbP10、rdbD70、chk4G、chkReader 和 chkCharger 的 CheckedChanged 事件都共用 rdbP20_CheckedChanged 事件處理函式。其操作步驟如下：

1. 先選取 rdbP10，點按 ![icon] 將顯示屬性改為事件。選取 rdbP10 的 CheckedChanged 事件，按 ![icon] 選取 rdbP20_CheckedChanged 事件處理函式。

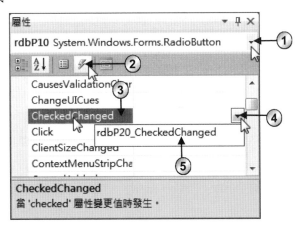

2. 重覆上述步驟，將 rdbD70, chk4G, chkReader, chkCharger 的 CheckedChanged 事件也都共用 rdbP20_CheckedChanged 事件處理函式，以便讓「機型」及「配件」內的控制項被選取時皆會觸動 rdbP20_CheckedChanged 事件處理函式。

9.6 課後練習

一、選擇題

1. 當 Timer 計時控制項的 Interval 屬性值設為 100 時,表示計時控制項會每幾秒觸動一次事件?(A) 100　(B) 10　(C) 1　(D) 0.1。

2. Timer 計時控制項所設定 Interval 屬性值時間到時,所觸動的事件為何?
　(A) Click　(B) Load　(C) Tick　(D) Timer。

3. 若想讓 Timer 計時控制項停止觸動 Tick 事件時,可以將 Enabled 屬性值設為　(A) true　(B) false　(C) Yes　(D) No。

4. 想在程式執行階段載入圖檔到 PictureBox 圖片方塊控制項時,可以使用下列哪個語法?
　(A) new Image()　　　　　(B) Bitmap.LoadFile()
　(C) Image.LoadFile　　　　(D) Image.FromFile()

5. 當 RadioButton 選項按鈕控制項的 Checked 屬性值改變時,會觸動哪個事件?(A) Click　(B) Check　(C) CheckedChanged　(D) TextChanged。

6. 欲使 RadionButton 選項按鈕可以做分門別類,可以使用哪個控制項?
　(A) Form　(B) Button　(C) Frame　(D) GroupBox。

7. 欲設定群組控制項左上角顯示的標題文字,必須使用哪個屬性?
　(A) Text　(B) Caption　(C) Context　(D) Item。

8. 下例何者說明有誤?(A) Panel 可設立體框,但 GroupBox 則無法設立體框　(B) Panel 和 GroupBox 兩者皆可設定 Text 屬性　(C) Panel 有捲軸; GroupBox 則無捲軸　(D) Panel 和 GroupBox 可對控制項做分門別類。

9. 若 CheckBox 要設定成三種核取狀態時,必須使用哪個屬性?
　(A) ThreeState　(B) CheckState　(C) Checked　(D) Text。

10. 當核取方塊的 CheckState 屬性值改變時會觸發哪個事件？

(A) Click (B) CheckStateChanged (C)TextChanged

(D) CheckedChanged 。

11. 若選項按鈕要顯示按鈕的外觀，其 Appearance 屬性必須設為？

(A) Normal　(B) Button　(C) Btn　(D) MouseButton。

12. 在程式執行階段移除 imageList1 影像清單控制項的全部圖檔時，可以使用下例哪行敘述。

(A) imageList1.Clear();　　　(B) imageList1.Images.Clear();

(C) imageList1 = null;　　　(D) imageList1.Images = null;

二、程式設計

1. 完成符合下列條件的程式。

① 程式執行時，使用者可以填寫各類資料。

② 按 ＿確定＿ 鈕，就檢查使用者輸入的資料，若未輸入姓名就顯示提示訊息。(如上面右圖)

③ 若資料正確就顯示所有資料，請使用者確認。

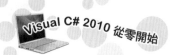

④ 若使用者按「是」鈕確認,就顯示 "謝謝填寫問卷" 對話方塊,並結束程式。否則,就返回重填。

2. 修改 Animation.sln 範例,使用 Timer 控制項讓小鳥動畫只會原地飛,再新增上、下、左、右四個按鈕來移動小鳥動畫的位置。

3. 設定如下兩圖程式,有一標籤控制項可透過核取方塊來設定粗體、斜體、底線以及刪除線的字型樣式;可透過選項按鈕來設定標籤控制項的字體顏色為紅、綠或藍色。

提示：若勾選粗體時，使用 FontStyle.Bold 和原字型樣式作 XOR 運算，如
果原為粗體會改為非粗體；非粗體則未改為粗體。寫法如下：

lblTitle.Font = new Font(lblTitle.Font,lblTitle.Font.Style ^ FontStyle.Bold)；

筆記頁

10

CHAPTER

常用控制項(二)

10.1 ListBox / CheckedListBox / ComboBox 清單控制項

　　清單提供一些文字選項，讓使用者來選擇，譬如希望使用者輸入生日的月份，使用者可能輸入「3」、「三」、「March」、「3 月」...等，程式處理時就非常困難判斷，此時改用清單就非常合適，例如輸入月份、星期等，只能讓使用者由清單所列的選項選取，以免輸入資料五花八門造成程式判斷的困難度增加。所以清單適用於一些有固定選項供使用者選取，但有些清單也提供輸入資料的功能。在 Visual C# 2010 Express 工具箱所提供有關清單的工具有：

1. ListBox（清單）

2. CheckedListBox（核取清單）

3. ComboBox（下拉式清單）

10.1.1 ListBox 清單控制項

　　ListBox 清單控制項提供一些文字選項供使用者選取，它在表單的大小是固定，若選項太多可透過捲軸來移動。清單中的選項也可以多欄顯示、可單選也可多選。清單中的文字項目輸入方式可以在設計階段建立，也可以在程式執行階段使用 Add 方法來新增項目。

一、ListBox 清單控制項的建立

1. 在工具箱上　ListBox　工具上快按兩下，或點選後直接拖曳到表單適當位置。

2. 在屬性視窗中 Items 屬性的 ... 鈕上按一下，出現下圖「字串集合編輯器」對話方塊。

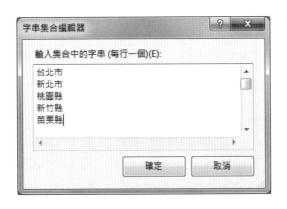

3. 在輸入框內逐行輸入選項，每輸入一個選項完畢就按 🔲 鍵移到下一
   行繼續輸入下一個項目。

4. 所有項目都輸入完畢後，按 ┌───確定───┐ 鈕就完成 ListBox 清單控制項中
   項目的初值設定。

二、ListBox 常用屬性

屬性	說明
Items	用來設定控制項的項目集合，設定方式請參閱上面清單控制項的建立方法。
Text	Text 屬性只能在執行階段使用，其值等於使用者所選取的第一個項目。若允許使用者選取多個項目，就可以用下列 SelectedItems 屬性來取得所有被選取的項目。
SelectedItems	程式執行階段中，用來取得或設定清單控制項內被選取的項目。例如將選取的第 1 個項目指定給 label1，寫法如下：label1.Text = listBox1.SelectedItems[0].ToString();
SelectedIndex	取得被選取項目的索引值，第 1 個項目的索引值為 0，第 2 個項目的索引值為 1...。
Sort	設定清單控制項內的項目是否按照字母順序排列，預設值為 false 表示不照字母排序。

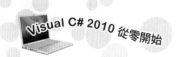
屬性	說明
MultiColumn	設定項目是否可以用多欄的方式顯示，預設值屬性值為 false 表示以單行顯示；若設為 true 可多行顯示。 MultiColumn=false　　　　　MultiColumn=true
ColumnWidth	當 MultiColumn 屬性值為 true 時，用來設定欄寬（單位為 Pixels）。預設值為 0，使用預設寬度。
ItemHeight	取得清單中項目的高度，其單位為 Pixels。我們設定字型大小時，系統會自動調整 ItemHeight 的屬性值來顯示完整的文字，所以不能手動設定。
SelectionMode	設定清單控制項可讓使用者選取多少個項目，其屬性值有： ① One：只能選取一個項目(預設值)。 ② MultiSimple：可不連續選取多個項目。 ③ MultiExtended：可用滑鼠拖曳或按 ⇧ Shift 鍵連續選取多個項目，或是按 Ctrl 鍵選取不連續項目。 ④ None：無法選取。
Items.Count	用來取得清單控制項共含有多少個項目，可在程式執行階段中取得。

三、ListBox 常用方法

1. Add 方法

在程式執行階段使用此方法來新增清單項目，加入的項目會自動加到清單的最後面。例如：加入一個 "金門縣" 項目到 listBox1 清單的寫法如下：

```
listBox1.Items.Add("金門縣");
```

2. AddRange 方法

Add 方法可以一次加入一個項目，AddRange 方法則可以將存放在字串陣列中的所有陣列元素一次加入到清單控制項中。例如：將下列字串陣列中兩個文字項目插入到 listBox1 清單中最後面。寫法如下：

```
string[] county = new string[]{"金門縣", "連江縣"};
listBox1.Items.AddRange(county);
```

3. Insert 方法

在程式執行階段將文字項目插入到清單中所指定索引值的位置而不是最後面，索引值從零開始算起。例如：加入一個項目成為第三項目(索引值為 2)的寫法如下：

```
listBox1.Items.Insert(2, "基隆市");
```

4. Remove 方法

在程式執行階段可使用 Remove 方法透過指定的索引值或項目名稱將清單控制項中指定的項目移除。例如要移除一個項目名稱為 "台北縣" 的選項，寫法如下：

```
listBox1.Items.Remove("台北縣");
```

若要移除第三個項目(索引值為 2)，寫法如下：

```
listBox1.Items.Remove(listBox1.Items[2]);
```

5. Clear 方法

Clear 方法可以在程式執行階段，將 listBox1 清單控制項內所有項目全部移除，其寫法如下：

```
listBox1.Items.Clear();
```

6. SetSelected 方法

SetSelected 方法可以在程式執行階段，設定清單控制項中指定項目被選取或不被選取。例如設定第二個項目被選取，第三個項目不被選取的寫法如下：

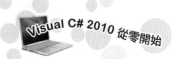
```
listBox1.SetSelected(1, true) ; //第二個項目被項取
listBox1.SetSelected(2, false); //第三個項目未被選取
```

7. ClearSelected 方法

SetSelected 方法若將引數設為 false，可以取消選取清單控制項中指定項目。如果想一次將使用者選取的項目全部取消選取，此時就可以使用 ClearSelected 方法。例如取消使用者所有選取項目的寫法如下：

```
listBox1.ClearSelected();
```

8. GetSelected 方法

GetSelected 方法可以在程式執行階段，取得清單控制項中所指定項目是否被選取。如果傳回值為 true 表示該項目被選取；傳回值為 false 表示未被選取。例如：檢查清單中第二個項目是否被選取，若被選取則將項目名稱顯示在標籤控制項上面，寫法如下：

```
if (listBox1.GetSelected(1))
  label1.Text = listBox1.Items[1].ToString();
else
  label1.Text = "" ;
```

四、ListBox 常用事件

ListBox 清單控制項的預設事件是 SelectedIndexChanged 事件，當控制項的 SelectedIndex 屬性改變，就會觸動本事件。所以我們會將使用者選擇項目時，要處理的程式碼寫在 SelectedIndexChanged 事件處理函式中。

五、ListBox 多選處理

ListBox 若要提供多選的功能，首先必須先將該控制項的 SelectionMode 屬性值設為 MultiSimple 或 MultiExtended 以便讓使用者進行多選，接著可透過下面程式碼，當使用者完成多選 listBox1 的項目之後即按 ▢確定 鈕執行 button1_Click 事件處理函式，在此函式透過 for 迴圈逐一判斷 listBox1

第 i 個項目是否被選取,若被選取馬上將項目累加至 show 字串變數,for 迴圈執行完成之後,接著透過訊息輸出方塊顯示 show 字串變數多選的結果。(檔名:ListBoxDemo.sln)

```
private void button1_Click(object sender, EventArgs e)
{
    string show = "";
    for (int i = 0; i < listBox1.Items.Count; i++)
    {
      if (listBox1.GetSelected(i)) //判斷第i個項目是否被選
          show += listBox1.Items[i] + " ,";
    }
    MessageBox.Show(show, "選擇縣市");
}
```

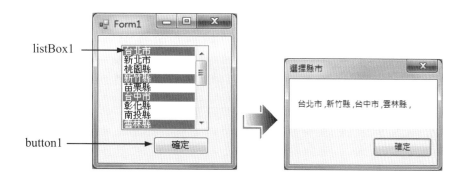

10.1.2 CheckedListBox 核取方塊清單控制項

 核取方塊清單控制項比 ListBox 前面多出一個核取方塊,可視為是 ListBox 和 CheckBox 的結合。CheckedListBox 控制項可同時選取多個項目,ListBox 清單控制項必須透過 SelectionMode 屬性來設定單選或多選。ListBox 和 CheckedListBox 功能兩者也可以多行顯示。下面僅就 CheckedListBox 和 ListBox 兩者不同的屬性和方法做說明:

一、CheckedListBox 常用屬性

屬性	說明
CheckOnClick	用來設定勾選項目時滑鼠點按的次數，若屬性值為 false 表示按兩下才勾選，為預設值。若為 true 表示只要按一下就勾選。
SelectionMode	設定核取方塊清單控制項是否允許使用者選取項目，其屬性值有 One（可以選取項目，為預設值）、None（無法選取）。本屬性和清單控制項不同，無法設定為 MultiSimple 和 MultiExtended 屬性，但執行時仍然可以複選。
MultiColumn	當項目數目超過控制項高度時是否允許多欄顯示？若設為 true 表多欄顯示；若設為 false，當項目數目超過控制項高度時會出現垂直捲軸。(預設值為 false)

二、CheckedListBox 常用方法與事件

1. Add 方法

   在程式執行階段，使用新增核取方塊清單控制項項目的方法為 Add，所加入的項目會自動加到清單的最後。和清單控制項 Add 方法不一樣的地方是前面多了一個可設定是否被勾選的引數。例如加入兩個項目，第一個項目被勾選；第二個項目不被勾選的寫法如下：

   ```
   checkedListBox1.Items.Add("草莓",true);

   checkedListBox1.Items.Add("文旦柚",false);
   ```

2. SetSelected 方法

   在程式執行階段，設定核取方塊清單控制項中指定項目是否被選取(不是勾選)。例如：設定第二個項目被選取的寫法如下：

   ```
   checkedListBox1.SetSelected (1, true) ;
   ```

3. GetItemChecked 方法

   在程式執行階段，取得核取方塊清單控制項中指定項目是否被選取。如傳回值為 true 表示該項目被選取；傳回值為 false 表示未被選取。

4. ItemCheck 事件

當使用者勾選或取消勾選核取方塊清單控制項中項目時，就會觸動本事件。所以我們會將當使用者勾選或取消勾選項目時，要處理的程式碼寫在 ItemCheck 事件處理函式中。

5. SelectedIndexChanged 事件

核取方塊清單控制項預設的事件是 SelectedIndexChanged 事件，當控制項的項目被點選時，就會觸動本事件。若 CheckOnClick 屬性值為 false（必須按兩下才勾選）時，第一次點選只會觸動 SelectedIndexChanged 事件；點選第二次勾選或取消勾選時，會先觸動 ItemCheck 事件再來才是 SelectedIndexChanged 事件。若 CheckOnClick 屬性值為 true（只要按一下就勾選）時，點選會先觸動 ItemCheck 事件再來是 SelectedIndexChanged 事件。所以我們會將使用者選擇項目時，要處理的程式碼寫在 SelectedIndexChanged 事件處理函式中。

三、CheckedListBox 多選處理

CheckedListBox 提供多選，可透過下面程式碼，當使用者完成多選 checkedListBox1 的項目之後即按 ［ 確定 ］ 鈕執行 button1_Click 事件處理函式，在此函式透過 for 迴圈逐一判斷 checkedListBox1 第 i 個項目是否被選取，若被選取馬上將項目累加至 show 字串變數，for 迴圈執行完畢後，接著透過訊息輸出方塊顯示 show 字串變數多選的結果。
(檔名：CheckedListBoxDemo.sln)

```
private void button1_Click(object sender, EventArgs e)
{
    string show = "";
    for (int i = 0; i < checkedListBox1.Items.Count; i++)
    {
        if (checkedListBox1.GetItemChecked(i)) //判斷第 i 個是否被選
            show += checkedListBox1.Items[i] + " ,";
    }
    MessageBox.Show(show, "選擇水果");
}
```

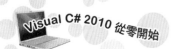

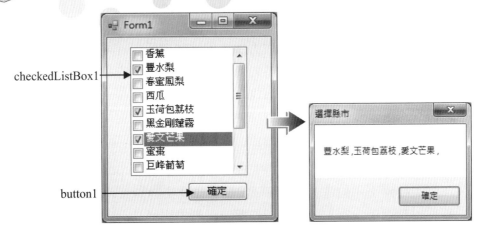

10.1.3 ComboBox 下拉式清單控制項

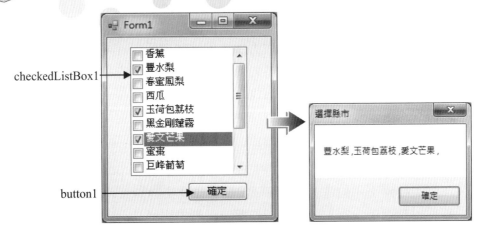 ComboBox 下拉式清單控制項和 ListBox 清單控制項大致相同，主要的差別是清單控制項在表單中的大小固定，至於在下拉式清單控制項多了 ▼ 下拉鈕，當使用者按下拉鈕，下拉式清單控制項才顯示清單項目，如此可以節省版面空間，當然也可將 DropDownStyle 屬性設為固定式。另外，下拉式清單控制項有文字方塊，允許讓使用者新增或查詢清單項目。ComboBox 控制項只能單選，不像其他可多選。下面僅就兩者不同的屬性做說明：

一、ComboBox 常用屬性

屬性	說明
Text	取得或設定下拉式清單控制項內被選取的項目。例如設定預設選項為第 1 個項目的寫法為： comboBox1.Text = comboBox1.Items[0].ToString();

屬性	說明
DropDownStyle	用來設定下拉式清單顯示的樣式，屬性值有三種： ① DropDown（預設值）：按下拉鈕才出現清單，文字方塊可以輸入文字資料。 ② DropDownList：按下拉鈕才出現清單，無法輸入文字資料。 ③ Simple：清單一直出現可輸入文字及由清單選取。 DropDown　　　　DropDownList　　　Simple
MaxDropDownItems	設定清單顯示項目的最大個數，預設值為 8，若項目個數超過就會出現捲軸。

二、ComboBox 常用事件

1. TextChanged 事件

當在下拉式清單控制項的文字方塊中輸入文字資料時，就會觸動本事件。另外使用者點選下拉式清單控制項中的項目時，文字方塊中的內容改變就會觸動本事件。所以我們會將使用者輸入文字資料時，要處理的程式碼寫在 TextChanged 事件處理函式中。

2. SelectedIndexChanged 事件

下拉式清單控制項預設的事件是 SelectedIndexChanged 事件，當控制項的項目被點選時，就會觸動本事件。因為使用者點選下拉式清單控制項中的項目時，文字方塊中的內容也跟著改變，所以也會同時觸動 TextChanged 事件。兩個事件的先後順序是 TextChanged 先觸動，然後 SelectedIndexChanged 事件接著觸動。通常我們會將使用者選擇項目時，要處理的程式碼寫在 SelectedIndexChanged 事件處理函式中。

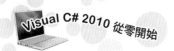

簡例：若在下拉式清單控制項的文字方塊中輸入文字資料，若該項目不存在
於清單中，就插入成為第一個項目。(範例：ComboBoxDemo.sln)

```
private void button1_Click(object sender, EventArgs e)
{
    if (!comboBox1.Items.Contains(comboBox1.Text))
        comboBox1.Items.Insert(0,comboBox1.Text);
}
```

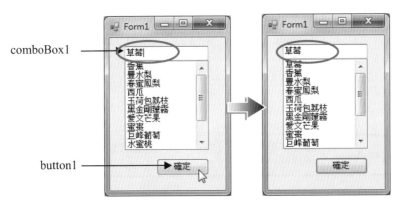

範例演練

檔名：NightMarket.sln

在表單左邊有一個下拉式清單控制項，其中有五個夜市名稱。當按下拉
式清單控制項選擇夜市後，會在右邊一個清單控制項上顯示該夜市著名
的小吃。所有初值設定均在表單的 Form1_Load 事件處理函式中設定。

1. 夜市名稱：基隆廟口(著名小吃：鼎邊銼, 泡泡冰)
2. 夜市名稱：台北士林(著名小吃：花枝羹, 大餅包小餅, 蚵仔煎)
3. 夜市名稱：台中逢甲(著名小吃：大腸包小腸, 章魚燒)
4. 夜市名稱：台南小北街(著名小吃：棺材板, 鱔魚意麵, 土魠魚羹, 蝦捲)
5. 夜市名稱：高雄六合(著名小吃：滷味, 木瓜牛奶)

上機實作

Step1 設計輸出入介面

建立下拉式清單控制項 cboMarket 用來顯示夜市名稱清單。建立清單控制項 lstFood 用來顯示著名小吃清單。兩個下拉式清單控制項的選項都是在程式執行階段加入的，因此不需要在程式編輯階段加入任何清單項目。

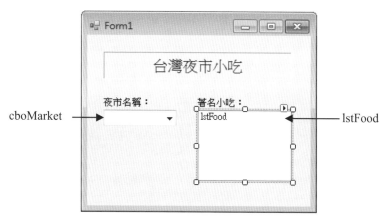

Step2 問題分析

1. 宣告 Market 夜市名稱陣列於所有事件處理函式外面，以便讓所有事件處理函式共用，並設定 Market[0]~Market[4] 陣列元素的初值。

2. 宣告 Food 著名小吃不規則陣列於所有事件處理函式外面，因為每個夜市的著名小吃數量不一樣，所以應將 Food 宣告為不規則陣列。

3. 在 Form1_Load 事件處理函式，將 Market 陣列內容放入 cboMarket 夜市清單控制項。建立 Food[0]~Food[4] 二維不規則陣列的初值。Food 二維不規則陣列內容如下：

	第 0 行	第 1 行	第 2 行	第 3 行
第 0 列	鼎邊銼 Food[0][0]	泡泡冰 Food[0][1]		
第 1 列	花枝羹 Food[1][0]	大餅包小餅 Food[1][1]	蚵仔煎 Food[1][2]	
第 2 列	大腸包小腸 Food[2][0]	章魚燒 Food[2][1]		
第 3 列	棺材板 Food[3][0]	鱔魚意麵 Food[3][1]	土魠魚羹 Food[3][2]	蝦捲 Food[3][3]
第 4 列	滷味 Food[4][0]	木瓜牛奶 Food[4][1]		

4. 當 cboMarket 夜市名稱清單控制項被選擇時，會觸動 SelectedIndex
   Changed 事件，就用 Clear 方法清除 lblFood 控制項中的項目，接著
   用 AddRange 方法加入對應的項目。

Step3 撰寫程式碼

```
FileName : NightMarket.sln
01 string[] Market = new string[]        // 建立 Market 夜市名稱陣列
     { "基隆廟口", "台北士林", "台中逢甲", "台南小北街", "高雄六合" };
02 string[][] Food = new string[5][]; // 建立 Food 不規則陣列，用來存放各夜市的小吃
03 // 表單載入時，將 Market 名稱陣列的所有元素放入 cboMarket 下拉式清單方塊中
04 private void Form1_Load(object sender, EventArgs e)
05 {
06     cboMarket.Items.AddRange(Market);
07     Food[0] = new string[] { "鼎邊銼", "泡泡冰" };
08     Food[1] = new string[] { "花枝羹", "大餅包小餅", "蚵仔煎" };
09     Food[2] = new string[] { "大腸包小腸", "章魚燒" };
10     Food[3] = new string[] { "棺材板", "鱔魚意麵", "土魠魚羹", "蝦捲" };
11     Food[4] = new string[] { "滷味", "木瓜牛奶" };
12     cboMarket.SelectedIndex = 0;  //預設 cboMarket 第 1 個項目被選取
13 }
14 // 當選取 cboMarket 時，先將 lstFood 的內容清除，然後在 lstFood 內放入指定的夜市小吃
15 private void cboMarket_SelectedIndexChanged(object sender, EventArgs e)
16 {
17     lstFood.Items.Clear();
18     lstFood.Items.AddRange(Food[cboMarket.SelectedIndex]);
19 }
```

10.2 MonthCalendar/DateTimerPicker 日期時間控制項

在工具箱提供月曆和日期挑選控制項,可以輕輕鬆鬆用來處理和日期相關的介面。

10.2.1 MonthCalendar 月曆控制項

MonthCalendar 月曆控制項主要功能是顯示月曆,以及讓使用者選取日期區塊。

一、如何建立 MonthCalendar 月曆控制項

1. 在工具箱中 MonthCalendar 月曆控制項工具上快按兩下,會在表單建立一個月曆控制項。月曆控制項的大小是由系統內定,我們是無法改變,只能調整位置。

2. 設定月曆控制項的相關屬性。

二、如何設定 AnnuallyBoldedDates 屬性

AnnuallyBoldedDates 屬性是一個日期的集合,主要在設定月曆控制項中每年哪些日期要用粗體字顯示,例如標示國定假日。而 BoldedDates 屬性也是一個日期的集合,主要在設定月曆控制項中哪些日期要用粗體字顯示,而非每年要標示的日期,例如要標示開會日期。設定 AnnuallyBolded Dates 和 BoldedDates 屬性的步驟如下:

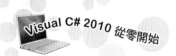
1. 在 AnnuallyBoldedDates 屬性值按一下，出現「DateTime 集合編輯器」。

2. 按 ＿加入(A)＿ 鈕新增一筆日期，預設為 DateTime。先選取 **DateTime**，接著在右邊 Value 中直接輸入日期，或按 ▾ 鈕由月曆中點選即可。

3. 反覆步驟 2 可以新增許多日期，設定完畢就按 ＿確定＿ 鈕。

三、MonthCalendar 常用屬性

屬性	說明
AnnuallyBoldedDates	設定月曆控制項中每年用粗體字顯示的日期。
BoldedDates	設定月曆中用粗體字顯示的日期陣列。
CalendarDimensions	設定月曆中月份欄和列的數目，預設值為 1,1。若設為 1,2 表示上下顯示兩個月份；若設為 2,2 表示上下左右共四個月。若將屬性值設為「2,1」的樣式如下： 2011年3月　　　　2011年4月 今天: 2011/3/24
TodayDate	今天的日期。
ShowToday	設定在月曆的下面是否顯示今天日期，預設值為 true 表示顯示今天日期。

屬性	說明
ShowTodayCircle	設定在月曆上是否將今天日期加圈，預設值為 true 表示在今天日期上加外框。
ShowWeekNumbers	設定是否顯示週次，預設值為 false 表示不顯示週次。
MaxDate	設定可以選擇日期的上限。
MinDate	設定可以選擇日期的下限。
MaxSelectionCount	設定可以連續選取日期的總天數，預設值為 7，代表最多只能選取 7 天。
SelectionStart	在程式執行階段，設定連續選取日期的起始日期。
SelectionEnd	在程式執行階段，設定連續選取日期的終點日期。
SelectionRange	設定連續選取日期的範圍。例如： 2009-12-18,2009-12-20
ScrollChange	設定按月曆中 ◀、▶ 鈕改變的月數，系統預設值為 0（由系統內定）。

四、MonthCalendar 常用方法

1. AddAnnuallyBoldedDate 方法

   在程式執行中新增 AnnuallyBoldedDates 集合成員，可以透過 AddAnnuallyBoldedDate 方法。譬如將每年日期 4/4 以粗體字顯示，其寫法如下：(雖然設定 2011/4/4，但每年的 4/4 都會以粗體顯示)

   ```
   DateTime d=new DateTime(2011,4,4);

   monthCalendar1.AddAnnuallyBoldedDate(d);
   ```

2. AddBoldedDate 方法

   在程式執行中新增 BoldedDates 集合成員，可以透過 AddBoldedDate 方法，譬如將日期 2011/3/17 以粗體字顯示，其寫法如下：

   ```
   DateTime d=new DateTime(2011,3,17);

   monthCalendar1.AddBoldedDate(d);
   ```

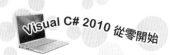

3. RemoveAllAnnuallyBoldedDates 方法

在程式執行中移除所有 AnnuallyBoldedDates 集合成員，要使用 Remove AllAnnuallyBoldedDate 方法，寫法如下：

```
monthCalendar1.RemoveAllAnnuallyBoldedDates();
```

4. RemoveAllBoldedDate 方法

在程式執行中移除所有 BoldedDates 集合成員，要使用 RemoveAll BoldedDate 方法，語法如下：

```
monthCalendar1.RemoveAllBoldedDates();
```

5. SetDate 方法

在程式執行中在月曆控制項中顯示指定的日期，語法如下：

```
monthCalendar1.SetDate(new DateTime(2011,4,1));
```

五、MonthCalendar 常用事件

1. DateChanged 事件

DateChanged 事件是 MonthCalendar 月曆控制項預設的事件，當使用者改變日期時會觸動本事件。例如使用者未選取日期，只是按 ◂、▸ 鈕改變的月份時，只會觸動本事件而不會觸動 DateSelected 事件。所以我們會將日期改變時，要處理的程式碼寫在 DateChanged 事件處理函式中。

2. DateSelected 事件

當使用者選取日期時會觸動本事件，例如使用者點選一個日期，會先觸動 DateChanged 事件，接著觸動 DateSelected 事件。如果用拖曳方式選取連續日期，每拖曳過的日期就會觸發一次 DateChanged 事件，選取完才會觸動 DateSelected 事件。所以將使用者選取日期時，要處理的程式碼寫在 DateSelected 事件處理函式中。

10.2.2 DateTimerPicker 日期挑選控制項

　　 DateTimePicker 日期挑選控制項，和上一小節介紹的月曆控制項非常類似，常用屬性和事件都大致相同。只是日期挑選控制項多了文字方塊，可以直接輸入日期。而且月曆如下圖是採下拉式呈現，所以比較節省版面空間。

　　DateTimePicker 日期挑選控制項建立的方法，和 MonthCalendar 月曆控制項相同，所以就不再重複說明。

一、DateTimePicker 常用屬性

屬性	說明
Value	設定和讀取選取的日期和時間，其資料型別為 DateTime。
Format	設定文字方塊中日期的顯示格式。如下： ① Long：完整日期 `2011年 3月24日` ▦▾（預設值） ② Short：簡短日期 `2011 3/24` ▦▾ ③ Time：時間 `上午 09:57:27` ▦▾ ④ Custom：以自訂格式來顯示日期時間值。須配合 CustomFormat 屬性才有效 `三月 24, of the year 2011` ▦▾

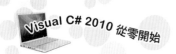

屬性	說明
CustomFormat	用來格式化顯示日期或時間的自訂格式字串，當 Format 屬性設為 Custom 才有效。若將此屬性設為： 「MMM dd, 'of the year' yyyy 」，在日期挑選控制項的顯示格式如下： 　24, of the year 2011 ▾ 程式中的寫法如下： dateTimePicker1.Format = DateTimePickerFormat.Custom; dateTimePicker1.CustomFormat = "MMM dd, 'of the year' yyyy ";
ShowCheckBox	設定是否顯示核取方塊。 ① false：不顯示 　2011年 3月24日 ▾（預設值） ② true：顯示 ☑ 2011年 3月24日 ▾
Checked	當 ShowCheckBox 值為 true 時，可以用來判斷使用者是否已經選取一個日期。若值為 true，則表示已選取。
ShowUpDown	設定是否顯示上下微調按鈕 ▲▼，讓使用者點選年、月、日切換日期時間。 ① false：不顯示（預設值） ② true ：顯示 2011年 3月24日 ▲▼

如果希望 DateTimePicker 日期挑選控制項只以時間格式顯示時，Format 屬性要設為 Time。ShowUpDown 屬性若設為 true，使用者可以透過 ▲▼ 鈕切換時間，但無法修改日期。ShowUpDown 屬性若設為 false，使用者可以透過 ▾ 鈕挑選日期，但時間就必須由鍵盤輸入修改。

二、DateTimePicker 常用事件

ValueChanged 事件是 DateTimePicker 日期挑選控制項預設的事件，當使用者改變日期時間時會觸動本事件。所以我們會將日期改變時，要處理的程式碼寫在 ValueChanged 事件處理函式中。

範例演練

檔名：Vacation.sln

使用者輸入任職日期後會計算出年資,並顯示可連續休假的日數(滿 1~5 年可休假 3 天、5 年以上 5 天、未滿 1 年不能休假)。當使用者允許休假時,月曆才可以操作。程式中規定使用者要選取連續的休假日期,且不可以選取當天以前的日期。當使用者選取日期後,就顯示休假的起訖日期,若休假天數未滿也會顯示訊息。

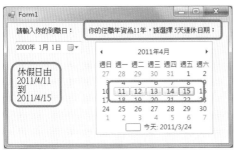

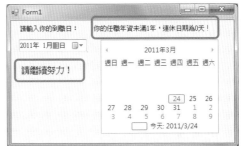

上機實作

Step1 設計輸出入介面

本例使用 DateTimePicker 控制項(dtpWork)讓使用者挑選任職日,另外使用 MonthCalendar 控制項(mcnVacation)讓使用者挑選連續休假日期,另外使用三個 Label 控制項來顯示文字訊息。DateTimePicker 控制項可以讓使用者挑選一個日期,所以適合供使用者輸入任職日。MonthCalendar 控制項可以讓使用者連續選取一段期間,所以適合供使用者輸入連續休假日期。

Step2 問題分析

1. 在表單載入的 Form1_Load 事件處理函式中指定一些控制項的初值。設 mcnVacation 的 Enabled 為 false，即不能操作。設 mcnVacation 的 MinDate 為 DateTime.Now，即以前的日期不能選取。設 dtpWork 的 MaxDate 為 DateTime.Now，即到職日期不能晚於當天。

2. 當使用者輸入任職日後，就會馬上執行 dtpWork_ValueChanged 事件處理函式內的程式碼，程式碼要處理的事情如下：

   ① 宣告整數變數 years，並計算出使用者的年資作為初值。

   ② 宣告整數變數 vacation_days 用來記錄可休假的天數。

   ③ 依據 years 年資，用 if{...}else if{...}else{...} 選擇結構設定休假天數（vacation_days）。

   ④ 若 vacation_days 值大於 0，就設定 mcnVacation 的 Enabled 為 true，讓使用者選取休假日。並設定 MaxSelectionCount 為 vacation_days，限制選擇的休假天數；否則設 Enabled 為 false，並在 lblMsg、lblVaction 標籤顯示相關訊息。

   ⑤ 當選取 mcnVacation 的日期範圍時，即會執行 DateChanged 事件處理函式。由 mcnVacation 的 SelectionStart 和 SelectionEnd 屬性，取得使用者選取的開始和終止日期。

Step3 撰寫程式碼

```
FileName : Vacation.sln
01 private void Form1_Load(object sender, EventArgs e)
02 {
03    mcnVacation.Enabled = false;           // mcnVacation 不啟用
04    mcnVacation.MinDate = DateTime.Now;
05    dtpWork.MaxDate = DateTime.Now;
06 }
07
08 private void dtpWork_ValueChanged(object sender, EventArgs e)
09 {
10    int years = DateTime.Now.Year - dtpWork.Value.Year;   //計算年資
11    int vacation_days = 0;              // 為休假天數整數變數
12    if (years > 5)
13    {
14       vacation_days = 5;
```

```
15    }
16    else if (years >= 1 && years <= 5)
17    {
18       vacation_days = 3;
19    }
20    else if (years < 0)
21    {
22       dtpWork.Value = DateTime.Now;
23       years = 0;
24    }
25    if (vacation_days > 0)
26    {
27       mcnVacation.Enabled = true;                        // mcnVacation 啟用
28       mcnVacation.MaxSelectionCount = vacation_days;     //限定選取天數
29       lblMsg.Text = "你的任職年資為" + years + "年,請選擇 "
          + vacation_days + "天連休日期:";
30    }
31    else
32    {
33       mcnVacation.Enabled = false;                       // mcnVacation 不啟用
34       lblMsg.Text = "你的任職年資未滿1年,連休日期為0天!";
35       lblVacation.Text="請繼續努力!";
36    }
37 }
38
39 private void mcnVacation_DateChanged(object sender, DateRangeEventArgs e)
40 {
41    lblVacation.Text = "休假日由\n" + mcnVacation.SelectionStart.ToShortDateString()
       + "\n到\n" + mcnVacation.SelectionEnd.ToShortDateString();
42 }
```

10.3 HScrollBar/VScrollBar/TrackBar 捲軸控制項

　　捲軸類的控制項主要是用來讓使用者以拖曳方式來改變數值,如此可避免使用者輸入錯誤的數值。例如像小畫家的水平和垂直捲軸可以改變圖顯示的位置,下方的滑動桿可以拖曳來改變縮放比例。

垂直捲軸

水平捲軸

滑動桿

10.3.1 HScrollBar/VScrollBar 水平/垂直捲軸控制項

HScrollBar 水平捲軸和 VScrollBar 垂直捲軸控制項相信大家都不陌生,因為在許多的應用程式,只要容器小於顯示內容都會出現捲軸,例如 Word、小畫家等。

微調鈕 ——→ ←—— 微調鈕

快捲區　捲動鈕　快捲區

一、HScrollBar/VScrollBar 常用屬性

屬性	說明
Value	設定和讀取捲動鈕位置的數值,預設值為 0。
Maximun	設定捲軸的最大值,預設值為 100。
Minimum	設定捲軸的最小值,預設值為 0。

屬性	說明
LargeChange	設定當使用者按快捲區時，捲動鈕移動的數值，預設值為 10。
SmallChange	設定當使用者按微調鈕時，捲動鈕移動的數值，預設值為 1。

二、HScrollBar/VScrollBar 常用事件

1. Scroll 事件

   Scroll 事件是捲軸控制項預設的事件，當使用者拖曳捲動鈕時會觸動本事件。

2. ValueChanged 事件

   當使用者改變捲軸控制項的 Value 屬性值時會觸動本事件，例如按微調鈕或快捲區。

當使用者拖曳捲動鈕的同時會觸動 Scroll 事件，當放開時會觸動 ValueChanged 事件。所以如果希望使用者拖曳捲動鈕時，設定值能同步改變，可將要處理的程式碼寫在 Scroll 事件中。如果只要拖曳後才改變，程式碼就寫在 ValueChanged 事件中。

10.3.2 TrackBar 滑動桿控制項

 滑動桿控制項（或稱為軌跡棒）功能和捲軸非常類似，其外觀像音響面板播放控制音量的滑動桿。

滑動鈕 ── ← 滑動軸
刻度 ──

一、TrackBar **常用屬性**

屬性	說明
Value	設定和讀取滑動鈕位置的數值，預設值為 0。
Maximun	設定滑動桿控制項的最大值，預設值為 10。
Minimum	設定滑動桿控制項的最小值，預設值為 0。
LargeChange	設定當使用者按滑動軸或 PageUp、PageDown 鍵時，滑動鈕移動的數值，預設值為 5。
SmallChange	設定當使用者按方向鍵時，滑動鈕移動的數值，預設值為 1。注意滑動桿控制項必須取得駐點（Focus），按鍵才有作用。
TickFrequency	設定滑動桿控制項刻度的距離，屬性值為正整數，預設值為 1。
Orientation	設定滑動桿控制項滑動軸的方向。 ①Horizontal（水平）-預設值 ②Vertical（垂直）
TickStyle	設定滑動桿控制項刻度顯示的位置： ① BottomRight（預設值） ② None（無刻度） ③ TopLeft（上面或左邊） ④ Both（兩邊都有）

二、TrackBar **常用事件**

1. Scroll 事件

   Scroll 事件是滑動桿控制項預設的事件，當使用者拖曳滑動鈕時會觸動本事件。

2. ValueChanged 事件

　　當使用者改變滑動桿控制項的 Value 屬性值時會觸動本事件，例如按方
　　向鍵或滑動軸。

範例演練　　　　　　　　　　　　　　　　　　　檔名：Animation2.sln

設計一個可以互動的動畫程式。在表單下方有一個滑動桿，可以改變動
畫速度(1~10)。透過水平和垂直捲軸可以調整動畫的寬度和高度(範圍
10~100)。另外，有標籤會顯示調整的數值。

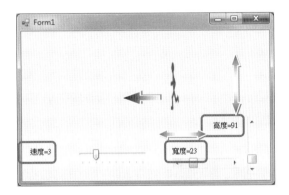

上機實作

Step1　設計輸出入介面

　　本例使用 PictureBox 圖片方塊控制項(picRunner)來顯示 GIF 動畫檔
　　(runner.gif)。為了讓 picRunner 圖片方塊可以移動，需要使用 Timer
　　控制項(tmrRun)每隔一段時間內重新設定 picRunner 圖片方塊的位
　　置。另外使用 TrackBar 控制項(tkbSpeed)來調整移動速度。使用水平
　　捲軸(hsbWidth)和垂直捲軸(vsbHeight)分別來調整動畫的寬度和高
　　度。另外，使用三個標籤控制項來顯示調整的數值。

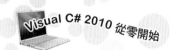
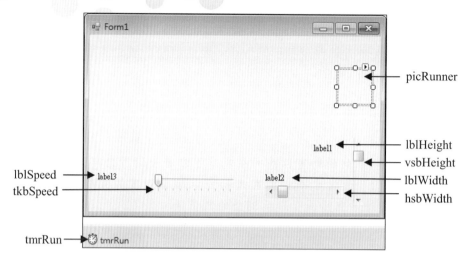

Form1

picRunner

label1 — lblHeight
— vsbHeight

lblSpeed — label3
tkbSpeed —

label2 — lblWidth
— hsbWidth

tmrRun — tmrRun

Step2 問題分析

1. 在表單載入執行的 Form1_Load 事件處理函式中，設定各控制項的相關初值：

   ① 設 tkbSpeed 的 Minimum = 1(Maximun 預設值為 10)，使其值範圍是 1~10。預設 tkbSpeed 的 Value =5，移動速度中等。

   ② 設 hsbWidth 的 Minimum = 10(Maximun 預設值為 100)，使其值範圍是 10~100，並預設 hsbWidth 的 Value =50。

   ③ 設 vsbHeigth 的 Minimum = 10(Maximun 預設值為 100)，使其值範圍是 10~100，並預設 vsbHeigth 的 Value =50。

   ④ 設 tmrRun 的 Enabled 屬性值為 true，來啟動計時器。。

2. 因為 runner.gif 本身就是動畫檔，所以只要在 tmrRun 的 Tick 事件中，改變 picRunner 的 Left 屬性值即可。設 Left 屬性值減 tkbSpeed 的 Value 值，就可以調整動畫移動速度。

3. 使用者拖曳捲軸鈕時會觸動 Scroll 事件，在事件處理函式中設定 picRunner 的 Width 或 Height 屬性值，就可以調整 picRunner 圖片方塊的大小。另外，設定標籤控制項的 Text 屬性值來顯示大小。

4. 使用者拖曳滑動鈕時會觸動 Scroll 事件，在事件處理函式中設定 lblSpeed 標籤控制項的 Text 屬性值，來顯示移動的距離。

Step3 撰寫程式碼

```
FileName :Animation2.sln
01 private void Form1_Load(object sender, EventArgs e)
02 {
03    picRunner.Image = Image.FromFile("runner.gif");
04    tkbSpeed.Minimum = 1; tkbSpeed.Value = 5;        //設滑動桿初值
05    lblSpeed.Text = "速度=" + tkbSpeed.Value.ToString();
06    hsbWidth.Minimum = 10; hsbWidth.Value = 50;      //設水平捲軸初值
07    lblWidth.Text = "寬度=" + hsbWidth.Value.ToString();
08    vsbHeight.Minimum = 10; vsbHeight.Value = 50;    //設垂直捲軸初值
09    lblHeight.Text = "高度=" + vsbHeight.Value.ToString();
10    tmrRun.Enabled = true;  //啟動計時器
11 }
12
13 private void tmrRun_Tick(object sender, EventArgs e)
14 {
15    picRunner.Left -= tkbSpeed.Value;       //圖檔左移tkbSpeed的Value值
16    if (picRunner.Left <= 0)                //圖檔超出左界就從右再出現
17       picRunner.Left = this.Width;
18 }
19
20 private void hsbWidth_Scroll(object sender, ScrollEventArgs e)
21 {
22    picRunner.Width = hsbWidth.Value;        //設圖檔寬度等於hsbWidth的Value值
23    lblWidth.Text = "寬度=" + hsbWidth.Value.ToString();
24 }
25
26 private void vsbHeight_Scroll(object sender, ScrollEventArgs e)
27 {
28    picRunner.Height = vsbHeight.Value;   //設圖檔高度等於vsbHeight的Value值
29    lblHeight.Text = "高度=" + vsbHeight.Value.ToString();
30 }
31
32 private void tkbSpeed_Scroll(object sender, EventArgs e)
33 {
34    lblSpeed.Text = "速度=" + tkbSpeed.Value.ToString();
35 }
```

10.4 RichTextBox 豐富文字方塊

　　TextBox 無法處理具有格式化的功能，例如選取變更文字的格式、選取變更文字的前景色與背景色、調整段落格式、建立項目符號清單、執行

連結、載入與儲存 Rich Text Format (RTF) 或純文字檔。若欲達成上述較進階的格式化功能，可使用  豐富文字方塊控制項，該控制項提供類似 Microsoft Word 文書處理應用程式的顯示和文字管理功能。下面介紹 RichTextBox 豐富文字方塊控制項常用的屬性、方法與事件。

一、RichTextBox 常用屬性

屬性	說明
BackColor	取得或設定 RichTextBox 控制項的背景色。
BorderStyle	取得或設定 RichTextBox 控制項的框線樣式。
DetectUrls	取得或設定 RichTextBox 控制項有超連結文字的部份是否加上藍色底線。
Font	取得或設定 RichTextBox 控制項所使用的文字字型。
ForeColor	取得或設定 RichTextBox 控制項的前景色。
SelectedText	取得或設定 RichTextBox 控制項所選取的文字。
SelectionBackColor	取得或設定 RichTextBox 控制項中所選取文字的背景色。
SelectionBullet	取得或設定目前 RichTextBox 控制項的插入點或選取範圍是否套用項目符號樣式。
SelectionColor	取得或設定 RichTextBox 控制項中所選取文字的前景色。
SelectionFont	取得或設定 RichTextBox 控制項中所選取文字的字型。
SelectionIndent	取得或設定 RichTextBox 控制項開始選取的行縮排長度 (以 Pixel 像素為單位)。
SelectionLength	取得或設定 RichTextBox 控制項中選取的字元數目。

二、RichTextBox 常用方法

方法	說明
Copy	將 RichTextBox 控制項中目前選取的範圍複製到「剪貼簿」。

方法	說明
Cut	將 RichTextBox 控制項中目前選取的範圍移至 「剪貼簿」。
LoadFile	將指定的檔案內容載入 RichTextBox 控制項內。常用有下列兩種寫法： ① 將 c:\data.txt 純文字檔載入到 richTextBox1 內，寫法： 　richTextBox1.LoadFile 　　("c:\\data.txt",RichTextBoxStreamType.PlainText); ② 將 c:\data.rtf 檔(Rich Text Format)載入到 richText Box1 內，寫法： 　richTextBox1.LoadFile 　　("c:\\data.rtf",RichTextBoxStreamType.RichText);
Paste	將「剪貼簿」的內容貼到 RichTextBox 控制項內指定的位置。
SaveFile	將 RichTextBox 控制項的內容儲存至指定的檔案。有下列常用兩種寫法： ① richTextBox1 內的資料儲存至 c:\data.txt 純文檔，寫法： 　richTextBox1.SaveFile 　　("c:\\data.txt",RichTextBoxStreamType.PlainText); ② richTextBox1 內的資料儲存至 c:\data.rtf 檔，寫法： 　richTextBox1.SaveFile 　　("c:\\data.rtf",RichTextBoxStreamType.RichText);
SelectAll	選取 RichTextBox 控制項中的所有文字。

三、RichTextBox 常用事件

　　若 RichTextBox 豐富文字方塊控制項內的文字包含超連結，例如與網站有連結，您可以將 DetectUrls 屬性設為 true，使得該控制項的文字具有文字連結的部份顯示藍色字加底線。接著您即可以透過 LinkClicked 事件來執行與超連結相關的工作，當使用者在 RichTextBox 控制項有連結的部份按一下時即會觸發 LinkClicked 事件，此時您可以透過下面程式連結到指定的網站。

```
private void richTextBox1_LinkClicked(object sender,
LinkClickedEventArgs e)
{
    System.Diagnostics.Process.Start(e.LinkText);
}
```

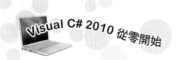

檔名：RichTextBoxDemo.sln

使用 RichTextBox、Button、Label、ComboBox 等控制項製作簡易記事本，其功能說明如下：

① 前景色清單可用來設定黑、紅、綠、藍四種豐富文字方塊所選取的文字前景色。

② 背景色清單可用來設定白、紅、綠、藍四種豐富文字方塊所選取的文字背景色。

③ 大小清單可用來設定文字大小，其文字大小有 8、10、12、14、16、18、20。

④ 字體清單可用來設定文字字體，其字體有新細明體、細明體、標楷體、Arial。

⑤ ┌存檔┐：按下此鈕將豐富文字方塊的內容儲存至與執行檔相同路徑下的 MyFile.rtf 檔內，並顯示「存檔成功」對話方塊。

⑥ ┌開檔┐：按下此鈕將和執行檔同路徑的 MyFile.rtf 檔的內容全部載入到豐富文字方塊內，並顯示「開檔成功」對話方塊。

⑦ ┌清除┐：按下此鈕將豐富文字方塊中選取的文字清除。

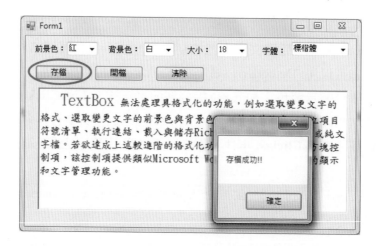

上機實作

Step1 設計輸出入介面

本例使用 RichTextBox 控制項(rtbText)來顯示可設定樣式的文字。前景色、背景色、大小和字體四組字體樣式設定為節省版面使用 ComboBox 控制項(cboForeColor、cboBgColor、cboSize、cboFont)。存檔、開檔和清除功能,使用 Button 控制項(btnSave、btnOpen、btnClear)。

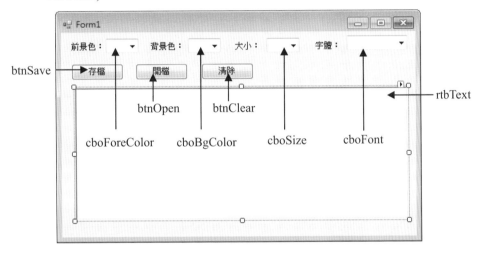

Step2 將書附光碟 ch10 資料夾下的 MyFile.rtf 檔複製到目前製作專案的 bin/Debug 資料夾下,使本例執行檔與 MyFile.rtf 在相同路徑下。

Step3 問題分析

1. 宣告 fSize 整數變數用來存放字型大小,宣告 fName 字串變數用來存放字體名稱,將這兩個成員變數宣告於事件處理函式外面,以便於所有事件處理函式共用。

2. 在表單載入執行的 Form1_Load 事件處理函式中,將 rtbText 的字型設為大小 10,字體為新細明體。

3. 當選取前景色 cboForeColor 清單項目時,會觸動 cboForeColor_SelectedIndexChanged 事件處理函式。此函式中依照 SelectedIndex 屬性值,用 switch 選擇結構設定所選取文字的前景色。

4. 在背景色下拉式清單的 cboBgColor_SelectedIndexChanged 事件處理
   函式中，用 switch 選擇結構設定所選取文字的背景色。

5. 在大小下拉式清單 cboSize 和字體下拉式清單 cboFont 的 Selected
   IndexChanged 事件處理函式中，設定所選取文字的大小和字體。

6. 在 ┌存檔┐ 鈕的 btnSave_Click 事件處理函式中，使用 SaveFile()
   方法將 rtbText 控制項的內容存入到 MyFile.rtf 檔。

7. 在 ┌開檔┐ 鈕的 btnOpen_Click 事件處理函式中，使用 LoadFile()
   方法將 MyFile.rtf 檔的內容載入到 rtbText 控制項內。

8. 在 ┌清除┐ 鈕的 btnClear_Click 事件處理函式中，將 rtbText 控制
   項選取的文字設為空字串，達成清除的效果。

Step4 撰寫程式碼

```
FileName : RichTextBoxDemo.sln
01 int fSize;        //宣告 fSize 用來存放字型大小
02 string fName;     //宣告 fName 用來存放字型名稱
03
04 private void Form1_Load(object sender, EventArgs e)
05 {
06    fSize = 10;
07    fName = "新細明體";
08    rtbText.Font = new Font(fName, fSize);
09 }
10
11 private void cboForeColor_SelectedIndexChanged(object sender, EventArgs e)
12 {
13    switch (cboForeColor.SelectedIndex)
14    {
15       case 0:
16          rtbText.SelectionColor = Color.Black; break;
17       case 1:
18          rtbText.SelectionColor = Color.Red; break;
19       case 2:
20          rtbText.SelectionColor = Color.Green; break;
21       case 3:
22          rtbText.SelectionColor = Color.Blue; break;
23    }
24 }
25
26 private void cboBgColor_SelectedIndexChanged(object sender, EventArgs e)
```

```
27 {
28    switch (cboBgColor.SelectedIndex)
29    {
30       case 0:
31          rtbText.SelectionBackColor = Color.White; break;
32       case 1:
33          rtbText.SelectionBackColor = Color.Red; break;
34       case 2:
35          rtbText.SelectionBackColor = Color.Green; break;
36       case 3:
37          rtbText.SelectionBackColor = Color.Blue; break;
38    }
39 }
40 //選取 cboSize 下拉式清單時重新設定字型大小
41 private void cboSize_SelectedIndexChanged(object sender, EventArgs e)
42 {
43    fSize = Convert.ToInt32(cboSize.Text);
44    rtbText.SelectionFont = new Font(fName, fSize);
45 }
46 //選取 cboFont 下拉式清單時重新設定字型名稱
47 private void cboFont_SelectedIndexChanged(object sender, EventArgs e)
48 {
49    fName = cboFont.Text;
50    rtbText.SelectionFont = new Font(fName, fSize);
51 }
52 //按存檔鈕將 rtbText 的內容存入 MyFile.rtf 檔
53 private void btnSave_Click(object sender, EventArgs e)
54 {
55    rtbText.SaveFile("MyFile.rtf", RichTextBoxStreamType.RichText);
56    MessageBox.Show("存檔成功!!");
57 }
58 //按開檔鈕將 MyFile.rtf 檔的內容載入 rtbText 控制項的 Text 屬性內
59 private void btnOpen_Click(object sender, EventArgs e)
60 {
61    rtbText.LoadFile("MyFile.rtf", RichTextBoxStreamType.RichText);
62    MessageBox.Show("開檔成功!!");
63 }
64
65 private void btnClear_Click(object sender, EventArgs e)
66 {
67    rtbText.SelectedText = "";  //清除選取的文字
68 }
```

10.5 課後練習

一、選擇題

1. ListBox 清單控制項可使用什麼屬性來設定依照字母排序？
   (A) BubbleSort　(B) ListSort　(C) QuitSort　(D) Sort　。

2. ListBox 清單控制項若要多欄顯示必須設定？
   (A) MultiColumn=false　(B) MultiColumn=true
   (C) Column=false　(D) Column=true。

3. ListBox 清單控制項的 SelectionMode 屬性的哪個屬性值可設為無法選取？(A) One　(B) MultiSimple　(C) MultiExtended　(D) None。

4. 想要知道 comboBox1 清單到底有多少個項目，可使用下列哪個敘述？
   (A) comboBox1.Items.Total　(B) comboBox1.Total
   (C) comboBox1.Count　(D) comboBox1.Items.Count

5. 當清單控制項的 SelectedIndex 屬性改變時會觸發什麼事件？
   (A) Click　(B) SelectedIndexChanged　(C) CheckedChanged
   (D) IndexChanged。

6. 當使用者勾選或取消勾選核取方塊清單控制項中的項目時，會觸發什麼事件？(A) ItemCheck　(B) SelectedIndexChanged　(C) Click
   (D) DoubleClick。

7. ComboBox 控制項的 DropDownStyle 屬性值設為什麼，可讓 ComboBox 無法輸入文字？(A) None　(B) DropDown　(C) DropDownList
   (D) Simple。

8. 下例何者說明有誤。(A) 下拉式清單中輸入文字資料時會觸發 TextChanged 事件　(B) 下拉式清單預設事件為 SelectedIndexChanged 事件　(C) 當勾選核取清單控制項時會觸發 ItemedClick 事件　(D) Panel 和 GroupBox 可對控制項做分門別類。

9. ImageList 控制項的什麼屬性可以設定儲存圖片的大小？

   (A) Images　(B) ImageSize (C) Size　(D) ColorDepth　。

10. 月曆控制項的什麼屬性可顯示今日的日期？　(A) TodayDate　(B) ShowToday (C) ShowTodayCircle　(D) ScrollChange。

11. MonthCalendar 月曆控制項預設事件是？　(A) DateChanged
   (B) CheckStateChanged (C) DateSelected　(D) CheckedChanged　。

12. MonthCalendar 月曆控制項的日期被選取時會觸發什麼事件？

   (A) DateChanged　(B) CheckStateChanged (C) DateSelected
   (D) CheckedChanged　。

13. DateTimePicker 日期挑選控制項的 Format 屬性值若設為下例何者，可顯示簡短日期？　(A) Long　(B) Time (C) Custom　(D) Short　。

14. 欲將 RichTextBox 控制項的內容儲存至指定的檔案可使用什麼方法？

   (A) Save　(B) SaveData　(C) SaveFile　(D) SaveDataFile

15. 欲將指定的檔案內容載入 RichTextBox 控制項內可使用什麼方法？

   (A) Load　(B) LoadData　(C) LoadFile　(D) LoadDataFile

16. 欲將 RichTextBox 控制項中目前選取的範圍複製到 「剪貼簿」可使用什麼方法？　(A) Copy　(B) Cut (C) Paste　(D) CopySelect　。

17. 在 VScrollBar 捲軸控制項中，若希望達到使用者拖曳捲動鈕時程式會同時反應，程式碼應該寫在什麼事件中？　(A) Scroll　(B) ValueChanged (C) TextChanged　(D) CheckedChanged　。

18. 當使用者在 MonthCalendar 月曆控制項中選取日期時，會觸動什麼事件。(A) DateChanged　(B) CheckStateChanged (C) TextChanged (D) DateSelected　。

19. 要在 ListBox 清單控制項中，同時加入多個文字項目，可以使用下例哪個方法？　(A) Add　(B) AddRange　(C) Insert　(D) Insertinto。

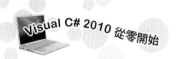

20. 若希望拖曳捲軸鈕時,同步呈現效果程式要寫在哪個事件程序函式中?

 (A) Click (B) Scroll (C) Value (D) ValueChanged

二、程式設計

1. 完成符合下列條件的程式。

 ① 程式執行時,使用者可以填寫各類資料,其中生日是以 MonthCalendar 控制項來選取,如下面左圖。

 ② 專長可以用清單挑選,也可以自行輸入,如上面右圖。

 ③ 按「確定」鈕,就檢查使用者輸入的資料,若有錯誤就顯示提示訊息。

 ④ 若資料正確就顯示所有資料,請使用者確認。

2. 完成符合下列條件的程式。

 ① 程式執行時,燈號會依照時間切換。綠燈預設顯示 6 秒,然後黃燈 1 秒,最後紅燈 5 秒。

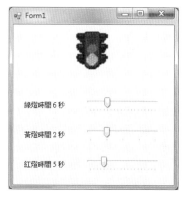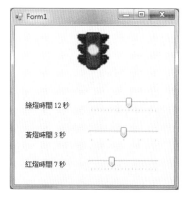

② 拖曳滑動桿，可以改變燈號顯示秒數。綠燈秒數調整範圍 1-20 秒，黃燈 1-10 秒，紅燈 1-20 秒。

註：燈號圖示 TRFFC10A.ICO、TRFFC10B.ICO、TRFFC10C.ICO 三個圖檔，附錄在本書光碟 ch10/images 資料夾中。

3. 完成符合下列條件的程式。

① 程式執行時先顯示當月份的圖形，若切換不同月份，會顯示不同的圖形。

② 按「結束」鈕，程式結束。

③ 各月份的圖檔（m1.jpg、m2.jpg~m12.jpg）在本書光碟 ch10/images 資料夾中。

註：利用 MonthCalendar 的 TodayDate.Month 屬性值，可以得到當天的月份值。

筆記頁

11

CHAPTER

視窗事件處理技巧

11.1 事件介紹

　　事件(Event)是物件受到外力因素的影響，而發生某種動作，譬如在按鈕上按一下，或改變視窗的大小都會觸動(Trigger)一個事件。我們將觸發事件的物件稱為「事件傳送者」，將捕捉事件並且回應它的物件稱為「事件接收者」。當事件發生時，這物件對應的事件處理函式會被啟動。事件處理函式內的程式碼是依程式的需求而撰寫的，這就等於告訴電腦，當某一物件發生某一事件時就去執行所撰寫的程式碼。在事件驅動應用程式中，不像程序化的程式直接控制程式的執行流程和所產生的結果，而是程式的執行流程是由操作者來決定，以回應事件的發生。事件的引發有可能是使用者的動作，也可能是來自作業系統或其它應用程式、甚至來自應用程式本身的訊息。所以在設計事件驅動程式時，瞭解整個事件驅動模式是很重要的。

　　在本章將介紹鍵盤和滑鼠操作時所觸發的事件。鍵盤與滑鼠是在電腦中最常用來輸入資料的週邊設備，程式設計者可以透過鍵盤與滑鼠取得使用者的需求，而達到互動的效果。鍵盤常用來輸入文字資料，而滑鼠是配合視窗上的滑鼠游標使用，當滑鼠移動時，視窗上有對應的游標圖示隨之移動。當滑鼠移到特定控制項物件上，按滑鼠左鍵一下、快按左鍵二下或拖曳，就可以執行某一指定功能。例如利用滑鼠可以開啟對話方塊或拖曳圖形到其他位置。

本章還另外介紹共享(共用)事件的技巧。應用程式往往會使用眾多的控制項，如果這些控制項對應事件的處理方式都相同，若每個事件處理函式都要逐一撰寫，那真是累人。Visual C# 提供共用事件的方法，來解決上述的問題。

11.2　鍵盤事件

　　鍵盤是使用者最主要的輸入工具，當你在鍵盤上輸入文字、數值資料或按功能鍵的輸入設備，或當使用者按鍵盤的任一個鍵都會觸動鍵盤的相關事件，我們可以在事件中來做適當的處理。

11.2.1 KeyPress 事件

　　當某個物件取得 Focus(駐點或稱控制權）成為作用中物件時，我們按下鍵盤的某個按鍵，就會觸動該物件的鍵盤事件。當我們做完按下按鍵再放開的動作時，就會依序觸動 KeyDown、KeyPress 和 KeyUp 三個事件。當物件取得駐點時，收到按鍵被按下又放開後所觸動的事件，會傳回按鍵的字元。如果使用者按的不是字元按鍵（例如 ⇧ Shift 、 Tab 、 F1 、 Caps 鍵），是不會觸動 KeyPress 事件，但 KeyDown 和 KeyUp 事件仍會觸發。下面為 KeyPress 事件處理函式的寫法：

```
private void 物件_KeyPress(object sender, KeyPressEventArgs e)
{
    程式區塊
}
```

　　KeyPress 事件處理函式的第一個引數 sender 代表觸發 KeyPress 事件的物件；第二個引數 e 為 KeyPressEventArgs 型別，e 用來表示事件相關資料的物件，e 物件常使用的屬性如下說明。

e 物件的屬性	說 明
KeyChar	可以取得輸入的字元,其資料型別為字元(Char)。
Handled	設定是否不接受輸入的字元。屬性值為 false 表示接受;true 表示不接受字元。

KeyPress 事件的功能主要用來取得由鍵盤所按鍵的字元,所以將檢查字元是否合法的程式碼會寫在 KeyPress 事件中。事件中引數 e 的 KeyChar 屬性值可以取得輸入的字元,其資料型別為字元(char)。如果想將字元轉為 ASCII 碼(鍵盤碼),可以使用 (byte)e.Keychar 將所按鍵盤的字元轉成 ASCII 碼 。另外 KeyPress 事件中引數 e 的 Handled 屬性值也是非常重要,當檢查使用者輸入的字元不合法時,只要將 Handled 屬性值設為 true,該字元就會被清除且插入點游標停留在原處。例如希望使用者只能輸入大寫英文字母,當輸入的字元不是大寫的英文字母 A~Z 時就將輸入的字元清除,且游標停留在原處,其判斷式的寫法有下面兩種:(大寫英文字母 A~Z 的 ASCII 碼由 65~90)

```
寫法 1:判斷 ASCII 值
int n = (byte )e.KeyChar;      //取得按下鍵盤的字元並轉成 ASCII 碼
if (n < 65 || n > 90)
{
    e.Handled = true;          //將輸入的非字母字元清除且插入點游標停在原處
}
```

```
寫法 2:判斷字元
char ch = e.KeyChar;
if (ch < 'A' || ch > 'Z')
{
    e.Handled = true;          //將輸入的非字母字元清除且插入點游標停在原處
}
```

範例演練

檔名：KeyPressEvent.sln

使用者在文字方塊中允許輸入大於零的數值（含小數），如果輸入的不是數值，會出現錯誤的提示訊息。輸入後按 ⏎ 鍵，控制權會移到 確定 鈕。按下 確定 鈕，會顯示輸入數值的平方根。

上機實作

Step1 設計輸出入介面

本例使用一個文字方塊控制項(txtNum)，供使用者輸入數值。一個按鈕控制項(btnOk)用來計算平方根。

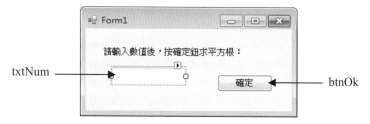

Step2 問題分析

1. 因為只能輸入一個小數點，所以宣告一個布林成員變數 dot，記錄是否已經輸入過小數點。(false-未輸入、true-已輸入)

2. 為了能事先知道使用者輸入的字元是否正確？檢查的程式碼必須寫在 txtNum_KeyPress 事件處理函式中。步驟如下：

①宣告 ch 為字元型別變數，記錄使用者輸入鍵的 KeyChar 值。

②若使用者輸入 1~9、退位鍵以外的字元時就繼續往下檢查。

③若使用者按下 ⏎ 鍵（ASCII 值為 13），則表示輸入完畢，就用 Focus 方法將控制權移轉到 btnOk。

④ 若使用者不是按下 ⌐ 鍵（ASCII 值為 13），則檢查是否為小數點？若 dot 為 false 表示是第一次輸入，就設 dot 為 true。若第二次輸入小數點，或是輸入其他字元，則設 Handled 屬性值為 true 使其清除字元，並用 MessageBox.Show 方法顯示錯誤訊息。

3. 在 btnOk_Click 事件處理函式中，將 txtNum 的 Text 屬性值用 double.Parse()方法轉為浮點數後，用 Math.Sqrt()方法計算平方根再用 MessageBox.Show 方法顯示計算平方根的結果。

Step3 撰寫程式碼

```
FileName : KeyPressEvent.sln
01 bool dot = false; //記錄是否輸入「.」，預設為未輸入
02
03 private void txtNum_KeyPress(object sender, KeyPressEventArgs e)
04 {
05   char ch = e.KeyChar; //設 ch 為輸入的字元
06   if ((ch < '0' || ch > '9') && (ch != '\b'))   //判斷是否輸入不是數字、倒退鍵
07   {
08     if ((byte)ch == 13)                    //按 Enter 鍵控制權跳到 btnOk 按鈕
09       btnOk.Focus();
10     else
11       if (ch == '.' && dot == false) //若輸入「.」且 dot 等於 false
12         dot = true;                  //記錄輸入「.」
13       else
14       {
15         e.Handled = true;            //使輸入的字元清除且插入點游標停在原處
16         MessageBox.Show("請輸入數字", "錯誤!!", MessageBoxButtons.OK,
           MessageBoxIcon.Error);
17       }
18   }
19 }
20
21 private void btnOk_Click(object sender, EventArgs e)
22 {
23   MessageBox.Show(txtNum.Text + "的平方根為:" +
      Math.Sqrt(double.Parse(txtNum.Text)).ToString(), "平方根");
24   txtNum.Text = "";    //txtNum 內文字清成空白
25   dot = false;         //設 dot=false
26   txtNum.Focus();      //控制權跳到 txtNum
27 }
```

11.2.2 KeyDown 和 KeyUp 事件

一、KeyDown 事件

當控制項收到按鍵被按下時所觸動的事件。其寫法如下：

```
private void 物件_KeyDown(object sender, KeyEventArgs e)
{

        程式區塊


}
```

二、KeyUp 事件

當控制項收到按鍵被放開時所觸動的事件。其寫法如下：

```
private void 物件_KeyUp(object sender, KeyEventArgs e)
{

        程式區塊


}
```

KeyDown 及 KeyUp 事件處理函式的第一個引數 sender 代表觸發該事件的物件；第二個引數 e 為 KeyEventArgs 型別，e 用來表示事件相關資料的物件，事件中引數 e 物件有些屬性可以取得使用者按鍵的情形，其常用的屬性如下：

e 物件的屬性	說明
e.KeyCode	取得由鍵盤所按鍵的鍵盤碼，其資料型別為整數。
e.Alt	取得使用者是否按 Alt 鍵，若值為 true 表示按 Alt 鍵。

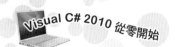

e 物件的屬性	說明
e.Control	取得使用者是否按 Ctrl 鍵，若屬性值為 true 表示按 Ctrl 鍵。
e.Shift	取得使用者是否按 ⇧ Shift 鍵，若屬性值為 true 表示按 ⇧ Shift 鍵。

　　鍵盤上每一個按鍵，皆有對應一個鍵盤碼（KeyCode），也可以用 Keys 列舉常數值。下表列出一些常用按鍵的 Keys 列舉常數值和鍵盤碼。

按鍵	Keys 列舉常數值	鍵盤碼(KeyCode)
0 ~ 9	Keys.D0 ~ Keys.D9	48~57
A ~ Z	Keys.A ~ Keys.Z	65~90
F1 ~ F10	Keys.F1 ~ Keys.F12	112~121
← 、 →	Keys.Left、Keys.Right	37、39
↑ 、 ↓	Keys.Up、Keys.Down	38、40
Enter↵ 、 空白鍵	Keys.Enter、Keys.Space	13、32
⇧ Shift	Keys.ShiftKey	16
Ctrl	Keys.ControlKey	17
Esc	Keys.Escape	27

範例演練

檔名：KeyUpDownEvent.sln

利用鍵盤 ↑ 、 ↓ 、 ← 、 → 方向鍵，來控制圖片移動的方向。程式開始執行先以臉朝前🐭down.gif 顯現，若按住方向鍵不放時，圖片會持續移動(5 點)。不同的方向鍵會使用不同的圖形檔。當放開按鍵時，圖片停在原地以臉朝前🐭圖顯現。圖形檔置於書附光碟中臉朝後🐭up.gif、臉朝前🐭down.gif、臉朝左🐭left.gif、臉朝右🐭right.gif。

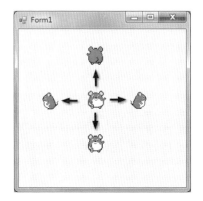

上機實作

Step1 設計輸出入介面

請將書附光碟 ch11/images 資料夾中的 up.gif、down.gif、left.gif、right.gif
圖檔，在設計階段依序加入到 ImageList 影像清單控制項(imgMouse)
內。再建立一個 picMouse 圖片方塊控制項來顯示 imgMouse 影像清單
中的圖形。

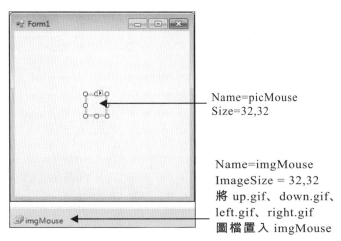

Name=picMouse
Size=32,32

Name=imgMouse
ImageSize = 32,32
將 up.gif、 down.gif、
left.gif、 right.gif
圖檔置入 imgMouse

Step2 問題分析

1. 在表單載入的 Form1_Load 事件處理函式中，先指定 picMouse 顯示
   imgMouse.Images[1] (即 down.gif 圖形)。

2. 當使用者按下鍵盤按鍵時，就會觸發表單的 Form1_KeyDown 事件
   處理函式。在此事件處理函式中，使用 switch 敘述依據 e.KeyCode
   值，指定不同的圖形，並改變 picMouseve 的位置。

3. 當使用者放開鍵盤按鍵時，就會觸發表單的 Form1_KeyUp 事件處理
   函式。在此事件處理函式中，指定 picMouse 的圖形恢復成預設的
   imageList1.Images[1] (即 🐭 down.gif 圖形)。

Step3 撰寫程式碼

```
FileName : KeyUpDownEvent.sln
01 private void Form1_Load(object sender, EventArgs e)
02 {
03   picMouse.Image = imgMouse.Images[1]; //picMouse 顯示 imgMouse 的第二張圖 down.gif
04 }
05
06 private void Form1_KeyDown(object sender, KeyEventArgs e)
07 {
08   switch (e.KeyCode)
09   {
10     case Keys.Up:                //picMouse 往上移動
11       picMouse.Image = imgMouse.Images[0];
12       picMouse.Top -= 5;
13       break;
14     case Keys.Down:              //picMouse 往下移動
15       picMouse.Image = imgMouse.Images[1];
16       picMouse.Top += 5;
17       break;
18     case Keys.Left:              //picMouse 往左移動
19       picMouse.Image = imgMouse.Images[2];
20       picMouse.Left -= 5;
21       break;
22     case Keys.Right:             //picMouse 往右移動
23       picMouse.Image = imgMouse.Images[3];
24       picMouse.Left += 5;
25       break;
26   }
27 }
28
29 private void Form1_KeyUp(object sender, KeyEventArgs e)
30 {
31   picMouse.Image = imgMouse.Images[1]; //picMouse 顯示 imgMouse 的第二張圖 down.gif
32 }
```

11.3　滑鼠事件

滑鼠是 Windows Form 應用程式最重要的輸入設備，透過滑鼠的按一下、快按兩下、按右鍵、拖曳等動作，可以完成程式中人機介面所指定的重要功能。下面是常用的滑鼠事件：

事件	說明
Click	當使用者按一下滑鼠左鍵就觸發該控制項的事件。
DoubleClick	當使用者快按兩下滑鼠左鍵就觸發該控制項的事件。
MouseDown	當使用者按下滑鼠按鍵就觸發該控制項的事件。
MouseUp	當使用者放開滑鼠按鍵就觸發該控制項的事件。
MouseEnter	當滑鼠游標進入控制項所觸發的事件。
MouseMove	當滑鼠游標在控制項中移動所觸發的事件。
MouseLeave	當滑鼠游標離開控制項所觸發的事件。

11.3.1 Click 和 DoubleClick 事件

當使用者按一下滑鼠左鍵，會依序觸發 MouseDown、Click 和 MouseUp 三個事件，我們可以依照需求將程式碼寫在適當的事件處理函式中。當使用者快按兩下滑鼠左鍵再放開，則會依序觸發 MouseDown、Click、DoubleClick 和 MouseUp 四個事件。

11.3.2 MouseDown 和 MouseUp 事件

當使用者按下和放開滑鼠按鍵，會分別觸發 MouseDown 事件和 MouseUp 事件。在事件中引數 e 物件有一些屬性，可提供一些重要的訊息可傳回按下滑鼠哪個按鍵以及滑鼠的座標。

e 物件的屬性	說明

e.Button	取得使用者按下滑鼠哪個按鍵，其屬性值為：
	① MouseButtons.Left（左鍵）
	② MouseButtons.Middle（中鍵）
	③ MouseButtons.Right（右鍵）
	若要判斷使用者是否按下滑鼠左鍵，其寫法如下：
	　　if(e.Button==MouseButtons.Left)
	　　{
	　　　// 程式區段
	　　}

e.X	取得滑鼠游標的 X 座標值。
e.Y	取得滑鼠游標的 Y 座標值。

11.3.3 MouseEnter、MouseMove 和 MouseLeave 事件

當使用者移動滑鼠游標進入一個控制項時會觸發 MouseEnter 事件。在控制項上面移動會觸發 MouseMove 事件。離開控制項時則會觸發 MouseLeave 事件。以上三個事件中透過引數 e 物件有一些屬性，可傳回一些重要的訊息，如下：

e 物件的屬性	說明
e.Button	取得使用者按下滑鼠的哪個按鍵，其屬性值為： ① MouseButtons.Left (左鍵） ② MouseButtons.Middle (中鍵） ③ MouseButtons.Right（右鍵）
e.X	取得滑鼠游標的 X 座標值。
e.Y	取得滑鼠游標的 Y 座標值。
e.Clicks	取得使用者按鍵的次數。

範例演練

檔名：MouseUpDownEvent.sln

當滑鼠移到帽子上時，游標形狀會呈手型且兔子會跳出。滑鼠離開時，兔子會躲藏。拖曳帽子時，帽子會隨之移動。

拖曳

上機實作

Step1 設計輸出入介面

1. 建立 imgHat 影像清單控制項用來儲存圖檔。再建立一個 picHat 圖片方塊控制項用來顯示 imgHat 影像清單中的圖形。

2. 儲存專案後，請將光碟中的 hat1.gif 🎩 和 hat2.gif 🎩 複製到目前製作專案的 bin/Debug 資料夾下，使專案的執行檔與上述兩個圖檔置於同一路徑下。

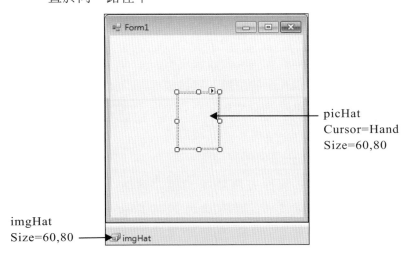

picHat
Cursor=Hand
Size=60,80

imgHat
Size=60,80

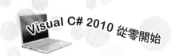

Step2 問題分析

1. 宣告 drag 為布林成員變數(即 Form1 欄位)，用來記錄圖片方塊控制項是否要移動位置，預設值 false（不移動）。

2. 宣告 x_down、y_down 為整數成員變數(即 Form1 欄位)，分別記錄滑鼠按下時滑鼠的座標 X、Y 值。

3. 在表單載入的 Form1_Load 事件處理函式中使用 Images 的 Add 方法將 hat1.gif、hat2.gif 圖檔，加到 imgHat 影像清單控制項中。並指定 picHat 圖片方塊控制項的 Image 屬性值為 imgHat.Images[0]，也就是 hat1.gif 圖形(🎩)。

4. 當滑鼠游標移入 picHat 圖片方塊控制項時，會觸動 picHat_MouseEnter 事件處理函式，在該事件處理函式中設定 picHat 的 Image 屬性值為 imageList1.Images[1]，也就是 hat2.gif (🎩) 。

5. 當滑鼠游標離開 picHat 圖片方塊控制項時，會觸動 picHat_MouseLeave 事件處理函式，在此事件處理函式中設定 Image 屬性值為 imageList1.Images[0] (🎩)。

6. 當使用者在 picHat 圖片方塊中按滑鼠左鍵時，會觸動 picHat_MouseDown 事件處理函式，在事件處理函式設定 drag 為 true(可移動)，並記錄滑鼠游標位置在 x_down 和 y_down 中。

7. 當滑鼠游標在 picHat 圖片方塊上移動時，會觸動 picHat_MouseMove 事件處理函式。在此函式中判斷當 drag 為 true 時（使用者按住鍵時）才改變 picHat 的位置，以達成拖曳的效果。picHat 的位置 e.X 和 e.Y 分別要減掉 x_down 和 y_down 值，如此滑鼠游標才會和 picHat 保持在原來相對位置。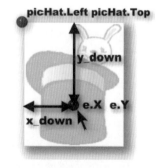

8. 當使用者在 picHat 圖片方塊放開滑鼠左鍵時，會觸動 picHat_MouseUp 事件處理函式，此時將 drag 設為 false，picHat 圖片方塊設為不移動。

Step3 撰寫程式碼

```
FileName : MouseUpDownEvent.sln
01 bool drag = false;      //記錄是否可拖曳，預設為不可
02 int x_down, y_down;     //記錄滑鼠按下時的座標值
03
04 private void Form1_Load(object sender, EventArgs e)
05 {
06   imgHat.Images.Add(Image.FromFile("hat1.gif"));   //載入圖檔
07   imgHat.Images.Add(Image.FromFile("hat2.gif"));
08   picHat.Image = imgHat.Images[0];        //預設為第1張圖
09 }
10 //滑鼠移入時
11 private void picHat_MouseEnter(object sender, EventArgs e)
12 {
13   picHat.Image = imgHat.Images[1];        //改為第2張圖
14 }
15 //滑鼠離開時
16 private void picHat_MouseLeave(object sender, EventArgs e)
17 {
18   picHat.Image = imgHat.Images[0];        //改為第1張圖
19 }
20 //按下滑鼠左鍵時
21 private void picHat_MouseDown(object sender, MouseEventArgs e)
22 {
23   drag = true;    //設為可以拖曳
24   x_down = e.X;   //記錄滑鼠的X座標
25   y_down = e.Y;   //記錄滑鼠的Y座標
26 }
27 //滑鼠移動時
28 private void picHat_MouseMove(object sender, MouseEventArgs e)
29 {
30   if (drag)   //若drag值為true
31   {
32     picHat.Left += (e.X - x_down);     //改變圖檔的X座標
33     picHat.Top += (e.Y - y_down);      //改變圖檔的Y座標
34   }
35 }
36 //放開滑鼠左鍵時
37 private void picHat_MouseUp(object sender, MouseEventArgs e)
38 {
39   drag = false;    //設為不可以拖曳
40   picHat.Image = imgHat.Images[0];      //改為第1張圖
41 }
```

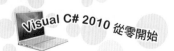

11.4 共享事件

11.4.1 使用共享事件的好處

　　若表單中有多個按鈕控制項的 Click 事件處理函式內的程式碼除物件名稱外其它完全相同，但還是要逐一輸入相同的程式碼，如此豈不是非常沒有效率？本節將探討如何使得多個控制項的事件去共享(共用)一個事件處理函式，以達到簡化程式碼提高程式的維護能力。

　　在第九章我們已經介紹如何在程式設計階段，設定共享事件的步驟。另外，也可以在程式執行階段才設定事件的共享，通常共享事件的設定一般會在表單的 Load 事件中設定。在表單載入時觸發 Load 事件，此時在此事件處理函式中可使用+=運算子及 new EventHandler 來指定事件處理函式是由哪個物件的事件來觸發，例如按鈕 btn1 的 Click 事件被觸發時即執行 btn1_Click 事件處理函式，寫法如下：

```csharp
private void Form1_Load(object sender, EventArgs e)
{
    // 指定 btn1 的 Click 事件被觸發時會執行 btn1_Click 事件處理函式
    btn1.Click += new EventHandler(btn1_Click);
}
// btn1_Click 事件處理函式
private void btn1_Click(object sender, EventArgs e)
{
    // 程式區塊
}
```

　　如果希望 btn1、btn2 和 btn3 的 Click 事件都能共同使用 btn1_Click 事件處理函式，在表單載入時才設定共享事件，其寫法如下：

```
private void Form1_Load(object sender, EventArgs e)
{
    btn1.Click += new EventHandler(btn1_Click);
    btn2.Click += new EventHandler(btn1_Click);
    btn3.Click += new EventHandler(btn1_Click);
}
```

另外不同類別的控制項或事件也允許共用事件，如果我們希望 btn1 的 Click、btn2 的 Enter 和 textBox1 的 TextChanged 事件，能一起共用 btn1_Click 事件處理函式，程式碼寫法如下：

```
private void Form1_Load(object sender, EventArgs e)
{
    btn1.Click += new EventHandler(btn1_Click);
    btn2.Enter += new EventHandler(btn1_Click);
    textBox1.TextChanged += new EventHandler(btn1_Click);
}
```

11.4.2 動態新增與移除事件

如果要在程式執行中，新增或移除物件(控制項)所指定的事件處理函式可使用下面方式：

一、新增事件語法

語法：物件.事件 += new EventHandler(事件處理函式);

[例] 指定當按下 btnOk 鈕觸發該鈕的 Click 事件時所要執行的是 MyClick 自定事件處理函式，寫法如下：

```
btnOk.Click+=new EventHandler(MyClick);
```

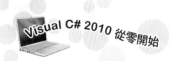

二、移除事件語法

> 語法：物件.事件 -= new EventHandler(事件處理函式);

[例] 欲移除 btnOk 鈕 Click 事件所要執行的 MyClick 自定事件處理函式，寫法如下：

```
btnOk.Click-=new EventHandler(MyClick);
```

11.4.3 控制項來源的判斷

當觸發共用事件時要知道是哪一個物件(控制項)被觸發，就可以在事件處理函式中將 sender 轉型成要使用的物件，接著再利用 Equals 方法來判斷。例如：btn1 和 btn2 共用同一個事件處理函式，如果按了 btn1 時 label1 顯示「Visual C#」；按了 btn2 時 lable1 顯示「2010」，程式碼寫法如下：

```
Button btn=(Button)sender;   //sender 轉型成 Button 再指定給 btn
if (btn.Equals(btn1)){
  label1.Text = " Visual C# ";
}else{
  label1.Text = " 2010";
}
```

在 .NET 事件處理函式中的第一個引數 sender，就是代表觸發事件的物件。若 btnNext 下一題 鈕和 btnLast 上一題 鈕都共用同一個事件處理函式時，當按下 下一題 鈕時，sender 即參考到 btnNext 按鈕控制項；若按下 上一題 鈕時，sender 即參考到 btnLast 按鈕控制項。下面簡例不論是按下哪一個按鈕都可以在訊息輸出對話方塊顯示該鈕上面的文字(即 Text 屬性)。例如按下 下一題 鈕即在訊息對話方塊顯示 "你按下下一題鈕"，若按下 上一題 鈕即在訊息對話方塊顯示 "你按下上一題鈕"。因此我們可以透過下面程式先將 sender 轉型成 Button 型別的 btn 物件變數，此時即可透過 btn 來代替 btnNext 和 btnLast 鈕了，如此可減少程式碼的長度，也增加程式碼的彈性。

```
Button btn=(Button)sender;
MessageBox.Show("你按下" + btn.Text + "鈕");
```

範例演練　　　　　　　　　　　　　　　檔名：FlagTest.sln

試寫一個亂數出題的程式。共有 16 種國旗以亂數出現，使用者按國名鈕選擇答案，答錯時顯示答案。當按 下一題 鈕時，顯示下一種國旗；若 16 題答完就顯示答對題數。當按 重新 鈕後，重新做答。

上機實作

Step1 設計輸出入介面

1. 因為有 16 種國旗要顯示，所以建立 imgFlag 影像清單控制項來儲存國旗圖檔，再配合 picFlag 圖片方塊控制項來顯示圖形。建立 16 個 btn1~btn16 按鈕控制項來作為國名鈕，建立一個 btnNew 按鈕控制項作為「重新」功能，再建立一個 btnNext 按鈕控制項作為「下一題」功能。建立一個 lblNews 標籤控制項用來顯示答題狀況。

2. 儲存專案後，請將書附光碟 ch11/images 資料夾中的巴西.jpg 🇧🇷～德國.jpg ▦ 複製到目前製作專案的 bin/Debug 資料夾下，使專案的執行檔與上述 16 個圖檔置於同一路徑下。

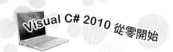

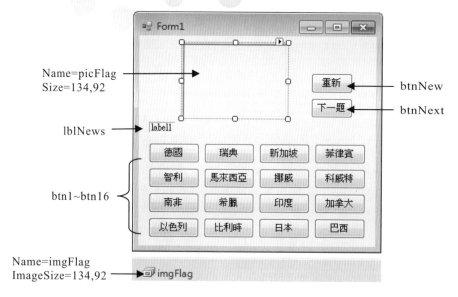

Name=picFlag
Size=134,92

btnNew

btnNext

lblNews

btn1~btn16

德國	瑞典	新加坡	菲律賓
智利	馬來西亞	挪威	科威特
南非	希臘	印度	加拿大
以色列	比利時	日本	巴西

Name=imgFlag
ImageSize=134,92

Step2 問題分析

1. 宣告 flag_name 字串陣列為成員變數，並將國名依序存入 flag_name 字串陣列，當核對答案的依據。

2. 宣告 test_num，right_num 整數變數為成員變數，分別記錄使用者正在作答的題號以及答對的題數。

3. 為了要亂數出題，所以宣告 question 陣列為成員變數，陣列值由 1 到 16，然後亂數調動位置，就可以達到亂數出題的效果。

4. 建立 MyClick 自定事件處理函式以便將來讓 btn1~btn16 國名按鈕的 Click 事件一起共用。在 MyClick 自定事件處理函式中利用按鈕的 Text 屬性值和 flag_name 陣列值相比較就可以核對答案。

5. 於表單載入時執行的 Form1_Load 事件處理函式內做下例事情：

   ① 載入 16 張國旗圖檔到 imgFlag 中。

   ② 使 btn1~btn16 的 Click 事件，共用 MyClick 自定事件處理函式。

6. 當 重新 btnNew 被按下時即執行 btnNew_Click 事件處理函式，在此函式中以亂數任取兩個 question 陣列元素作交換，共執行 12 次以達成亂數出題的效果。

7. 當 下一題 btnNext 被按下時即執行 btnNext_Click 事件處理函式，在此函式中將 test_num 值加 1，以便顯示下一題，要特別注意的是，要檢查 test_num 值不要超出範圍(1~16)。

Step3 撰寫程式碼

```
FileName : FlagTest.sln
01 string[] flag_name = new string[]
          { "德國", "瑞典", "新加坡", "菲律賓", "智利", "馬來西亞", "挪威", "科威特",
            "南非", "希臘", "印度", "加拿大", "以色列", "比利時", "日本", "巴西" };
02 int test_num, right_num;       //test_num紀錄題號, right_num紀錄答對題數
03 int[] question = new int[]
          { 1, 2, 3, 4, 5, 6, 7, 8, 9, 10, 11, 12, 13, 14, 15, 16 };
04 // MyClick自定事件處理函式供btn1~btn16國名按鈕使用
05 private void MyClick(object sender, EventArgs e)
06 {
07   Button btn = (Button)sender;      //取得按下哪個國名按鈕
08   if (btn.Text == flag_name[question[test_num - 1] - 1])//若按鈕的文字和答案相同
09   {
10         lblNews.Text = " 你答對了! ";
11         right_num += 1;   //答對題數加1
12   }
13   else
14   {
15         lblNews.Text = " 你答錯了!答案是" + flag_name[question[test_num - 1] - 1];
16   }
17 }
18 //表單載入時執行
19 private void Form1_Load(object sender, EventArgs e)
20 {
21   this.Text = "國旗常識大考驗！";
22   for (int i = 0; i <= flag_name.GetUpperBound(0); i++) //載入圖檔到imgFlag
23   {
24         imgFlag.Images.Add(Image.FromFile(flag_name[i] + ".jpg"));
25   }
26   btn1.Click += new EventHandler(MyClick);//設btn1的Click事件共用MyClick事件函式
27   btn2.Click += new EventHandler(MyClick);//設btn2的Click事件共用MyClick事件函式
28   btn3.Click += new EventHandler(MyClick);
29   btn4.Click += new EventHandler(MyClick);
30   btn5.Click += new EventHandler(MyClick);
31   btn6.Click += new EventHandler(MyClick);
32   btn7.Click += new EventHandler(MyClick);
33   btn8.Click += new EventHandler(MyClick);
34   btn9.Click += new EventHandler(MyClick);
35   btn10.Click += new EventHandler(MyClick);
```

```
36    btn11.Click += new EventHandler(MyClick);
37    btn12.Click += new EventHandler(MyClick);
38    btn13.Click += new EventHandler(MyClick);
39    btn14.Click += new EventHandler(MyClick);
40    btn15.Click += new EventHandler(MyClick);
41    btn16.Click += new EventHandler(MyClick);
42    btnNew_Click(sender, e);  //執行 btnNew_Click 事件函式
43  }
44  //按 [重新] 鈕執行
45  private void btnNew_Click(object sender, EventArgs e)
46  {
47    int j, k, t;
48    Random rnd = new Random();
49    for (int i = 1; i <= 12; i++)      //任取兩個陣列元素作交換,共執行12次
50    {
51        do                      //取0-15之間兩個不相同的亂數
52        {
53            j = rnd.Next(16);
54            k = rnd.Next(16);
55        } while (j == k);
56        t = question[j];
57        question[j] = question[k];
58        question[k] = t;
59    }
60    test_num = 1; right_num = 0;     //設題號為1,答對0題
61    picFlag.Image = imgFlag.Images[question[0] - 1];
62    lblNews.Text = "第 " + test_num + " 題";
63  }
64  //按 [下一題] 鈕執行
65  private void btnNext_Click(object sender, EventArgs e)
66  {
67    test_num += 1;        //題號加1
68    if (test_num <= 16) //若題號<= 16,就顯示下一題
69    {
70        lblNews.Text = "第 " + test_num + " 題";
71        picFlag.Image = imgFlag.Images[question[test_num - 1] - 1];
72    }
73    else                //否則,顯示答對幾題
74    {
75        lblNews.Text = " 你已經答完全部題目!共答對" + right_num + "題";
76    }
77  }
```

11.5 課後練習

一、選擇題

1. 當我們做完按下按鍵再放掉的動作時，就會依序觸動哪三個事件？

    (A) KeyPress→KeyDown→KeyUp

    (B) KeyDown→KeyUp→KeyPress

    (C) KeyDown→KeyPress→KeyUp

    (D) KeyPress→KeyDown→KeyUp

2. 利用 KeyPress 事件中引數 e 的 KeyChar 屬性值可以取得？

    (A) 字元 ASCII 碼　(B) 輸入的字元　(C) 滑鼠鍵　(D) 鍵盤碼。

3. 若將 KeyPress 事件中引數 e 的 Handled 屬性值設為何者，則輸入的字元會被清除？(A) ""　(B) -1　(C) false　(D) true。

4. 利用 KeyDown 事件中引數 e 的哪個屬性可知道取得由鍵盤所按鍵的鍵盤碼？(A) KeyValue　(B) KeyCode　(C) KeyChar

    (D) Control

5. 當使用者按一下滑鼠左鍵，會依序觸發哪三個事件？

    (A) Click→MouseDown→MouseUp

    (B) MouseDown→MouseUp→Click

    (C) MouseUp→Click→MouseDown

    (D) MouseDown→Click→MouseUp

6. 當使用者快按兩下滑鼠左鍵時，會觸發哪四個事件。

    (A) MouseDown→Click→DoubleClick→MouseUp

    (B) Click→MouseDown→DoubleClick→MouseUp

    (C) Click→DoubleClick→MouseDown→MouseUp

    (D) DoubleClick→MouseDown→Click→MouseUp

7. 滑鼠游標在控制項中移動會觸發該控制項的哪個事件？

    (A) MouseEnter　(B) MouseMove　(C) MouseLeave　(D) MouseDown。

8. 滑鼠游標離開控制項時會觸發該控制項的哪個事件？
   (A) MouseEnter　　(B) MouseMove　　(C) MouseLeave
   (D) MouseDown。

9. 滑鼠事件中可透過哪個屬性取得滑鼠游標在控制項內的 X 座標值？　(A)
   Mouse.X　　(B) Mouse.Left (C) e.X　　(D) e.Left 。

10. 可使用哪個方法來指定控制項為作用物件？(A) Focus()
    (B) SetFocus()　　(C) SetObjFocus()　　(D) ShowFocus()。

二、程式設計

1. 完成符合下列條件的程式。

   ① 按「開始」鈕後，球開始移動，碰到視窗邊框和球拍會反彈。
   ② 使用者按左右鍵，可以改變球拍位置。若碰到球，球速會加速。若
      沒有碰到球，會出現對話方塊詢問是否繼續？
   ③ 每次重新開始時，球移動的方向會有所不同。

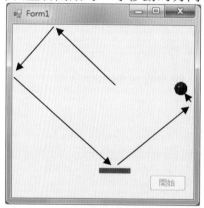

2. 完成符合下列條件的程式。

   ① 按「開始」鈕燈先會亮滅三次後，亮燈開始由右向左移動，用滑鼠
      按下箭頭，亮燈就會停止。
   ② 若按左鍵訊息為「食指」；右鍵則為「中指」。若燈正好停在箭頭上
      訊息為「反應力非常優異」；若燈差一格訊息為「反應力優異」；若
      燈差兩格訊息為「反應力尚可」；其餘訊息為「反應力不好」。
   ③ 亮燈移動速度有四種速度可供選擇。

3. 完成符合下列條件的程式。

① 使用者點選方塊後，就會顯示國旗圖示。第二個方塊圖示若和第一個不同，　會顯示對話方塊詢問是否繼續，若選 ［是(Y)］ 兩方塊圖示清成空白。使用者要憑記憶來尋找成對的方塊圖示。

② 第二個方塊圖示若和第一個相同，則兩方塊不能再被點選。

③ 八對圖示都被選對後，使用者可以選擇是否繼續。

④ 按 ［重新］ 鈕，遊戲重新開始，每次圖示的位置不同。

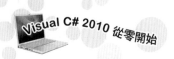

CHAPTER

功能表與對話方塊控制項

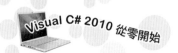
12.1 功能表控制項

一個較大型的視窗應用程式，大都會提供功能表，功能表能將功能分門別類放置在下拉式清單中，需要時才取用非常節省版面空間。所以，對於功能眾多的大型應用程式，如 Office 中的 Word，Excel 等，功能表是非常重要。Visual C# 2010 Express 工具箱提供兩個和功能表相關的工具，分別是 ⊞ MenuStrip 功能表和 ⊠ ContextMenuStrip 快顯功能表。

⊞ MenuStrip 控制項允許在設計階段或執行階段中建立功能表，一般功能表都是在設計階段便已經事先設計好，程式執行時才使用。為方便解說，將在功能表上面建立的「功能項目」稱為「MenuItem」物件。

一、如何建立 MenuStrip 控制項

1. 建立 MenuStrip 控制項

   在工具箱中 ⊞ MenuStrip 功能表控制項工具上快按兩下，就會在表單正下方建立出一個 MenuStrip 控制項。

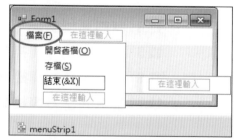

2. 建立功能表項目

   當選取表單正下方的 MenuStrip 控制項時，表單的標題欄正下方會出現 在這裡輸入 的提示。在提示上按一下就可以輸入功能項目。譬如：要建立「檔案(F)」功能選項，就輸入「檔案(&F)」文字，&字元不會顯示但後面字元會加底線。建立的 MenuItem 物件會以功能項目名稱後面加上 ToolStripMenuItem 當預設物件名稱，譬如：「檔案(&F)」其預設物件名稱為 "檔案 FToolStripMenuItem"。接著繼續

在「檔案(<u>F</u>)」功能下方設定「開啟舊檔(<u>O</u>)」、「存檔(<u>S</u>)」、「結束(<u>X</u>)」三個子功能項目，其操作方式就是在「檔案(<u>F</u>)」項目下面依序輸入。

3. 修改 MenuStrip 控制項和 MenuItem 物件的屬性

在 MenuStrip 控制項或 MenuItem 物件上按一下，就可以在屬性視窗中修改該功能項目的屬性值。

4. 插入功能項目

譬如：欲在下圖「檔案」、「格式」兩個功能表中間插入一個新的功能項目。其操作方式是移動滑鼠到「格式」上壓滑鼠右鍵，如左下圖由快顯功能表中選取 插入(<u>I</u>) 、 MenuItem ，結果在右下圖「檔案」、「格式」兩個項目中間產生一個新的 toolStripMenuItem1，再更改物件名稱即可。

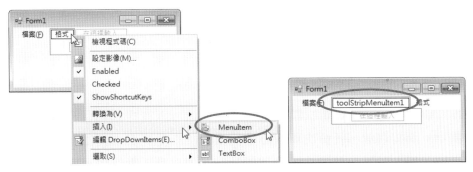

二、MenuItem 常用屬性

屬　性	說　明
Text	功能項目上面顯示的文字內容。
Checked	設定功能項目前是否顯示 ☑，若屬性值為 false 表不顯示；true 時會顯示。例如：☑ 黑色
ShowShortCutKeys	設定是否將功能表項目的快速鍵顯示在該項目上。預設值為 true。

屬性	說明
ShortCutKeys	可由清單中選擇功能鍵做為快速鍵，譬如將「結束」功能選項加上「Ctrl」+「X」當快速鍵。 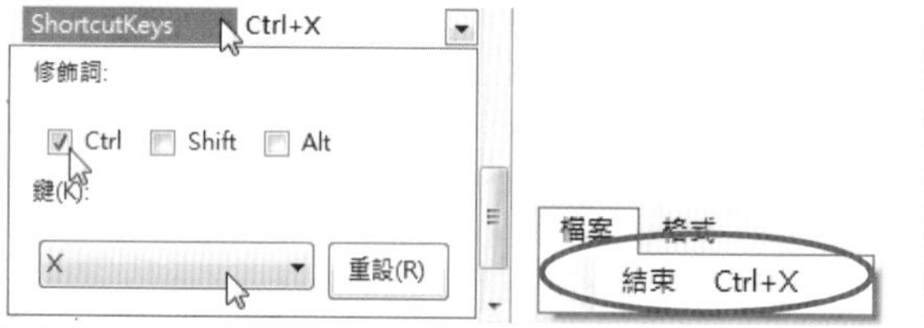

三、MenuItem 常用事件

1. Click 事件

當使用者點選功能項目時，會觸動該項目的 Click 事件，所以我們會將執行該功能的程式碼寫在 Click 事件處理函式中。

12.2 快顯功能表控制項

ContextMenuStrip 快顯功能表控制項，可以在程式執行時在指定控制項上面按右鍵，就會出現快顯功能表。快顯功能表中列出該控制項常用的功能，而不必點選功能表就能執行功能項目，對使用者而言是非常貼心的設計。建立 ContextMenuStrip 快顯功能表控制項和 MenuStrip 功能表控制項方式是大致一樣。

一、如何建立 ContextMenuStrip 控制項

1. 建立 ContextMenuStrip 控制項

在工具箱中的 ContextMenuStrip 工具上快按兩下，就會在表單正下方建立出一個 contextMenuStrip1 控制項。

2. 建立功能表項目

先選取 contextMenuStrip1，接著會出現 ┌在這裡輸入┐ 文字，請
在 ┌在這裡輸入┐ 按一下就可以輸入功能項目，例如：要建立「顏
色」功能和「黑色」、「紅色」兩個子功能，就先輸入「顏色」，然
後在右邊依序輸入「黑色」和「紅色」。

3. 修改 MenuItem 物件屬性：在 MenuItem 物件上按一下，就可以在
屬性視窗中修改該功能表項目的屬性值。

4. 指定對應 ContextMenuStrip 控制項

若想讓表單上的 label1 標籤控制項顯示 contextMenuStrip1 快顯功能
表。其做法是先在表單上點選 label1，接著在屬性視窗中選取
ContextMenuStrip 屬性的下拉鈕，由清單中選取 contextMenuStrip1
控制項。程式執行時，只要在 label1 控制項上按右鍵，就會出現快顯
功能表。多個控制項也可以共用相同的 ContextMenuStrip 快顯功能表
控制項。

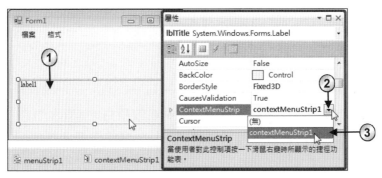

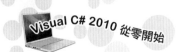

TIPS 如果想在功能表中出現分隔棒，來區分不同類型的功能項目，只要將
Text 的屬性值設為「-」即可。

二、MenuItem **常用方法**

1. Add 方法

   ContextMenuStrip 控制項可以透過 Items 集合的 Add 方法在程式執
   行階段新增選項。譬如：在 contextMenuStrip1 控制項中加入 "內
   容" 項目，其寫法如下：

   > 語法：contextMenuStrip1.Items.Add("內容");

三、MenuItem **常用事件**

1. Opening 事件

   當使用者按右鍵要顯示快顯功能表前，會觸動該控制項所對應
   ContextMenuStrip 控制項的 Opening 事件。因為此時快顯功能表尚
   未顯示，所以常在該事件處理函式中，設定各功能項目的初值。
   例如希望 contextMenuStrip1 控制項的 openToolStripMenuItem 功能
   項目失效，也就是將 Enabled 屬性設為 false。我們可以將快顯功
   能表初始化的程式碼，寫在 contextMenuStrip1 控制項的 Opening
   事件處理函式中，其寫法如下：

   ```
   private void contextMenuStrip1_Opening(object sender,
       CancelEventArgs e)
   {
       openToolStripMenuItem.Enabled = false;
   }
   ```

2. Click 事件(預設事件)

   當使用者點選功能項目時，會觸動該項目的 Click 事件，所以我們
   會將執行該功能的程式碼寫在 Click 事件處理函式中。

範例演練

　　　　　　　　　　　　　　檔名：MenuStripDemo.sln

設計一個功能表列提供「檔案」和「格式」兩個主功能，其中「檔案」
主功能表下有「結束」子項目，「格式」主功能下有「顏色」和「大
小」兩個子功能。「顏色」子功能下有「黑色」和「紅色」兩個項目。
「大小」子功能下有「16」和「24」兩個項目。當功能表選項有異動
時，表單上面的標籤控制項內的「C# 從零開始」的對應屬性亦跟著
改變。同時在標籤控制項上面製作一個快顯功能表，具有「顏色」和
「大小」兩個功能。

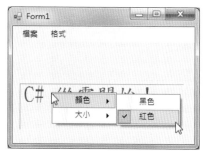

上機實作

Step1 設計輸出入介面

　　　本例使用一個 lblTitle 標籤控制項用來顯示文字。一個 menuStrip1
　　　控制項用來建立功能表。以及一個 contextMenuStrip1 控制項用來
　　　顯示快顯功能表。各功能項目名稱如下：

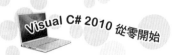

1. menuStrip1 各功能項目 Name 物件名稱。

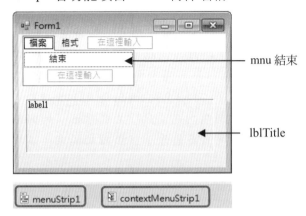

2. contextMenuStrip1 各功能項目 Name 物件名稱。

cmnu 大小

cmnu16

cmnu24

Step2 問題分析

1. 定義 Black_Click 自定事件處理函式，供功能表的 [格式/顏色/黑色](mnu 黑色) 及快顯功能表 [顏色/黑色](cmnu 黑色) 的 Click 事件使用。

2. 定義 Red_Click 自定事件處理函式，供功能表的 [格式/顏色/紅色](mnu 紅色) 及快顯功能表 [顏色/紅色](cmnu 紅色) 的 Click 事件使用。

3. 定義 Size16_Click 自定事件處理函式，供功能表的 [格式/大小/16](mnu16) 及快顯功能表 [大小/16](cmnu16) 的 Click 事件使用。

4. 定義 Size24_Click 自定事件處理函式，供功能表的 [格式/大小/24](mnu24) 及快顯功能表 [大小/24](cmnu24) 的 Click 事件使用。

5. 在 Form1_Load 事件處理函式中做下列事情：

   ① 指定 lblTitle 的快顯功能表為 contextMenuStrip1。

   ② 指定「mnu 黑色」及「cmnu 黑色」功能項目的 Click 事件被觸發時皆會執行 Black_Click 自定事件處理函式。

   ③ 指定「mnu 紅色」及「cmnu 紅色」功能項目的 Click 事件被觸發時皆會執行 Red_Click 自定事件處理函式。

   ④ 指定「mnu16」及「cmnu16」功能項目的 Click 事件被觸發時皆會執行 Size16_Click 自定事件處理函式。

⑤ 指定「mnu24」及「cmnu24」功能項目的 Click 事件被觸發時
　　皆會執行 Size24_Click 自定事件處理函式。

Step3 撰寫程式碼

```
FileName : MenuStripDemo.sln
01  // 自定事件處理函式，供功能表的 [格式/顏色/黑色] 及快顯功能表 [顏色/黑色] 使用
02  private void Black_Click(object sender, EventArgs e)
03  {
04     mnu黑色.Checked = true; cmnu黑色.Checked = true;
05     mnu紅色.Checked = false; cmnu紅色.Checked = false;
06     lblTitle.ForeColor = Color.Black;  //設 lblTitle 的前景色為黑色
07  }
08  // 自定事件處理函式，供功能表的 [格式/顏色/紅色] 及快顯功能表 [顏色/紅色] 使用
09  private void Red_Click(object sender, EventArgs e)
10  {
11     mnu紅色.Checked = true; cmnu紅色.Checked = true;
12     mnu黑色.Checked = false; cmnu黑色.Checked = false;
13     lblTitle.ForeColor = Color.Red;  //設 lblTitle 的前景色為紅色
14  }
15  // 自定事件處理函式，供功能表的 [格式/大小/16] 及快顯功能表 [大小/16] 使用
16  private void Size16_Click(object sender, EventArgs e)
17  {
18     mnu16.Checked = true; cmnu16.Checked = true;
19     mnu24.Checked = false; cmnu24.Checked = false;
20     lblTitle.Font = new Font("標楷體", 16);  //設 lblTitle 的字型大小為16
21  }
22  // 自定事件處理函式，供功能表的 [格式/大小/24] 及快顯功能表 [大小/24] 使用
23  private void Size24_Click(object sender, EventArgs e)
24  {
25     mnu24.Checked = true; cmnu24.Checked = true;
26     mnu16.Checked = false; cmnu16.Checked = false;
27     lblTitle.Font = new Font("標楷體", 24);  //設 lblTitle 的字型大小為24
28  }
29  // 表單載入時執行
30  private void Form1_Load(object sender, EventArgs e)
31  {
32     lblTitle.Font = new Font("標楷體", 16);
33     lblTitle.Text = "C# 從零開始！";
34     mnu黑色.Checked = true;      //使功能表的黑色項目勾選
35     cmnu黑色.Checked = true;     //使快顯功能表的黑色項目勾選
36     mnu16.Checked = true;       //使功能表的 16 功能項目勾選
37     cmnu16.Checked = true;      //使快顯功能表的 16 功能項目勾選
38     lblTitle.ContextMenuStrip = contextMenuStrip1;   //指定快顯功能表
39     //指定功能表的黑色項目和快顯功能表的黑色項目的 Click 事件皆共用 Black_Click 函式
```

```
40      mnu黑色.Click += new EventHandler(Black_Click);
41      cmnu黑色.Click += new EventHandler(Black_Click);
42      //指定功能表的紅色項目和快顯功能表的紅色項目的Click事件皆共用Red_Click函式
43      mnu紅色.Click += new EventHandler(Red_Click);
44      cmnu紅色.Click += new EventHandler(Red_Click);
45  //指定功能表的16功能項目和快顯功能表的16功能項目的Click事件皆共用Size16_Click函式
46      mnu16.Click += new EventHandler(Size16_Click);
47      cmnu16.Click += new EventHandler(Size16_Click);
48  //指定功能表的24功能項目和快顯功能表的24功能項目的Click事件皆共用Size24_Click函式
49      mnu24.Click += new EventHandler(Size24_Click);
50      cmnu24.Click += new EventHandler(Size24_Click);
51  }
52  // 執行功能表的 [檔案/結束] 執行
53  private void mnu結束_Click(object sender, EventArgs e)
54  {
55      Application.Exit();  //結束程式
56  }
```

12.3 工具列控制項

　　一般較大型視窗應用程式除了提供功能表外，還會提供工具列以供快速操作。同樣地在 Visual C# 2010 Express 工具箱中，亦提供視覺化的 ToolStrip 工具列控制項，以及可以顯示目前系統狀態的 StatusStrip 狀態列控制項。

　　ToolStrip 工具列控制項，有別於 MenuStrip 功能表控制項，它是以視覺化的圖示來取代文字功能表，感覺比較親切和直覺。透過 ToolStrip 可輕鬆自訂經常使用的工具列，亦支援進階使用者介面和配置功能，如：停駐、浮動定位、具有文字和影像的按鈕、下拉式控制項、下拉式按鈕以及 ToolStrip 項目在執行階段重新排序。當你在表單建立 ToolStrip 控制項時，預設置於表單的上方。如果同時建立有 MenuStrip 功能表，則會緊接在功能表的正下方。由於 ToolStrip 控制項是屬於容器控制項，其中可容納 Button、Label、SplitButton、DropDownButton、Seperator、ComboBox、TextBox、ProgressBar 等 ToolStrip 控制項提供的物件。

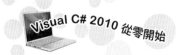
一、如何建立 ToolStrip 控制項

1. 由工具箱中點選 ToolStrip 圖示，在表單正下方產生工具列控制項。

2. 點選工具列控制項中 圖示的下拉清單按鈕，會出現如下圖項目清單，若選取 Button 項目預設名稱為 toolStripButton1；若選取 Label 項目則預設名稱為 toolStripLabel1 以此類推。

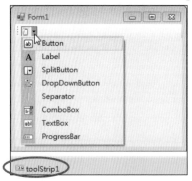

3. 點選 Button 後，會如左下圖在工具列控制項上建立一個按鈕圖示。

4. 點選此預設 按鈕圖示，接著在屬性視窗中選取 Image 屬性，開啟「選取資源」對話方塊，由「專案資源檔」中匯入，位於書附光碟 ch12/images 資料夾中檔名為「right.gif」的向右箭頭圖檔，結果如右上圖。

5. 繼續在屬性視窗點選「ToolTipText」屬性，在輸入欄中鍵入「向右」。表示執行階段，當滑鼠移到此圖示上面會出現「向右」的提示訊息。

6. 另一種建立工具列圖示方式，則是採用「項目集合編輯器」。其操作方式是先點選工具列控制項，接著在屬性視窗中選取「Items」，進入下圖的「項目集合編輯器」：

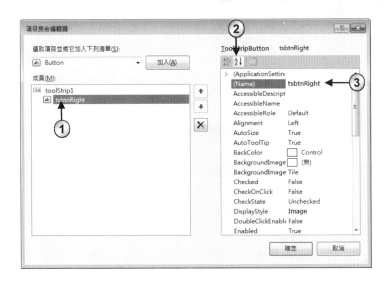

7. 如上圖，先點選剛才建立 toolStripButton1，點選右窗格屬性視窗
　　 按照字母排序鈕，將 Name 屬性更名為「tsbtnRight」，拖曳垂
　　直捲軸觀察 ToolTipText 屬性是否為 "向右" ，表示亦可由此來更
　　改此按鈕圖示的相關屬性。

8. 加上分隔符號 Seperator
　　移動滑鼠到 　 下拉式清單按鈕按一下，由清單中選取「Seperator」
　　後，再按 　加入(A)　 鈕，將分隔符號加到 tsbtnRight 按鈕圖示的右邊。

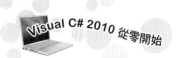
9. 新增第二個圖示使用標籤圖示

移動滑鼠到 ▼ 下拉式清單按鈕按一下，由清單中選取「Label」後，再按 加入(A) 鈕，將標籤 toolStripLabel1 圖示加到分隔符號的右邊。將標籤圖示的 Name 屬性更名為 tslblLeft，Text 屬性為「向左」。完成後工具列如下圖所示：

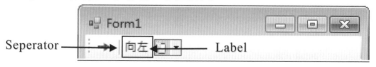

10.若欲刪除工具列的圖示可在圖示上壓滑鼠右鍵，選取 [刪除(D)] 直接刪除或是進入「項目集合編輯器」選取圖示後按 ✖ 刪除。也可以透過 ⬆、⬇ 按鈕，調整圖示的順序。

二、ToolStripButton 常用屬性

屬性	說明
Text	設定工具列上面的按鈕工具所顯示的文字 [**B** 粗體字]。
TextDirection	設定工具圖示上面文字的方向。
TextImageRelation	設定文字和圖片的相關位置。其值為： ① ImageBeforeText：表示圖片在文字之前 [✂ 存檔]，為預設值。 ② TextAboveImage：文字在圖示上面 [存檔 ✂]。 ③ TextBeforeImage：表示文字在圖示之前 [存檔 ✂]。 ④ ImageAboveText：表示圖示在文字之上 [✂ 存檔]。
Image	設定在工具列圖示上面的圖案。
ToolTipText	設定當滑鼠移到工具列按鈕上顯示的提示文字。 [**B** *I* U ▼ / 粗體字]

如果不設定 Image 屬性，只設定 Text 屬性，也可以建立一個純文字的工具列。

三、ToolStrip 常用屬性

屬性	說明
Items	設定 ToolStrip 控制項中工具列按鈕的集合。
Size	設定工具列的大小，預設值為（292,39）。
Dock	設定 ToolStrip 控制項在表單的位置，預設值為 Top（在表單的上方） 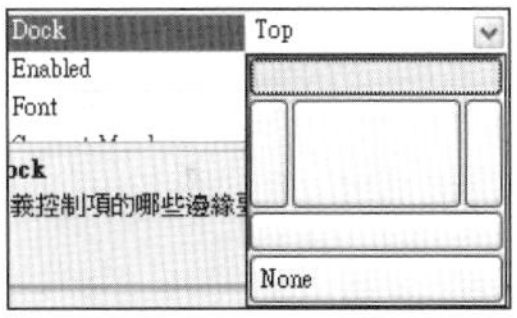

四、ToolStrip 常用事件

1. Click 事件

   當使用者在 ToolStrip 控制項的工具圖示上按一下，會觸動該圖示名稱的 Click 事件，可將要處理事情的程式碼寫在該事件處理函式內。若有些圖示作相同的事情可透過共享事件方式來處理。

12.4　狀態列控制項

　　一般視窗應用程式的狀態列常置於視窗的底部，用來顯示系統的相關訊息。譬如：表單中正在檢視的物件、物件的元件，或是與物件的作業相關的內容資訊。通常，狀態列控制項由狀態標籤(StatusLabel)、進度棒(ProgressBar)、下拉鈕(DropDownButton)和分隔鈕(SplitButton)組合而成。狀態標籤可顯示文字、圖示，或兩者一起顯示目前系統的相關訊息。狀態列控制項亦提供下拉鈕、狀態列分隔鈕和狀態列進度棒控制項，其中進度棒會以圖形方式顯示一個處理過程中完成進度。

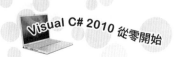

StatusStrip 狀態列控制項也是一種容器控制項，譬如下圖即為 Office 中 Word 的狀態列。

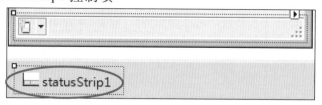

一、如何建立 StatusStrip 控制項

1. 建立 StatusStrip 控制項

   在工具箱中 [⊥ StatusStrip] 狀態列圖示快按兩下，會在表單底部建立一個 statusStrip1 控制項。

2. 建立 StatusStrip 項目集合

   ① 先點選 statusStrip1 狀態列，在屬性視窗中的 Items 屬性開啟「項目集合編輯器」。

   ② 按上圖的下拉鈕，由開啟的清單中選取 "StatusLabel" 選項後，按 [加入(A)] 鈕將「狀態標籤」加入到狀態列，其預設名稱為 toolStripStatusLabel1。若欲更改目前狀態列上「狀態標籤」的屬性，先在左窗格點選此選項，再移動滑鼠到右窗格的屬性視窗做相關屬性值設定。

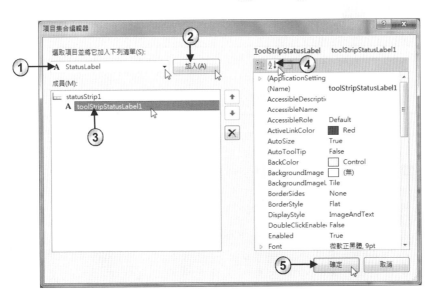

③ 按 ┌──確定──┐ 鈕，回 IDE 整合開發環境，此時狀態列出現第一個
「狀態標籤」。

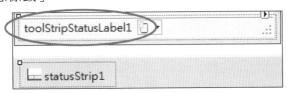

④ 你也可以直接在狀態列的 ┌──┐ 下拉鈕按一下，由出現清單選取
第二個狀態列的元件，此時不會出現「項目集合編輯器」，直接
在右邊界出現屬性視窗，供你直接設定相關屬性值。

二、StatusStrip 常用屬性

屬性	說明
Items	設定 StatusStrip 控制項中狀態列上面的元件集合。
Visible	設定狀態列中是否顯示狀態列，預設值為 false，屬性值必須設為 true 才能看見狀態列面板。

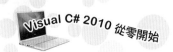

屬性	說明
Dock	設定狀態列在表單的位置，預設值為 Botton（在表單的下方）。
ShowItemToolTips	是否在狀態列的項目上顯示提示訊息

範例演練

檔名：ToolStripDemo.sln

在視窗上有 ToolStrip 工具列，工具列有四個按鈕分別是「向右」、「向左」、「向上」和「向下」功能來調整動畫的方向。另外「速度」有下拉式清單，其中有「慢速」、「中速」和「快速」等三個功能。在視窗底下有 StatusStrip 狀態列，顯示目前動畫的方向和速度。

 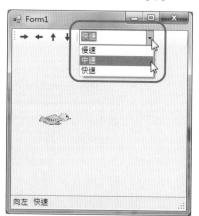

上機實作

Step1 設計輸出入介面

1. 本例建立 toolStrip1 工具列控制項，來提供功能設定。工具列上建立「向右」(tsbtnRight)、「向左」(tsbtnLeft)、「向上」(tsbtnUp)和「向下」(tsbtnDown)四個按鈕以及「速度」(tscboSpeed)下拉式清單。按鈕的圖示 ➡ ...等，在書附光碟 ch12/images 資料夾中。在下拉式清單中建立「慢速」、「中速」和「快速」等三個功能項目。

2. 建立 statusStrip1 狀態列控制項用來顯示設定狀態。在狀態列建立 sslblDirection、sslblSpeed 兩個「狀態標籤」，分別用來顯示方向和速度。

3. 建立 picbird 圖片方塊控制項用來放置 flybird.gif 動畫圖，此圖置於書附光碟 ch12/images 資料夾中。

4. 建立 tmrFly 計時器控制項用來製作小鳥移動的動畫。

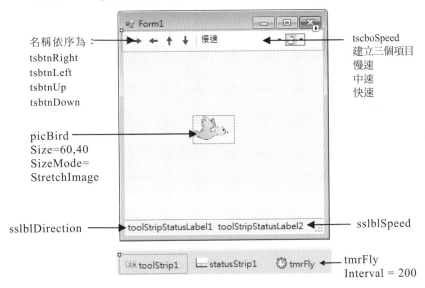

名稱依序為：
tsbtnRight
tsbtnLeft
tsbtnUp
tsbtnDown

picBird
Size=60,40
SizeMode=
StretchImage

sslblDirection

tscboSpeed
建立三個項目
慢速
中速
快速

sslblSpeed

tmrFly
Interval = 200

Step2 問題分析

1. 宣告 direction 字串成員變數，用來記錄動畫的方向，預設為 "向右"。

2. 在 tsbtnRight 等的 Click 事件處理函式中，設定改變 direction 值和 sslblDirection 顯示的文字。

3. 在 tscboSpeed_SelectedIndexChanged 事件處理函式中，根據 SelectedIndex 值設定 tmrFly 的 Interval 屬性值，以達到改變速度的效果。

4. 在 tmrFly 計時器的 tmrFly_Tick 事件處理函式中根據 direction 值變更 picBird 位置，以達成改變動畫方向的效果。

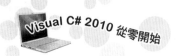

Step3 撰寫程式碼

```
FileName : ToolStripDemo.sln
01  string direction = "向右";      //預設方向為向右
02
03  private void Form1_Load(object sender, EventArgs e)
04  {
05     sslblDirection.Text = direction;    //在狀態列顯示目前方向
06     tscboSpeed.SelectedIndex = 0;       //預設選擇項目索引為 0-慢速
07     sslblSpeed.Text = "慢速";           //在狀態列顯示目前速度
08     tmrFly.Enabled = true;              //啟動計時器
09  }
10
11  private void tsbtnRight_Click(object sender, EventArgs e)
12  {
13     direction = "向右";                 //方向設為向右
14     sslblDirection.Text = direction;    //在狀態列顯示目前方向
15  }
16
17  private void tsbtnLeft_Click(object sender, EventArgs e)
18  {
19     direction = "向左"; sslblDirection.Text = direction;
20  }
21
22  private void tsbtnUp_Click(object sender, EventArgs e)
23  {
24     direction = "向上"; sslblDirection.Text = direction;
25  }
26
27  private void tsbtnDown_Click(object sender, EventArgs e)
28  {
29     direction = "向下"; sslblDirection.Text = direction;
30  }
31
32  private void tscboSpeed_SelectedIndexChanged(object sender, EventArgs e)
33  {
34     if (tscboSpeed.SelectedIndex == 0)        //選擇項目索引為 0 時
35        tmrFly.Interval = 200;                 //設 0.2 秒啟動一次
36     else if (tscboSpeed.SelectedIndex == 1)   //選擇項目索引為 1 時
37        tmrFly.Interval = 100;                 //設 0.1 秒啟動一次
38     else
39        tmrFly.Interval = 50;                  //設 0.05 秒啟動一次
40     sslblSpeed.Text = tscboSpeed.Text;        //在狀態列顯示速度選項
41  }
42  //tmrFly_Tick 事件處理函式每隔 0.2 秒執行一次
43  private void tmrFly_Tick(object sender, EventArgs e)
```

```
44 {
45   if (direction == "向右")
46   {
47     picBird.Left += 5;  //圖檔右移5點，若超出右邊界由左重出
48     if (picBird.Left >= this.Width) picBird.Left = -picBird.Width;
49   }
50   else if (direction == "向左")
51   {
52     picBird.Left -= 5;  //圖檔左移5點，若超出左邊界由右重出
53     if (picBird.Left <= -picBird.Width) picBird.Left = this.Width;
54   }
55   else if (direction == "向上")
56   {
57     picBird.Top -= 5;  //圖檔上移5點，若超出上邊界由下重出
58     if (picBird.Top <= -picBird.Height) picBird.Top = this.Height;
59   }
60   else
61   {
62     picBird.Top += 5;  //圖檔下移5點，若超出下邊界由上重出
63     if (picBird.Top >= this.Height) picBird.Top = -picBird.Height;
64   }
65 }
```

🌐 12.5　字型對話方塊控制項

　　🅰 FontDialog　字型對話方塊控制項如下圖。提供設定字型的種類、字型的樣式、字型的大小、字型的效果等功能。由於字型對話方塊控制項是屬於幕後執行的控制項，因此在設計階段是置於表單的正下方。程式執行中，欲開啟字型對話方塊，必須使用 ShowDialog 方法來開啟。

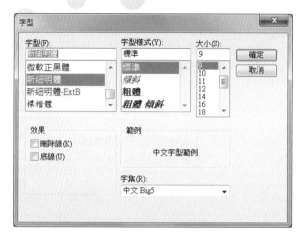

一、FontDialog 常用屬性

屬性	說明
Font	設定和取得在字型對話方塊所做的字型各項設定。譬如：欲將 fontDialog1 字型對話方塊所設定字型種類、樣式、大小指定給 label1 標籤控制項，寫法如下： label1.Font = fontDialog1.Font;
Color	設定和取得字型對話方塊中所設定的顏色。譬如：欲將 fontDialog1 字型對話方塊中指定的顏色當做 label1 標籤控制項的字型顏色，寫法如下： label1.ForeColor = fontDialog1.Color;
MaxSize / MinSize	設定字型對話方塊中，字型大小可以選取的最大和最小點數。預設值為 0 代表停用。
ShowColor	設定字型對話方塊中，是否加入色彩清單，預設值為 false 表示未加入色彩清單。

二、FontDialog 常用方法

1. ShowDialog 方法

   用來在程式執行中開啟 FontDialog 字型對話方塊，平時是不會顯現。其開啟方式如下：

> 語法：fontDialog1.ShowDialog();

若程式中有使用到 fontDialog1 控制項，可透過對話方塊中的
確定 、 取消 這兩個回應鈕來判斷是否要更新？

① 如果按 確定 鈕，傳回值為 DialogResult.OK 列舉常數。

② 如果是按 取消 鈕，傳回值為 DialogResult.Cancel 列舉常數。

譬如：程式執行時希望按 確定 鈕時，才將 fontDialog1 字型對
話方塊控制項內字型的相關設定指定給 label1，寫法如下：

```
if (fontDialog1.ShowDialog() == DialogResult.OK)
{
    label1.Font = fontDialog1.Font;
}
```

2. Reset 方法

將 fontDialog1 字型對話方塊控制項所有屬性，都還原為預設值。語
法如下：

> 語法：fontDialog1.Reset();

要注意的是使用 Reset 方法後所有屬性都還原成系統的預設值。例如：
在設計階段設定 ShowColor 值為 true，執行 Reset 方法後色彩下拉清單
不會顯示，因為其預設值為 false，所以有需要時要再用 Reset()方法重
設一次。

12.6 色彩對話方塊控制項

ColorDialog 色彩對話方塊控制項如下圖，提供使用者設定顏色。
由於色彩對話方塊控制項是屬於幕後執行的控制項，因此在設計階段是
置於表單的正下方。程式執行中，欲開啟色彩對話方塊，必須使用
ShowDialog 方法來開啟。

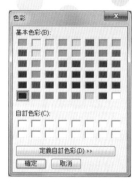 

一、ColorDialog 常用屬性

屬性	說明
Color	設定和取得色彩對話方塊中使用者設定的顏色。譬如：將 colorDialog1 色彩對話方塊內的顏色設定,指定給 label1 標籤控制項當做背景色,其寫法如下: 　label1.BackColor = colorDialog1.Color;
AllowFullOpen	用來設定自訂色彩色盤按鈕是否有效。預設值為 true,表示 [定義自訂色彩(D) >>] 按鈕有效,當按下此鈕如右上圖在右邊開啟自訂色彩色盤供選取顏色值。若設為 false 表示 [定義自訂色彩(D) >>] 按鈕無效,無法自訂色彩。
FullOpen	當 AllowFullOpen 為 true 時,此屬性才有效。預設值為 true 表示一開始在右邊自動開啟自訂色彩色盤。若為 false 表示一開始不打開 [自訂色彩(D)] 色盤,必須在左上圖按 [定義自訂色彩(D) >>] 按鈕才打開右上圖自訂色彩色盤。

二、ColorDialog 常用方法

1. ShowDialog 方法

   ColorDialog 色彩對話方塊控制項和 FontDialog 一樣是屬於幕後執行的控制項,平時不會顯現出來。程式中欲開啟色彩對話方塊時,同樣透過 ShowDialog 方法。寫法如下:

> 語法：colorDialog1.ShowDialog();

2. Reset 方法

用來將 colorDialog1 色彩對話方塊控制項所有屬性，全部還原為預設值。寫法如下：

> 語法：colorDialog1.Reset();

12.7 檔案對話方塊控制項

Visual C# 2010 Express 在工具箱內提供有關檔案的相關工具有兩個：分別為 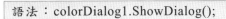 開檔對話方塊可用來提示使用者開啟指定的檔案；另一個是 SaveFileDialog 存檔對話方塊，可用來提示使用者選取儲存檔案的位置。下面介紹兩個對話方塊控制項常用的屬性：

一、檔案對話方塊常用屬性

屬性	說明
CheckFileExists	當使用者指定不存在的檔名，設定對話方塊是否顯示警告訊息。
CheckPathExists	當使用者指定不存在的路徑，設定對話方塊是否顯示警告訊息。
DefaultExt	設定或取得檔案對話方塊預設的副檔名。
FileName	設定或取得檔案對話方塊中所選取檔名。

屬性	說明
Filter	設定或取得目前檔案對話方塊的檔名篩選字串，用來設定在對話方塊中〔另存檔案類型〕或〔檔案類型〕方塊的選項。如下寫法，則檔案對話方塊的檔案類型清單會顯示「txt files(*.txt)」及「All files(*.*)」 openFileDialog1.Filter = "txt files (*.txt)|*.txt|All files (*.*)|*.*" ; ![檔名(N): openFileDialog1 檔案類型(T): txt files (*.txt) / txt files (*.txt) / All files (*.*)]
FileIndex	設定或取得檔案對話方塊中目前所選取的第 i 個索引。
InitialDirectory	設定或取得檔案對話方塊所顯示的初始檔案目錄。
ShowHelp	設定或取得〔說明〕按鈕是否在檔案對話方塊中顯示。
Title	設定或取得檔案對話方塊的標題名稱。

二、檔案對話方塊常用方法

1. ShowDialog 方法

   OpenFileDialog 開檔對話方塊控制項和 SaveFileDialog 存檔對話方塊一樣是屬於幕後執行的控制項，平時不會顯現出來。程式中欲開啟上述任一檔案對話方塊時，同樣可透過 ShowDialog 方法來達成。寫法如下：

   > 語法：openFileDialog1.ShowDialog();

檔名：Notepad1.sln

使用豐富文字方塊及 MenuStrip 功能表製作如下圖的記事本程式。在「檔案」功能項目下，有「開檔」、「存檔」、「結束」三個子功能項目。「開檔」子功能項目，可開啟開檔對話方塊讓使用者選取欲開啟的檔案。「存檔」子功能項目，可開啟存檔對話方塊讓使用者進行存檔。

「色彩」功能項目下,有「前景色」及「背景色」子功能項目,可開啟色彩對話方塊來設定所選取文字的前景色及背景色。「字型」功能項目可開啟字型對話方塊,來設定所選取文字的字型。

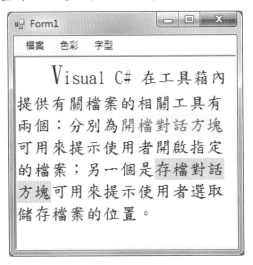

上機實作

Step1 設計輸出入介面

1. 本例需使用一個豐富文字方塊控制項(rtbText)用來顯示文字和格式。一個 MenuStrip 控制項(menuStrip1),用來建立功能表,功能表中有「檔案」功能項目(mnu 檔案),其下有「開檔」(mnu 開檔)、「存檔」(mnu 存檔)、「結束」(mnu 結束)三個子功能項目。「色彩」功能項目(mnu 色彩)下有「前景色」(mnu 前景色)及「背景色」(mnu 背景色)子功能項目。另外,有「字型」功能項目(mnu 字型)。

2. 為達到開檔、存檔、設定色彩、字型的功能,需建立 OpenFileDialog、SaveFileDialog、ColorDialog 和 FontDialog 控制項。

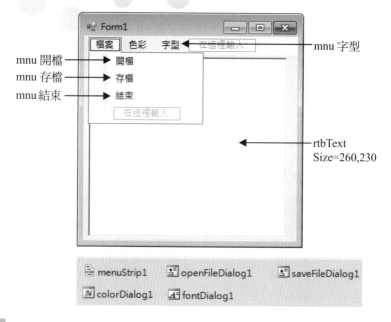

mnu 字型

mnu 開檔

mnu 存檔

mnu 結束

rtbText
Size=260,230

menuStrip1　　openFileDialog1　　saveFileDialog1

colorDialog1　　fontDialog1

Step2 問題分析

在各功能項目的 Click 事件處理函式中，開啟對應的對話方塊作各項的設定。例如在「mnu 開檔_Click 事件處理函式」中，用 ShowDialog 方法開啟開檔對話方塊讓使用者選取欲開啟的檔案。當使用者按「確定」鈕，就用豐富方塊控制項的 LoadFile 方法開啟檔案。

Step3 撰寫程式碼

```
FileName : Notepad1.sln
01 private void mnu開檔_Click(object sender, EventArgs e)
02 {
03    if (openFileDialog1.ShowDialog() == DialogResult.OK)
04       //開啟指定的檔案
05       rtbText.LoadFile(openFileDialog1.FileName,RichTextBoxStreamType.RichText);
06 }
07
08 private void mnu存檔_Click(object sender, EventArgs e)
09 {
10    if (saveFileDialog1.ShowDialog() == DialogResult.OK)
11       //儲存指定的檔案
12       rtbText.SaveFile(saveFileDialog1.FileName, RichTextBoxStreamType.RichText);
13 }
```

```
14
15 private void mnu前景色_Click(object sender, EventArgs e)
16 {
17    // 開啟色彩對話方塊並判斷是否按下 [確定] 鈕
18    if (colorDialog1.ShowDialog() == DialogResult.OK)
19       rtbText.SelectionColor = colorDialog1.Color;//設定選取文字的前景色
20 }
21
22 private void mnu背景色_Click(object sender, EventArgs e)
23 {
24    // 開啟色彩對話方塊並判斷是否按下 [確定] 鈕
25    if (colorDialog1.ShowDialog() == DialogResult.OK)
26       rtbText.SelectionBackColor = colorDialog1.Color;//設定選取文字的背景色
27 }
28
29 private void mnu字型_Click(object sender, EventArgs e)
30 {
31    // 開啟字型對話方塊並判斷是否按下 [確定] 鈕
32    if (fontDialog1.ShowDialog() == DialogResult.OK)
33       rtbText.SelectionFont = fontDialog1.Font;// 設定選取文字的字型
34 }
35
36 private void mnu結束_Click(object sender, EventArgs e)
37 {
38    Application.Exit();
39 }
```

12.8 列印文件控制項

Visual C# 2010 Express 工具箱中，提供有關列印的工具有四個：
PageSetupDialog 為列印格式對話方塊工具、PrintPreviewDialog 為預覽列印對話方塊工具以及 PrintDialog 列印對話方塊工具。這些對話方塊控制項的資料來源，都是 PrintDocument 列印文件控制項。

首先介紹 PrintDocument 列印文件控制項，該控制項是用來描述 Windows 架構應用程式中列印內容及列印文件能力的屬性，它可以與 PrintDialog 等控制項一起用於控制與文件列印相關的所有事項。列印工作的流程如下：

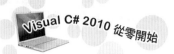

1. 使用 PrintDocument 控制項的 Print 方法，觸發 PrintDocument 控制項的 PrintPage 事件。

2. 在 PrintPage 事件處理函式中執行列印的程式碼步驟如下：

① 宣告 Graphics 物件。

② 使用 Graphics 物件的各種方法，傳送資料到印表機來列印。

一、PrintDocument 常用屬性

屬性	說明
DocumentName	顯示給使用者的文件名稱，預設值為 document。
DefaultPageSettings	執行階段的屬性值，可以設定列印文件控制項的邊界等屬性值。

二、PrintDocument 常用方法

1. Print 方法

利用 Print 方法可以觸動 printDocument1 控制項的 PrintPage 事件來列印出文件，語法如下：

```
語法：printDocument1.Print() ;
```

三、PrintDocument 常用事件

1. PrintPage 事件

是 PrintDocument 控制項最重要的事件，當使用 Print 方法時就會觸動本事件，所以要將列印的程式碼寫在 PrintPage 事件處理函式中。在 PrintPage 事件處理函式中要宣告一個繪圖物件，然後再用 DrawString 方法將文字資料傳給 PrintDocumnt 控制項。例如要列印以黑色新細明體、大小 12、座標(150,120)，列印「快樂」字串，其語法如下：

```
Graphics pg = e.Graphics ;
Font pf = new Font("新細明體",12) ;
pg.DrawString("快樂",pf, Brushes.Black,150, 120) ;
```

另外也可以用 Graphics 物件的方法在 PrintDocument 控制項中繪製圖
形，Graphics 物件的繪圖方法請自行參閱第十三章有關繪圖的相關介
紹。例如：要繪製一個從左上角座標(100、150)開始，寬度為 360，
高度為 240 的紅色矩形框，語法如下：

語法：e.Graphics.DrawRectangle(Pens.Red, 100, 150, 360, 240);

12.9 列印格式對話方塊控制項

　　執行 [　PageSetupDialog] 對話方塊控制項時，會出現一個「設定列印
格式」對話方塊，供使用者設定紙張大小、邊界以及列印方向等各項設
定。至於在表單建立列印格式對話方塊控制項非常簡單，只要在工具箱
中的 [　PageSetupDialog] 工具上快按兩下，就會在表單正下方建立一個控
制項。

一、PageSetupDialog 常用屬性

屬性	說明
Document	選取要處理的 PrintDocument 控制項，預設值為無，本屬性一定要設定否則對話方塊無效。
PageSettings	執行階段的屬性值，取得或設定當使用者按一下對話方塊中的 [印表機(P)...] 按鈕時，要修改的印表機設定。例如將列印文件控制項的設定值設為和列印格式對話方塊相同的語法如下： printDocument1. DefaultPageSettings = pageSetupDialog1.PageSettings;
AllowMargins	設定是否顯示「邊界」供使用者輸入，預設值為true。

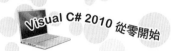
屬 性	說 明
AllowOrientation	設定是否顯示「列印方向」(橫向和縱向)供使用者選擇,預設值為 true。
AllowPaper	設定是否顯示「紙張」供使用者選擇,預設值為 true。
AllowPrinter	設定是否顯示「印表機」鈕供使用者選擇印表機,預設值為 true。
MinMargins	設定最小的邊界值,預設值為「0,0,0,0」

二、PageSetupDialog 常用方法

1. ShowDialog 方法

PageSetupDialog 對話方塊控制項是屬於幕後執行的控制項,平時不會顯現出來。當需要顯示 pageSetupDialog1 列印格式對話方塊控制項供使用者設定時,就要使用 ShowDialog 方法來開啟。語法如下:

> 語法:pageSetupDialog1.ShowDialog();

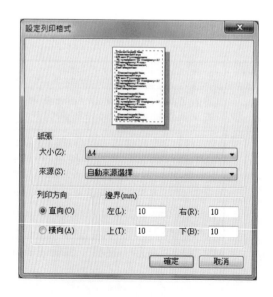

12.10 預覽列印對話方塊控制項

執行 `🖼 PrintPreviewDialog` 預覽列印對話方塊控制項時，會出現一個「預覽列印」對話方塊，供使用者預覽將要列印的文件，以及檢查列印該文件檢查是否超版。

一、PrintPreviewDialog 常用屬性

屬性	說明
Document	選取要處理的 PrintDocument 控制項，預設值為無，本屬性一定要設定否則對話方塊無效。

二、PrintPreviewDialog 常用方法

1. ShowDialog 方法

   PrintPreviewDialog 對話方塊控制項是屬於幕後執行的控制項，平時不會顯現出來。當需要顯示 printPreviewDialog1 預覽列印控制項對話方塊供使用者設定時，要使用 ShowDialog 方法。語法如下：

   > 語法：printPreviewDialog1.ShowDialog();

12.11 列印對話方塊控制項

執行 PrintDialog 列印對話方塊控制項時，會出現一個「列印」對話方塊，供使用者設定和列印相關的各項設定。

一、PrintDialog 常用屬性

屬性	說明
Document	選取要處理的 PrintDocument 控制項，預設值為無，本屬性一定要設定否則對話方塊無效。
AllowSomePages	設定是否顯示起始頁數至終止頁數的選項。
AllowSelection	設定是否顯示選擇範圍的選項。

二、PrintDialog 常用方法

1. ShowDialog 方法

   PrintDialog 對話方塊控制項是屬於幕後執行的控制項，平時不會顯現出來。當需要顯示 printDialog1 列印對話方塊控制項供使用者設定時，就要使用 ShowDialog 方法。語法如下：

   > 語法：printDialog1.ShowDialog();

2. Reset 方法

將 printDialog1 列印對話方塊控制項所有屬性，都還原為預設值。語法如下：

> 語法：printDialog1.Reset();

範例演練

延續上例，在「列印功能」項目下新增「列印格式」、「預覽」、「列印」三個子功能項目。執行各功能項目時，會開啟對應的對話方塊。

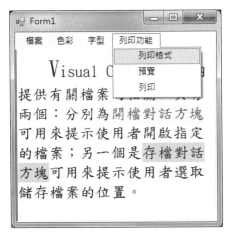

上機實作

Step1 設計輸出入介面

1. 本例延續 Notepad1.sln 程式，請在「列印功能」項目下，新增「列印格式」(mnu 列印格式)、「預覽」(mnu 預覽)、「列印」(mnu 列印)三個功能表項目(MenuItem)。

2. 為達成列印的功能，要建立 PrintDocument、PrintDialog、PrintPreviewDialog 和 PageSetupDialog 四個控制項。

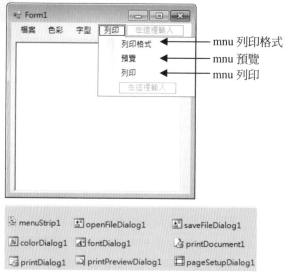

mnu 列印格式

mnu 預覽

mnu 列印

menuStrip1　openFileDialog1　saveFileDialog1
colorDialog1　fontDialog1　printDocument1
printDialog1　printPreviewDialog1　pageSetupDialog1

Step2 問題分析

1. 在表單載入時執行的 Form1_Load 事件處理函式內設定 printDialog1, printPreviewDialog1, pageSetupDialog1 的列印資料來源為 printDocument1。

2. 在 mnu 列印格式_Click 事件處理函式中，開啟「設定列印格式」對話方塊，並設定 printDocument1 的紙張設定值，和 pageSetup Dialog1「設定列印格式」對話方塊的設定值相同。

3. 在 mnu 預覽_Click 事件處理函式中，開啟「預覽列印」對話方塊。

4. 在 mnu 列印_Click 事件處理函式中，開啟「列印」對話方塊。若按 列印(P) 鈕時，就使用 printDocument1 的 Print 方法列印文件。

Step3 撰寫程式碼

```
FileName : Notepad2.sln
01 private void Form1_Load(object sender, EventArgs e)
02 {
03    // 設定 printDialog1, printPreviewDialog1, pageSetupDialog1 的
04    // 列印資料來源為 printDocument1
05    printDialog1.Document = printDocument1;
06    printPreviewDialog1.Document = printDocument1;
07    pageSetupDialog1.Document = printDocument1;
```

```
08 }
//其他功能項目的Click事件處理函式省略
......
09
10 private void mnu列印格式_Click(object sender, EventArgs e)
11 {
12   pageSetupDialog1.ShowDialog();
13   printDocument1.DefaultPageSettings = pageSetupDialog1.PageSettings;
14 }
15
16 private void mnu預覽_Click(object sender, EventArgs e)
17 {
18   printPreviewDialog1.ShowDialog();
19 }
20
21 private void mnu列印_Click(object sender, EventArgs e)
22 {
23   // 開啟列印對話方塊並判斷是否按下 [確定] 鈕
24   if (printDialog1.ShowDialog() == DialogResult.OK)
25     printDocument1.Print();
26 }
27
28 private void printDocument1_PrintPage(object sender,
   System.Drawing.Printing.PrintPageEventArgs e)
29 {
30   Graphics pg = e.Graphics;  //宣告pg為繪圖物件
31   //建立pf為字型物件，其值和fontDialog1字型屬性值相同
32   Font pf = new Font(fontDialog1.Font.Name,fontDialog1.Font.Size,
         fontDialog1.Font.Style);
33   //建立pb為筆刷物件，其值和colorDialog1的Color屬性值相同
34   SolidBrush pb = new SolidBrush(colorDialog1.Color);
35   //設x,y值和printDocument1的DefaultPageSettings.Margins屬性值相同
36   Single x = printDocument1.DefaultPageSettings.Margins.Left;
37   Single y = printDocument1.DefaultPageSettings.Margins.Top;
38   pg.DrawString(rtbText.Text, pf, pb, x, y);//以DrawString方法繪製文字
39 }
```

程式說明

1. 30 行　：宣告 pg 為繪圖物件，供列印時使用。

2. 32 行　：建立 pf 為字型物件，其值和 fontDialog1 字型屬性值相同。

3. 34 行　：建立 pb 為筆刷物件，其值和 colorDialog1 的 Color 屬性值相同。

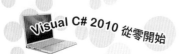

4. 36~37 行： 宣告 x,y 為單精確度數值，其值和 printDocument1 的 DefaultPageSettings.Margins 屬性值相同。

5. 38 行 ： 用 pg 繪圖物件的 DrawString 方法，來繪製文字，此時會由印表機列印出文字。

12.12 課後練習

一、選擇題

1. 若想讓 MenuStrip 功能項目的文字加底線，可以使用哪個字元？
   (A) _ 　(B) - 　(C) & 　(D) | 　。

2. 若想在 MenuStrip 功能表中出現分隔棒，可以使用哪個字元？
   (A) _ 　(B) - 　(C) & 　(D) | 　。

3. 若想讓 MenuStrip 功能項目前面顯示勾選記號，可以設定哪個屬性？
   (A) Checked 　(B) Enabled 　(C) ShortCutKeys 　(D) Visible

4. 預覽列印對話方塊在程式執行中是不會顯現，必須使用哪個方法來開啟？(A) Load 　(B) Open 　(C) Show 　(D) ShowDialog。

5. 若想將色彩對話方塊控制項所有屬性，都還原為預設值，必須使用哪個方法？(A) Load 　(B) New 　(C) Reset 　(D) Set。

6. PageSetupDialog 列印格式對話方塊必須配合哪個控制項一起使用？
   (A) FontDialog 　(B) PrintDialog 　(C) PrintDocument
   (D) PrintPreviewDialog 　。

7. 執行 PrintDocument 的 Print 方法會觸動哪個事件？
   (A) Print 　(B) PrintDocument 　(C) PrintPage 　(D) PrintSetup 　。

8. 若要在 FontDialog 中顯示色彩清單，要設定哪個屬性？
   (A) AllowFullOpen 　(B) Color 　(C) FullOpen 　(D) ShowColor。

9. 若要在 OpenFileDialog 設定預設的副檔名，要設定哪個屬性？

(A) DefaultExt　　(B) FileName　　(C) FileIndex

(D) InitialDirectory。

10. 狀態列控制項是個容器控制項，其中不包含下列哪個項目？

(A) DropDownButton　　(B) ProgressBar　　(C) SplitButton

(D) TextBox。

二、程式設計

1. 完成符合下列條件的程式。

① 設計一個類似廣告走馬燈的文字顯示效果。文字會逐字出現，文字全部顯示完畢後會閃爍三次，然後再重頭顯示效果。

② 若在文字上按右鍵，會出現快顯功能表。按「開始」就開始顯示效果；按「停止」就暫停顯示效果；按「結束」就結束程式。

註：① 字串物件的 Substring(開始位置,字數) 方法，可以指定開始位置由左邊起擷取指定字數的字串。

② 字串物件的 Length 屬性，可以取得字串的字元數。

③ 使用 Timer 控制項來逐一顯示字串。

2. 完成符合下列條件的程式。

① 設計一個各國首都的測驗。題目為固定，答案用選項鈕選取。

② 工具列控制項中有 核對 、 下一題 、 重新 、 結束 四個按鈕。按 核對 鈕會核對答案；按 下一題 鈕顯示下一個題目；按 重新 鈕重頭作答；按 結束 鈕結束程式。

③ 使用者核對過答案但未進入下一題時， 核對 鈕會暫時無法使用。

④ 使用者答到最後一題時，[下一題] 鈕會暫時無法使用，以避免超過題數而造成程式執行錯誤。

⑤ 狀態列控制項中顯示目前的題號、答對題數和提示訊息。

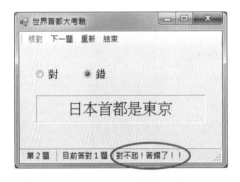

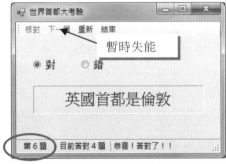

CHAPTER

繪圖與多媒體

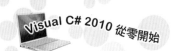
　　有人說「一圖勝千文」，圖形是人類共通的表達方式。應用程式設計得再好，如果畫面呆板不生動，使用起來總覺得無趣。.NET Framework 提供了 Windows 圖形設計介面 (GDI)，其進階實作稱為 GDI+。GDI+ 可以在表單和控制項上建立圖形、描繪文字並將圖形影像當作物件管理，使得繪圖變得輕而易舉。本章中將介紹座標系統、顏色設定，以及和繪圖有關的物件和方法。另外本章亦介紹多媒體播放的方法，包括聲音、影片、音樂檔的播放，更讓程式增添效果。

13.1 座標和顏色設定

13.1.1 座標

　　在學習繪圖之前，先要瞭解 Visual C# 螢幕的座標系統，如此才能精確地控制圖形的位置以及大小。在座標系統中是以像素（Pixel）為單位，像素是指螢幕上的一個點，每個像素都有一個座標點與之對應。Visual C# 將螢幕左上角的座標設為(0，0)，向右為正，向下為正。Visual C# 除了可在表單上繪圖，也可指定控制項當作畫布。一般以(x，y) 代表畫布上某個像素的座標點，其中水平以 x 座標值表示，垂直以 y 座標值表示。下圖是一個寬度為 240、高度 160 的畫布，畫布上 A(0,0)，B(40,0)，C(0,40)、D(120,80) 為畫布四個頂點座標點的相對位置。

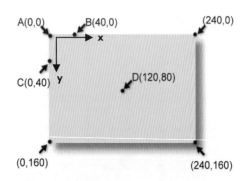

13.1.2 顏色設定

設定顏色值是執行繪圖功能中非常重要的部分，在 Visual C# 中對於顏色設定的常用方法有：FromArgb、FromKnownColor、Color.顏色常值等，每一種方法都各有其優點。現就一一介紹：

1. 使用 FromArgb 設定顏色

FromArgb 方法共有四個引數，分別代表：透明度（Alpha）、紅（Red）、綠（Green）、藍（Blue）顏色光的強度，每個引數值分別從 0~255 共分成 256 個強度，數值越大表示該顏色光越強。Alpha 透明度引數可以省略，若值為 0 代表完全透明；255 代表不透明。不同的引數值調出各種顏色光出來。其語法如下：

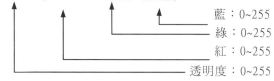

語法：Color.FromArgb([*Alpha*,] *Red*, *Green*, *Blue*)

藍：0~255
綠：0~255
紅：0~255
透明度：0~255

[例]

① Color.FromArgb (255,255,0,0);　　// 為紅色不透明
② Color.FromArgb (126,0,255,0);　　// 為綠色半透明
③ Color.FromArgb (255,0,0,255);　　// 為藍色不透明
④ Color.FromArgb (255,255,0,255);　// 為紫色不透明(紅+藍)

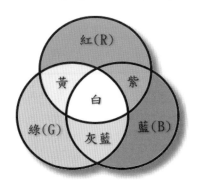

紅、綠、藍三色光合成圖

2. 使用 FromKnownColor 方法設定顏色

是屬於 Color 結構的方法。從指定預先定義(已知)的色彩來建立 Color 結構，並且是由 KnownColor 加上列舉常數來表示顏色。KnownColor 通常用來指定系統的顏色。如：作用視窗標題欄的名稱為 ActionCaption、控制項預設顏色為 Control 等。但也可以是顏色列舉常數，如：Green、Blue 等。語法如下：

> Color.FromKnownColor(KnownColor.列舉常數)

[例] 將表單(視窗)標題欄顏色當做(指定給) button1 按鈕的背景色。寫法如下：

```
button1.BackColor=Color.FromKnowColor(KnowsColor.ActionCaption);
```

3. 使用顏色列舉常數名稱

在 Visual C#中，定義了許多常用顏色，我們可以直接引用。撰寫程式時只要在這些顏色名稱前面輸入「**Color.**」時，自動出現顏色清單列出所有顏色列舉常數名稱，只要點選需要的顏色列舉常數名稱即可。

> Color.顏色列舉常數名稱

[例] 將 button1 按鈕控制項的前景色設為紅色，其寫法如下：

```
button1.ForeColor = Color.Red;
```

範例演練

檔名：Argb.sln

利用四個滑動桿控制項，分別來調整色塊的透明度、紅色、綠色和藍色的色階值，設定值一有改變同時將四個設定值分別顯示在表單上，且將紅、綠、藍、透明度混出的色光當作圖片控制項的背景色。

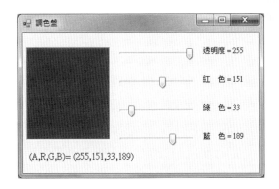

Step1 設計輸出入介面

1. 本例使用滑動桿控制項(tkbA、tkbR、tkbG、tkbB)，分別用來設定
   FromArgb 的透明度（Alpha）、紅（Red）、綠（Green）、藍（Blue）
   四個引數值。將 Minimum 屬性設為 0，Maximum 屬性設為 255，使
   設定範圍由 0~255。另外，設 TickStyle 屬性設為 None，不顯示刻
   線。

2. 本例使用一個圖片方塊控制項(picColor)用來顯示調整後的顏色。另
   外，使用五個標籤控制項(lblA、lblR、lblG、lblB、lblArgb)，分別
   顯示滑動桿控制項的 Value 值，以及 picColor 顯示的顏色值。

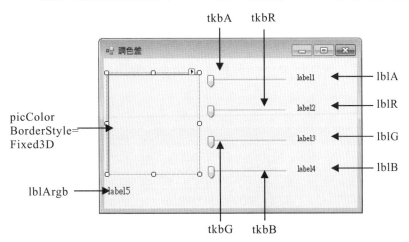

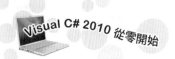

Step2 問題分析

1. 自定 myScroll 共用事件處理函式？

   為了使各個滑動桿控制項要達到當滑鼠拖曳滑動桿時，能立即顯示各滑動桿設定值的效果，需將顯示各顏色設定值的程式碼寫在各個滑動桿的 Scroll 事件中。若能寫一個共用自定事件處理函式用來顯示各顏色、透明度目前設定值以及將這四個引數所混出的色光當作圖片控制項的背景色，如此當各滑動桿被拖曳發生 Scroll 事件時，都指定改由 myScroll 自定共用事件處理函式執行，如此可免去需寫四個相同 Scroll 事件處理函式的程式碼，不但可縮短程式的長度且使得程式更易維護。請在 myScroll 共用事件處理函式做下列事情：

   ① 當拖曳滑動桿的滑動鈕時，其 Value 屬性會跟著異動，將各滑動桿的 Value 屬性值分別置入 lblA、lblR、lblG、lblB。。

   ② 透過 Color.FromArgb 方法將(A,R,G,B)調出的顏色置入 picColor 控制項內當作背景色。。

2. 表單載入時，執行表單的 Form1_Load 事件處理函式，在此函式內請做下列事情：

   ① 先將透明度滑動桿控制項的 Value 屬性設為 255（不透明）。

   ② 接著呼叫 myScroll 自定事件處理函式，先設定各滑動桿控制項滑動鈕的位置和 picColor 圖片控制項的 BackColor 屬性值。

   ③ 設定當 tkbA、tkbR、tkbG、tkbB 滑動鈕控制項的 Scroll 事件被觸發時，改執行 myScroll 自定共用事件處理函式。

Step3 撰寫程式碼

```
FileName : Argb.sln
01  // myScroll自定事件處理函式用來處理 tkbA, tkbR, tkbG, tkbB 的 Scroll 事件
02  private void myScroll(object sender, EventArgs e)
03  {
04      lblA.Text = "透明度 = " + tkbA.Value.ToString();      // 顯示目前透明度設定值
05      lblR.Text = "紅色 = " + tkbR.Value.ToString();        // 顯示目前紅色設定值
06      lblG.Text = "綠色 = " + tkbG.Value.ToString();        // 顯示目前綠色設定值
07      lblB.Text = "藍色 = " + tkbB.Value.ToString();        // 顯示目前藍色設定值
08      // 將目前紅綠藍三色混出的色光當圖片方塊控制項的背景色
```

```
09    picColor.BackColor = Color.FromArgb
          (tkbA.Value, tkbR.Value, tkbG.Value, tkbB.Value);
10    lblArgb.Text = " (A,R,G,B)= " + "(" + tkbA.Value.ToString() + "," +
          tkbR.Value.ToString() + "," + tkbG.Value.ToString() + "," +
          tkbB.Value.ToString() + ")";
11  }
12  //表單載入時執行此事件處理函式
13  private void Form1_Load(object sender, EventArgs e)
14  {
15    tkbA.Value = 255;          // 預設不透明
16    myScroll(sender, e);       // 表單載入時先執行 myScroll 事件處理函式
17    //當 tkbA 的 Scroll 事件被觸發時會執行 myScroll 事件處理函式
18    tkbA.Scroll += new EventHandler(myScroll);
19    tkbR.Scroll += new EventHandler(myScroll);
20    tkbG.Scroll += new EventHandler(myScroll);
21    tkbB.Scroll += new EventHandler(myScroll);
22  }
```

13.2 繪圖物件

在 Visual C# 中要繪圖前必須要先宣告各種繪圖物件，常用的物件有 Graphics、Pen、Brush、Brushes 等。

13.2.1 Graphics 畫布

Graphics 是畫布物件，它就像是繪畫時所使用的圖畫紙一樣，可讓繪圖方法在其中任意作畫。我們可用下面敘述，將表單、圖片方塊、面板、按鈕…等控制項當作一個畫布，圖形就會顯示在該控制項上。宣告方式如下：

> Graphics 畫布物件變數 ；
> 畫布物件變數 = 物件名稱.CreateGraphics();

[例] 要在 button1 按鈕控制項上面，新增一個名稱為 g 的繪圖物件，其寫法如下：

```
Graphics g ;
g = button1.CreateGraphics();
```

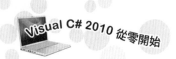

以上語法可以合併成一行：

```
Graphics g = button1.CreateGraphics();
```

如要清除畫布物件內的圖形，可使用 Clear 方法將畫布內容清成指定的顏色，語法如下：

畫布物件.Clear(Color.顏色名稱);

[例] 將畫布 g 清成白色，即成為白色畫布：

```
g.Clear(Color.White);
```

使用 Clear 方法只是清除畫面，若要將 Graphics 畫布物件從記憶體中移除，就要使用 Dispose 方法，其語法如下：

畫布物件.Dispose();

[例] 將畫布 g 由記憶體中移除。

```
g.Dispose();
```

13.2.2 Pen 畫筆

Pen 是畫筆物件，就像是一支繪圖時所使用的畫筆，可以在上一小節 Graphics 所建立的畫布物件上面使用繪圖方法畫出直線或曲線。建立畫筆物件時，除了要先定義畫筆的顏色外還要指定畫筆的粗細，語法如下：

Pen 畫筆物件變數 = new Pen(Color.顏色名稱[,粗細]);

[例] 宣告 p 為畫筆物件，畫筆的顏色為藍色及畫筆的寬度為 4 pixels：

```
Pen p = new Pen(Color.Blue,4);
```

建立 Pen 畫筆物件後，若要再度改變畫筆顏色或粗細，可使用下面語法重新設定：

畫筆物件.Color = Color.顏色名稱;
畫筆物件.Width = 粗細;

[例]　重新設定畫筆的顏色為紅色及畫筆 p 的寬度為 6 pixels，寫法：

```
p.Color = Color.Red ;
p.Width = 6 ;
```

13.2.3 Brushes 筆刷

Brushes 是純色的筆刷，它的用法和 Color 非常類似，可供繪圖指令指定繪圖的顏色，來填滿一個區域。其宣告的方式如下：

> Brushes.顏色名稱；

13.2.4 Brush 筆刷

Brush 筆刷可以建立下面所介紹各種樣式的筆刷，在畫布物件上用繪圖方法畫出一個填滿的區塊（如矩形、橢圓、多邊形...）。其中有部分物件是包含在 Drawing2D 的命名空間（NameSpace）中。例如 HatchBrush（花紋筆刷）等。所以，要先使用下列敘述將 Drawing2D 含入，而含入位置必須寫在程式碼的最前面，寫法如下：

```
using System.Drawing.Drawing2D;
```

1. SolidBrush 筆刷

SolidBrush 筆刷可以建立一個純色的筆刷，語法如下：

> SolidBrush 筆刷物件變數　= new SolidBrush(color.顏色名稱);

[例]　建立 sb 為一支暗紅色的筆刷，寫法如下：

```
SolideBrush sb = new SolideBrush(Color.DrakRed);
```

2. HatchBrush 筆刷

可建立一個花紋筆刷，第一個引數為花紋樣式(hatchStyle)可由花紋清單中點選適合的樣式，第二個引數為花紋的顏色(foreColor)和第三個引數為花紋的背景色(backColor)，語法如下：

> HatchBrush 筆刷物件變數　=
> 　　　new HatchBrush(hatchStyle , foreColor , backColor);

[例] 建立 hb 為波浪花紋筆刷，其前景紅色、背景藍色，寫法如下：

```
HatchBrush hb =
        new HatchBrush(HatchStyle.Wave,Color.Red ,Color.Blue);
```

3. Rectangle 矩形類別

當 LinearGradientBrush 漸層筆刷建立時，會使用到 Rectangle 類別。
Rectangle 類別可以建立一個矩形物件。建立時要定義是矩形的左上角座
標和矩形寬度和高度。其語法如下：

> Rectangle 矩形物件變數　= new Rectangle(x,y,width,height);

[例] 要建立 r1 為左上角座標(30,40)，寬度 100 和高度為 60 的矩形，寫
法如下：

```
Rectangle r1 = new Rectangle(30,40,100,60);
```

4. LinearGradientBrush 筆刷

建立一個漸層筆刷，引數中 Rectangle 是一個矩形的物件，必須先定義。
而引數 color1、color2 分別代表漸層的起始和終止顏色。另外可以用引數
angle 設定漸層傾斜的角度，使漸層效果有更多的變化。語法如下：

> LinearGradienBrush 筆刷物件變數　=
> 　　new LinearGradientBrush(Rectangle, color1, color2, angle);

[例] 建立 glb 是由紅色到黃色，方向是水平漸層筆刷，寫法如下：

```
Rectangle r1 = new Rectangle(10,20,120,80);
LinearGradientBrush glb =
  new LinearGradientBrush(r1,Color.Red ,Color. Yellow,90);
```

宣告 LinearGradientBrush 筆刷時，要先新增 Rectangle 矩形物件，該
矩形物件通常要大於所填色圖形的大小。

5. Bitmap 圖形類別

建立 TextureBrush 筆刷時，要使用到 Bitmap 類別。Bitmap 可以建立一個圖形物件，供繪圖時使用。建立時要指定檔名和路徑。圖形檔格式可以是 BMP, GIF, JPEG...等。語法如下：

```
Bitmap 圖形物件變數 = new Bitmap("filename");
```

```
[例1] Bitmap bmp = new Bitmap("C:\\ok.bmp");    // 固定路徑
[例2] Bitmap bmp = new Bitmap("..\\ok.jpg");    // 相對路徑
```

6. TextureBrush 筆刷

是一支以圖形物件當作圖案的筆刷，引數中圖形物件要用 Bitmap 類別來建立。其語法如下：

```
TextureBrush 筆刷物件變數 = new TextureBrush(圖形物件);
```

[例] 建立 p1 以 "ok.bmp" 圖案為筆刷材質，而寬度為 40 的畫筆，寫法如下：

```
Bitmap bmp = new Bitmap("ok.bmp");
TextureBrush tb = new TextureBrush(bmp);
Pen p1 = new Pen(tb,40);
```

13.3 常用的繪圖方法

繪製圖形的第一個步驟就是宣告一個畫布物件，然後將畫布物件指定給一個控制項，接著在該控制項上面繪製圖形。若要畫線條就建立 Pen 畫筆物件；要畫填滿的區塊就建立 Brush 筆刷物件。最後用各種繪圖方法，畫出需要的圖形。

13.3.1 繪製直線

C# 提供 DrawLine（畫直線）、DrawRectangle（畫矩形框）和 DrawPolygon（畫多邊形）三個繪製直線的方法。在使用這些方法之前，要先宣告一個畫布物件，然後再將畫布物件指定給一個控制項。接著建立 Pen 畫筆物件，指定畫筆的顏色和粗細，最後用繪圖方法，畫出需要的圖形。

1. DrawLine 方法

可用畫筆物件，畫出一條直線。建立時要定義直線的起點座標和終點座標。至於直線的顏色和粗細，是由畫筆物件來決定。其語法如下：

畫布物件.DrawLine(畫筆物件, x1, y1, x2, y2);

[例] 在畫布 g 上面的(10,10)~(120,120)兩座標點間繪製一條直線，畫筆的顏色和寬度由 p1 畫筆物件決定，寫法如下：

```
g.DrawLine(p1,10,10,120,120);
```

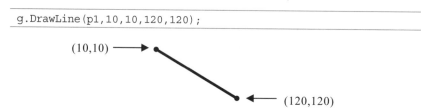

2. DrawRectangle 方法

可用畫筆物件，畫出一個矩形框。建立時要定義矩形的左上角座標和右下角座標。至於外框的顏色和粗細，由畫筆物件來決定。語法如下：

畫布物件.DrawRectangle(畫筆物件,x1, y1, x2, y2);

[例] 在(10,10)~(120,120)間畫一個矩型框，外框的顏色和寬度由 p1 畫筆物件決定，寫法如下：

```
g.DrawRectangle(p1,10,10,120,120);
```

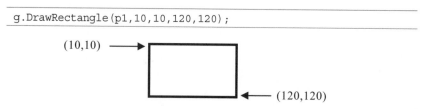

3. DrawPolygon 方法

可用畫筆物件畫出一個封閉的空心多邊形。建立時除了畫筆物件外，還要以 Point 類別指定多邊形的頂點座標。DrawPolygon 方法會依照 Point 類別內點的順序來繪製直線，繪完最後一點後，該點會和起點相連成一個封閉的多邊形。語法如下：

畫布物件.DrawPolygon(畫筆物件,Point[]);

4. Point 類別

用來建立並記錄每一點的 X、Y 座標值，其中可以為一個點，也可以包含多個點。語法如下：

Point 變數 = new Point(x1, y1);   // 單點

[例] 建立一個 p1 點(Point)物件，XY 座標為(0,0)，寫法如下：

```
Point[] p1 = new Point(0,0);
```

Point[] 變數= new Point[]
{new Point(x1,y1), new Point(x2,y2), new Point (x3,y3),.......};   // 多點

[例] 建立一個 pts 點(Point)物件陣列，該物件陣列內含三個點物件依序 XY 座標為(50,0)、(0,100)、(200,100)，最後再使用 DrawPolygon 方法並配合 pts 點物件陣列繪製出三角形。其寫法如下：

```
Point[] pts = new Point[]
  {new Point(50,0), new Point(0,100), new Point(200,100)};
g.DrawPolygon(p,pts);
```

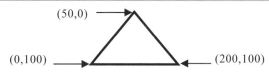

檔名：LineDemo.sln

試在表單大小 580 x 255(寬 x 高) 上分別畫出下列三個圖形。

① 圖一的線條粗細為 2，顏色為黑色，第一條線由(5,10)-(140,10)，
   第二條線由(15,30)-(140, 30)，其餘位置以此類推，共有 11 條線。

② 圖二線條顏色為藍色，第一個正方形起點為(160,10)、邊長為 200，
   第二個正方形起點為(150,20)、邊長為 180，其餘正方形以此類推，
   共有 10 個正方形。

③ 圖三的線條粗細為 12，多邊形端點分別在(460,10)、(550,90)、
   (510,200)、(410,200)、(370,90)。

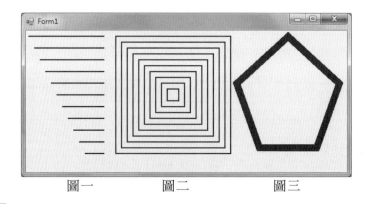

圖一　　　　　圖二　　　　　圖三

上機實作

Step1 問題分析

1. 本例在表單上不需要放置任何控制項，圖形是畫在表單物件上，表
   單寬度設為 580，高度設為 280。。

2. 視窗的繪圖事件是 Paint 事件，因此需將繪圖的程式碼寫在 Form1_
   Paint 事件處理函式中，在此函式做下列事情：

   ①設定表單為畫布 g，畫筆顏色為黑色，寬度為 2 pixels。

   ②在畫布 g 上面使用 for 迴圈繪製十一條水平線。直線起點的 X 座
    標值由上而下每條的 X 座標加 10；Y 座標由上而下每條 Y 座標
    加 20。直線終點的 X 座標值固定為 140；Y 座標值也各加 20。
    歸納上列規則，可利用 for 迴圈來繪製圖形。

③ 重設畫筆顏色為藍色。

④ 在畫布 g 上面使用 for 迴圈繪製十個同心正方框。正方形的起點 X 座標值由外向內每個加 10；Y 座標值也加 10。正方形的寬和高，由外向內每個減 20。歸納上列規則，可利用 for 迴圈來繪製圖形。

⑤ 重設畫筆寬度為 12。

⑥ 在畫布 g 上面繪製五多邊形。多邊形只要將指定的頂點位置，設給 DrawPolygon 方法就可以輕鬆繪製完成。

Step2 撰寫程式碼

```
FileName : LineDemo.sln
01 private void Form1_Paint(object sender, PaintEventArgs e)
02 {
03    Graphics g = this.CreateGraphics();
04    Pen p = new Pen(Color.Black, 2);
05    int i;
06    for (i = 1; i <= 11; i++)   //繪製十一條水平線
07    {
08       g.DrawLine(p, 5 + (i - 1) * 10, 10 + (i - 1) * 20, 140, 10 + (i - 1) * 20);
09    }
10    p.Color = Color.Blue;        //設畫筆顏色為藍色
11    for (i = 1; i <= 10; i++)   //繪製十個同心正方框
12    {
13       g.DrawRectangle(p, 160 + (i - 1) * 10,
          10 + (i - 1) * 10, 200 - (i - 1) * 20, 200 - (i - 1) * 20);
14    }
15    p.Width = 12;                //設畫筆寬度為12
16    Point[] p_arry = { new Point(460, 10), new Point(550, 90), new Point(510, 200),
                new Point(410, 200), new Point(370, 90) };
17    g.DrawPolygon(p, p_arry);   //繪製五多邊形
18 }
```

13.3.2 繪製曲線

本小節介紹將 DrawEllipse（畫橢圓框）、DrawArc（畫圓弧）、DrawPie（畫扇形框）、DrawBezier（畫貝茲氏曲線）和 DrawCurve（畫曲線）五種繪製曲線的方法。

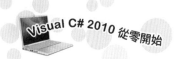

1. DrawEllipse 方法

   DrawEllipse 方法可以用畫筆物件，畫出一個橢圓框。建立時要定義橢圓形的左上角座標、橢圓的寬和高度(當寬=高，即為正圓)。語法如下：

   > 畫布物件.DrawEllipse(畫筆物件, x, y, width, height);
   > 畫布物件.DrawEllipse(畫筆物件, Rectangle);

2. DrawArc 方法

   DrawArc 方法可以用畫筆物件，畫出一條圓弧（橢圓的一部分）。建立時要定義橢圓形的左上角座標、橢圓的寬和高度，圓弧起點角度和畫弧的角度。若畫弧角度為負值，就表示是逆時針畫圓弧。語法如下：

   > 畫布物件.DrawArc(畫筆物件, x, y, width, height, startAngle, sweepAngle);

   [例] 圓弧由 45 度畫 90 度到 135 度，寫法如下：

   ```
   g.DrawArc(p,0,0,50,50,45,90);
   ```

   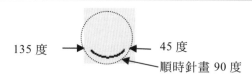

   DrawArc 方法和 DrawPie 方法使用的角度如下圖：

   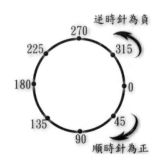

3. DrawPie 方法

   DrawPie 方法可以用畫筆物件，畫出一個扇形框。其方法和 DrawArc 方法類似，只是多了兩條和橢圓中心的連線。其語法如下：

> 畫布物件.DrawPie(畫筆物件, x, y, width, height, stsrtAngle,
> 　　　　sweepAngle);

[例] 圓弧由 45 度逆時針畫到 315 度，寫法如下：

```
g.DrawPie(p,0,0,50,50,45,-90)
```

4. DrawBezier 方法

DrawBezier 方法可以用畫筆物件，依照四個指定的點座標畫出一條貝茲曲線。語法如下：

> 畫布物件.DrawBezier(畫筆物件, p1, p2, p3, p4);

5. DrawCurve 方法

DrawCurve 方法可以用畫筆物件，依照 Point 類別指定的點畫出一條曲線。DrawBezier 一定要指定四個點，但 DrawCurve 指定的點數有彈性。其語法如下：

> 畫布物件.DrawCurve(畫筆物件,Point[]);

 DrawCurve 方法繪製的曲線會通過指定的點，但 DrawBezier 不一定會通過。

 　　　　　　　　　　　　　　　　　　　檔名：DrawArc.sln

試分別使用上面五種畫曲線的方法，練習使用 DrawEllipse 畫圓、DrawArc 畫圓弧、DrawPie 畫扇形圖、DrawBezier 畫貝茲曲線和DrawCurve 畫曲線。

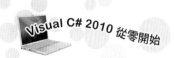

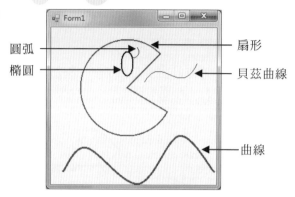

圓弧 → 扇形

橢圓 → 貝茲曲線

曲線

Step1 問題分析

1. 視窗的繪圖事件是 Paint 事件,需將繪圖的程式碼寫在 Form1_Paint 事件處理函式中。

2. 設定表單為畫布,和設定畫筆的顏色和粗細。

3. 用 DrawPie 方法繪製眉毛,以左上角座標為(50,20)及寬高(160,160) 方形中繪製內切橢圓,由 30 度位置順時針畫 285 度的扇形。

4. 用 DrawEllipse 方法繪製小精靈的頭,以左上角座標為(120,40)及寬高(20,40)方形中繪製內切橢圓。

5. 用 DrawArc 方法,以左上角座標為(130,30)及寬高(20,20)方形中繪製的內切橢圓,取由 90 度位置逆時針畫 135 度的圓弧。

6. 使用 g.DrawBezier 方法,以指定的四點座標為繪製貝茲曲線。

7. 使用 g.DrawCurve 方法,使用指定畫筆繪製 ps 點(Point 類別)物件陣列集合裡面的座標點。

Step2 撰寫程式碼

```
FileName : DrawArc.sln
01 private void Form1_Paint(object sender, PaintEventArgs e)
02 {
03    Graphics g = this.CreateGraphics();        // 設定畫布 g
04    Pen p = new Pen(Color.Red, 2);             // 設定畫筆 p,為寬度為 2 的紅色畫筆
05    g.DrawPie(p, 50, 20, 160, 160, 30, 285);   // 畫餅狀圖
```

```
06    p.Color = Color.Black;                  // 設畫筆顏色為黑色
07    g.DrawEllipse(p, 120, 40, 20, 40);      // 畫圓
08    p.Width = 1;                            // 設畫筆的寬度為1
09    g.DrawArc(p, 130, 30, 20, 20, 90, -135);  // 畫圓弧
10    p.Color = Color.Blue;                   // 設畫筆顏色為藍色
11    g.DrawBezier(p, new Point(160, 90),     // 畫貝茲曲線
          new Point(190, 40), new Point(220, 120), new Point(250, 60));
12    p.Width = 3; p.Color = Color.Green;     // 設畫筆寬度為3，顏色為綠色
13    Point[] ps = new Point[] { new Point(20, 240), new Point(60, 200),
       new Point(150, 260), new Point(220, 180), new Point(280, 240) };
14    g.DrawCurve(p, ps);                     // 畫曲線
15 }
```

13.3.3 繪製區塊

　　C# 提供 FillRectangle(畫矩形)、FillPolygon(畫實心多邊形)、FillEllipse（畫橢圓）和 FillPie（畫扇形）四個繪製區塊的方法。在使用這些方法前，要先宣告一個畫布物件，然後將畫布物件指定給一個控制項。接著建立 Brush 筆刷物件，依照需求指定筆刷的種類。最後用繪圖方法，畫出需要的圖形。

1. FillRectangle 方法

FillRectangle 方法可用筆刷物件，在畫布上繪製一個實心的矩形區塊。其語法如下：

> 畫布物件.FillRectangle(筆刷物件, x1, y1, x2, y2);
> 畫布物件.FillRectangle(筆刷物件, Rectangle);

2. FillPolygon 方法

FillPolygon 方法可用筆刷物件，在畫布上繪製一個封閉的實心多邊形區塊。語法如下：

> 畫布物件.FillPolygon(筆刷物件, Point[]) ;

3. FillEllipse 方法

FillEllipse 方法可用筆刷物件，在畫布上繪製一個實心橢圓區塊。語法如下：

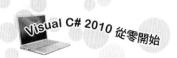

畫布物件.FillEllipse(筆刷物件, x, y, width, height);
畫布物件.FillEllipse(筆刷物件, Rectangle);
```

4. FillPie 方法

FillPie 方法可用筆刷物件,在畫布上繪製一個實心扇形區塊。語法如下:

```
畫布物件.FillPie(筆刷物件,x,y,w,h,stsrtAngle,sweepAngle);
畫布物件.FillPie(筆刷物件,Rectangle,stsrtAngle,sweepAngle);
```

檔名:FillDemo.sln

視窗中有「區塊樣式」、「填充樣式」和「顏色」三個框架,使用者可以自行點選樣式組合,然後按「繪圖」鈕繪製指定的圖形樣式在圖片方塊上面。

```

上機實作

Step1 設計輸出入介面

1. 本例建立一個 PictureBox 控制項(picDraw)，用來顯示圖形。另外，使用三個群組控制項，來區隔三組選項鈕控制項。最後，建立一個按鈕控制項(btnDraw)，用來執行繪圖的功能。

2. 專案儲存後，將書附光碟 ch13/images 資料夾中 c#.gif 圖檔放置到目前製作專案 bin/ Debug 資料夾下，使 c#.gif 與專案執行檔置於相同路徑。

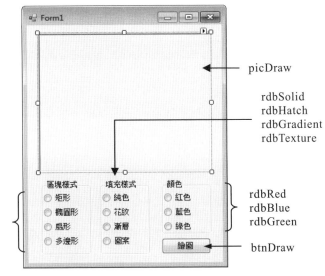

Step2 問題分析

1. 因為有用到漸層筆刷，所以在程式最前面需含入 System.Drawing. Drawing2D 命名空間。

2. 在表單載入執行的 Form1_Load 事件處理函式中，設定三組選項鈕的預設值。

3. 在 繪圖 鈕的 btnDraw_Click 事件處理函式中，檢查各選項鈕點選情形，然後繪製指定的圖形。步驟如下：

①指定 g 畫布給 picDraw 圖片方塊。

②用 Clear 方法將 picDraw 清成 KnownColor.Control 顏色(即系統預設的控制項顏色)。

③依照選項鈕 Checked 值，用 if 選擇結構分別指定顏色 c。

④依照選項鈕 Checked 值，用 if 選擇結構分別宣告 b1~b4 四種筆刷，再指定給 b 筆刷。

⑤依照選項鈕 Checked 值，用 if 選擇結構分別用繪圖方法繪製指定的圖形。

Step3 撰寫程式碼

```
FileName : FillDemo.sln
01 using System.Drawing.Drawing2D;   //引用 System.Drawing.Drawing2D
02
03 namespace FillDemo
04 {
05   public partial class Form1 : Form
06   {
07     public Form1()
08     {
09       InitializeComponent();
10     }
11
12     private void Form1_Load(object sender, EventArgs e)
13     {
14       rdbRectangle.Checked = true;      // 區塊樣式預設勾選矩形
15       rdbSolid.Checked = true;          // 填充樣式預設勾選純色
16       rdbRed.Checked = true;            // 顏色預設勾選紅色
17     }
18
19     private void btnDraw_Click(object sender, EventArgs e)
20     {
21       Graphics g = picDraw.CreateGraphics();   // 設定畫布
22       g.Clear(Color.FromKnownColor(KnownColor.Control)); //清成系統預設顏色
23       Color c;                 // 宣告 Color 結構變數 c
24       if (rdbRed.Checked)          // 勾選紅色
25         c = Color.Red;            // 設為紅色
26       else if (rdbBlue.Checked)  // 勾選藍色
27         c = Color.Blue;      // 設為紅色
28       else                 // 勾選綠色
29         c = Color.Green;     // 設為綠色
```

```
30          // 填充樣式部分
31      Brush b;                    // 宣告筆刷
32      if (rdbSolid.Checked) // 勾選純色
33      {
34          SolidBrush b1 = new SolidBrush(c);
35          b = b1;
36      }
37      else if (rdbHatch.Checked)        // 勾選花紋
38      {
39          HatchBrush b2 = new HatchBrush(HatchStyle.Wave, c, Color.White);
40          b = b2;
41      }
42      else if (rdbGradient.Checked)     // 勾選漸層
43      {
44          Rectangle ret = new Rectangle(0, 0, 280, 280);
45          LinearGradientBrush b3 = new LinearGradientBrush(ret, c, Color.White, 90);
46          b = b3;
47      }
48      else                              // 勾選圖案
49      {
50          Bitmap img = new Bitmap("c#.gif");
51          TextureBrush b4 = new TextureBrush(img);
52          b = b4;
53      }
54      // 區塊樣式部份
55      if (rdbRectangle.Checked)         // 勾選矩形
56          g.FillRectangle(b, 10, 10, 240, 180);
57      else if (rdbEllipse.Checked)      // 勾選橢圓
58          g.FillEllipse(b, 10, 10, 240, 180);
59       else if (rdbPie.Checked)         // 勾選扇形
60          g.FillPie(b, 30, 10, 240, 180, 45, 270);
61      else                              // 勾選多邊形
62      {
63          Point[] ps = new Point[] { new Point(130, 10), new Point(30, 200),
             new Point(240, 70), new Point(10, 70), new Point(220, 200) };
64          g.FillPolygon(b, ps);
65      }
66      }
67  }
68 }
```

13.3.4 繪製文字

C# 提供 DrawString 方法來繪製文字，在使用 DrawString 方法前，要先宣告一個畫布物件，然後將畫布物件指定給一個控制項。接著建立 Brushes 或 Brush 筆刷物件，依照需求指定筆刷的種類。語法如下：

> 畫布物件.DrawString
> ("字串", new Font("字型名稱", FontSize) , Brushes, x, y);

[例1]
```
g.DrawString("OK", new Font("Arial",24), Brushes.Black,20,50);
```
[例2]
```
HatchBrush b = new HatchBrush(HatchStyle.Wave,c1,c2);
g.DrawString("OK", new Font("Arial Black", 48), b, 120, 50);
```

[例1] 　　　　[例2]

13.3.5 其它常用的繪製方法

本小節將介紹 TranslateTransform（位移）、ScaleTransform（縮放）、RotateTransform（旋轉）和 ResetTransform（還原）等圖形變形的方法。

1. **TranslateTransform 方法**

   TranslateTransform 方法可以設定圖形位移的大小，語法如下：

   > 畫布物件.TranslateTransform(x, y);

   [例] 會影響後面繪製的圖形座標都會向右移 15 點向下 30 點，寫法如下：
   ```
   g.TranslateTransform(15,30);
   ```

2. **ScaleTransform 方法**

   用來設定圖形縮放的比例，引數中要定義圖形的寬度和高度的縮放比例。語法：

   > 畫布物件.ScaleTransform(sw, sh);

[例] 會影響後面繪製的圖形大小，寬度縮小為一半，高度放大 2 倍，
寫法如下：

```
g.ScaleTransform(0.5,2);
```

3. RotateTransform 方法

用來設定圖形旋轉的角度，引數中角度以 360 度為單位（資料型別為
float）。其語法如下：

> 畫布物件.RotateTransform(angle);

[例] 會影響後面繪製的圖形都順時針旋轉 45 度，寫法如下：

```
g.RotateTransform(45);
```

如果若執行 RotateTransform 方法兩次，兩次旋轉的角度會相加，會影響
以後繪製的圖形。例如執行 g.RotateTransform(45)兩次，以後繪圖的都旋
轉 90 度，也就是說由上次旋轉的角度起再旋轉角度。

4. ResetTransform 方法

TranslateTransform、ScaleTransform、RotateTransform 方法，都是以上
次執行結果繼續變形，若要還原成初始設定重新來過，就使用
ResetTransform 方法。語法如下：

> 畫布物件.ResetTransform();

範例演練　　　　　　　　　　　　　　　　　檔名：DrawString.sln

在視窗下方有　□平移 、□縮放 、□旋轉　三個核取方塊，勾選核取方塊後
按　　繪圖　　鈕就會畫出指定文字樣式。

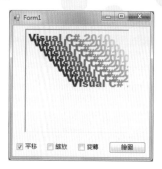  

上機實作

Step1 設計輸出入介面

本例建立一個 PictureBox 控制項(picDraw)，用來顯示圖形。另外，使用三個核取方塊控制項，用來設定三個選項。最後，建立一個按鈕控制項(btnDraw)，用來執行繪圖的功能。

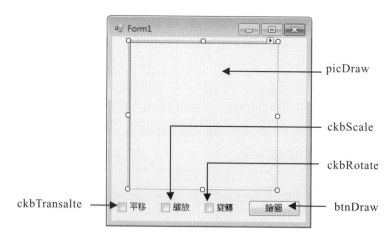

Step2 問題分析

1. 使用 DrawString 方法可以顯示文字，再配合 TranslateTransform、ScaleTransform、RotateTransform 三個方法，就可以讓文字顯示時增加平移、縮放和旋轉等效果。

2. 在 [繪圖] 鈕的 Click 事件中，檢查各核取方塊勾選情形，然後繪製指定的圖形。

Step3　撰寫程式碼

```
FileName : DrawString.sln
01 using System.Drawing.Drawing2D; //引用此命名空間
02
03 namespace DrawString
04 {
05   public partial class Form1 : Form
06   {
07     public Form1()
08     {
09       InitializeComponent();
10     }
11
12     private void btnDraw_Click(object sender, EventArgs e)
13     {
14       Graphics g = picDraw.CreateGraphics();
15       g.Clear(Color.FromKnownColor(KnownColor.Control));
16       Rectangle rec = new Rectangle(0, 0, 220, 30);
17       int i;
18       for (i = 1; i <= 10; i++)
19       {
20         LinearGradientBrush b = new LinearGradientBrush
            (rec, Color.Blue, Color.White, 10);
21         g.DrawString("Visual C# 2010",new Font("Arial Black", 16), b, 0, 0);
22         if (ckbTranslate.Checked) g.TranslateTransform(10, 10);
23         if (ckbScale.Checked) g.ScaleTransform((float)1.1, (float)1.1);
24         if (ckbRotate.Checked) g.RotateTransform(10);
25       }
26       g.ResetTransform();
27     }
28   }
29 }
```

程式說明

1. 1 行　　：程式最前面含入 Drawing2D 命名空間。

2. 18~25 行：為 for 迴圈，執行 10 次 DrawString 方法。

3. 20 行　　：建立 b 為漸層筆刷，其起始顏色用淺藍色配合迴圈變數，達到顏色的變化。

4. 22~24 行：依據核取方塊設定情形，分別執行 TranslateTransform、ScaleTransform、RotateTransform 方法。

5. 26 行　　：用 ResetTransform 方法還原變形的方法。

13.4 圖檔的讀取和儲存

在前面章節中我們介紹了如何運用繪圖方法來繪製圖形，這些方法所繪出的圖形，通常無法十分精緻。為了解決上述問題，Visual C# 可以將現有圖檔直接載入畫布中或是利用 Save 方法，可以將畫布內的圖形，以檔案方式存入檔案中，方便日後使用。

1. Bitmap 圖形類別

Bitmap 建立時除了可指定載入圖檔，也可以指定其寬度和高度，此時會在記憶體保留空間。語法如下：

```
Bitmap 圖形物件變數 = new Bitmap(width, height);
```

[例] Bitmap bmp = new Bitmap(160,120);

2. FromImage 方法

宣告一個畫布物件，其來源為圖形物件。

```
畫布物件變數 = Graphics.FromImage(Bitmap);
```

[例] Bitmap bmp = new Bitmap(160,120);
     g = Graphics.FromImage(bmp);

3. Save 方法

Save 方法可以將 Bitmap 物件的圖形存成檔案，其引數除了檔名外，還要包含路徑。

```
Bitmap.Save("FileName");
```

[例] bmp.Save("..\\test.bmp");

範例演練

檔名：SaveDraw.sln

在視窗中有一個白色方塊，使用者選擇畫直線或圓形後，可以用滑鼠任意點兩點畫圖。畫筆大小和顏色，可以用滑動桿自行調整。按 清除 鈕時，方塊清成白色。按 存檔 鈕時，方塊內圖案以「test1.jpg」存檔。按 讀檔 鈕時，方塊內會顯示原來存檔的「test1.jpg」。

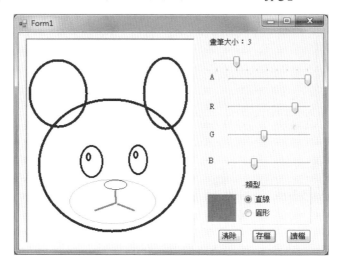

上機實作

Step1 設計輸出入介面

本例建立一個 PictureBox 控制項(picDraw)，用來顯示圖形。使用五個滑動桿控制項，來設定畫筆大小和顏色值。使用 PictureBox 控制項(picColor)用來顯示使用者設定的顏色。使用兩個選項鈕控制項(rdbLine、rdbCircle)用來選擇繪圖方法。最後，建立三個按鈕控制項，分別用來執行清除、存檔和讀檔的功能。

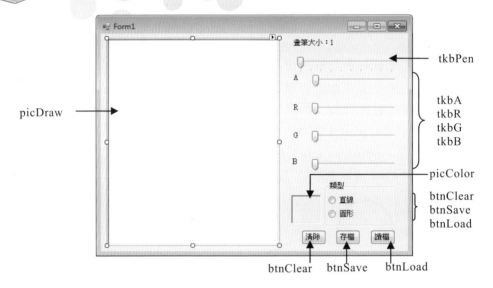

picDraw
tkbPen
tkbA
tkbR
tkbG
tkbB
picColor
btnClear
btnSave
btnLoad

btnClear   btnSave   btnLoad

Step2 問題分析

1. 建立一個 Bitmap 物件，其名稱為 bmp，大小和 picDraw 相同。

2. 宣告 p_w（畫筆大小）、p_c（畫筆顏色）、p（畫筆）成員變數，以便讓所有事件處理函式共用並設其初值。

3. 宣告 first 布林成員變數，用來記錄是否按了第一點，預設值為 false(沒有)。宣告 x1、y1 成員變數用來記錄滑鼠第一點座標，以便讓所有事件處理函式共用。

4. 定義 MyScroll 自定事件處理函式，以便將來讓 tkbA, tkbB, tkbG, tkbB 的 Scroll 事件一起共用。在該函式做下列事情：

   ① 使用 Color.FromArgb 方法配合 tkbA, tkbB, tkbG, tkbB 的 Value 屬性取得顏色，並將顏色指定給 p_c 畫筆顏色。

   ② 將 p_c 畫筆顏色指定給 picColor 圖片方塊控制項的背景色。

   ③ 使用 p_w 畫筆大小及 p_c 畫筆顏色重新建立畫筆物件 p。

5. 在表單載入時執行的 Form1_Load 事件處理函式中，設定各控制項的初值，並設定滑動桿的共享事件。

6. 在 picDraw 的 MouseMove 事件處理函式中，當滑鼠按下左鍵時，就用 not 運算 first 變數。接著根據 first 變數，用 if 結構來分別執行程式碼。若 first=false 代表第一點，就記錄滑鼠座標值在 x1、y1 變數。若 first=true 代表第二點，就再根據使用者選擇直線或圓形，用 DrawLine 或 DrawEllipse 方法畫圖。

7. 在 清除 btnClear_Click 事件處理函式中，用 Clear 方法清除畫布 g，再將清除的結果指定給 picDraw。

8. 在 存檔 btnSave_Click 事件處理函式中，使用 Save 方法可以將 Bitmap 物件的圖形儲存到 test1.jpg 檔案中。

9. 在 讀檔 btnLoad_Click 事件處理函式中，載入 test1.jpg 圖檔到 bmp 物件，並指定給 picDraw 顯示。先宣告畫布 g 的來源為圖形物件 bmp，使用 FileStream 方法將圖檔讀到 fs，然後將 fs 指定給 bmp。最後，將 bmp 指定給 picDraw。

Step3 撰寫程式碼

```
FileName :SaveDraw.sln
01  Bitmap bmp = new Bitmap(280, 330);      //和 picDraw 大小相同
02  int p_w = 1;                            //畫筆大小
03  Color p_c = Color.Black;                //畫筆顏色
04  Pen p = new Pen(Color.Black, 1);        //宣告畫筆
05  bool first = false;                     //記錄是否畫了第一點
06  int x1, y1;                             //記錄第一個點座標
07  // MyScroll 自定事件處理函式，可讓 tkbA, tkbB, tkbG, tkbB 的 Scroll 事件一起共用
08  private void MyScroll(object sender, EventArgs e)
09  {
10     p_c = Color.FromArgb(tkbA.Value, tkbR.Value, tkbG.Value, tkbB.Value);
11     picColor.BackColor = p_c;        //設 picColor 的背景色為 p_c
12     p = new Pen(p_c, p_w);           //設畫筆為使用者設定值
13  }
14
15  private void Form1_Load(object sender, EventArgs e)
16  {
17     tkbA.Value = 255;
18     tkbB.Scroll += new EventHandler(MyScroll);
19     tkbR.Scroll += new EventHandler(MyScroll);
20     tkbG.Scroll += new EventHandler(MyScroll);
21     tkbB.Scroll += new EventHandler(MyScroll);
22     MyScroll(sender, e);                 //執行 MyScroll 事件處理函式
```

```
23      rdbLine.Checked = true;           //預設為畫直線
24  }
25
26  private void tkbPen_Scroll(object sender, EventArgs e)
27  {
28      p_w = tkbPen.Value;
29      p = new Pen(p_c, p_w);           //設畫筆為使用者設定值
30      lblPen.Text = "畫筆大小：" + p_w;
31  }
32
33  private void picDraw_MouseDown(object sender, MouseEventArgs e)
34  {
35      first = !first;                   //first 作 not 運算
36      if (first == true)        //若為第一點
37      {
38          x1 = e.X; y1 = e.Y;   //記錄第一個點座標
39      }
40      else
41      {
42          Graphics g = Graphics.FromImage(bmp);
43          if (rdbLine.Checked == true)           //若選 直線
44              g.DrawLine(p, x1, y1, e.X, e.Y);   //畫直線
45          else
46              g.DrawEllipse(p, x1, y1, e.X - x1, e.Y - y1);
47          picDraw.Image = bmp;
48          g.Dispose();
49      }
50  }
51
52  private void btnClear_Click(object sender, EventArgs e)
53  {
54      Graphics g = Graphics.FromImage(bmp);
55      g.Clear(Color.White);
56      picDraw.Image = bmp;
57  }
58
59  private void btnSave_Click(object sender, EventArgs e)
60  {
61      bmp.Save("test1.jpg");
62  }
63
64  private void btnLoad_Click(object sender, EventArgs e)
65  {
66      Graphics g = Graphics.FromImage(bmp);
67      System.IO.FileStream fs = new System.IO.FileStream
              ("test1.jpg", System.IO.FileMode.Open);
68      bmp = new Bitmap(fs);     //將開檔所讀取的資料指定給 bmp 物件
69      fs.Close();               //關閉開啟檔案
```

```
70        picDraw.Image = bmp;        //將 bmp 物件指定給 picDraw 顯示圖形
71    }
```

程式說明

1. 42 行 ：將 bmp 指定給畫布 g。
2. 47 行 ：將 bmp 指定給 picDraw，顯示畫線結果。
3. 48 行 ：用 Dispose 方法，移除畫布 g。
4. 67 行 ：使用 FileStream 方法將 test1.jpg 圖檔讀到 fs。
5. 69 行 ：使用 Close 方法將 fs 關閉。

 本範例若再增加 OpenFileDialog（開檔對話方塊）和 SaveFileDialog（存檔對話方塊），程式功能就比較完整。

13.5 音效與多媒體播放

13.5.1 播放聲音檔

1. System.Media 命名空間

Visual C# 提供 System.Media 命名空間，其中包含用來播放音效檔(.wav) 和存取系統所提供之音效的類別，其中主要包含下列類別：

①SystemSounds 類別：用來播放系統音效。

②SoundPlayer 類別：用來載入和播放各種檔案格式的音效。

在使用這些類別前，要先含入 System.Media 命名空間，其語法如下：

```
using System.Media;
```

2. SystemSounds 類別

在 SystemSounds 類別(Class)中，提供 Play 的方法可以播放系統音效，通常用來提醒使用者錯誤的操作，其語法如下：

```
SystemSounds.系統音效屬性.Play();
```

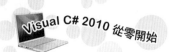

系統音效屬性有 Asterisk、Beep、Exclamation、Hand、Question 等 5 個
系統音效。例如希望發出系統的嗶聲，程式寫法如下：

```
SystemSounds.Beep.Play();
```

3. SoundPlayer 類別

在 SoundPlayer 類別中，提供一些簡單的方法可以載入和播放 .wav
檔。使用播放音效的方法前，要先宣告類別，語法如下：

System.Media.SoundPlayer 名稱 = new System.Media.SoundPlayer();

在 SoundPlayer 類別(Class)中，常用的屬性和方法如下：

① SoundLocation 屬性

SoundLocation 屬性可以指定音效檔，指定時要包含完整路徑和檔名。
例如指定 C 槽根目錄下的 test.wav 語音檔，其程式寫法如下：

```
System.Media.SoundPlayer sp = new System.Media.SoundPlayer();
sp.SoundLocation = "C:\\test.wav";
```

② Load 方法

Load 方法可以將 SoundLocation 屬性所指定的音效檔載到記憶體中，
供播放音效時使用。將前面音效檔載入記憶體，其程式寫法如下：

```
sp.Load();
```

③ Play 方法

Play 方法可以播放載到記憶體的音效檔，若未先使用 Load 方法載入
音效檔，Play 方法會先載入再播放。將前面音效檔播放，其程式寫法
如下：

```
sp.Play();
```

④ Stop 方法

Stop 方法可以停止 Play 方法正在播放的 WAV 語音檔。將前面音效檔
停止播放，其程式寫法如下：

```
sp.Stop();
```

範例演練

檔名：PlaySound.sln

在視窗左邊有一個 ┌出題┐ 鈕，按一下就會唸一個英文單字（共有五題），聽完後請選擇答案。若聽不清楚，再按 ┌出題┐ 鈕會重讀一次。答對或答錯時，各會播出一段語音。

按出題鈕會讀題目的語音
讀完語音，標籤會顯示題號

按對答案時顯示的訊息

按錯答案顯示的訊息。

未出題就先按答案
所顯示的訊息。

上機實作

Step1 設計輸出入介面

1. 本例建立七個按鈕控制項，分別用來執行出題、結束和答案的功能。另外，使用一個 lblNews 標籤控制項用來顯示提示訊息。

2. 出題鈕上面的聲音圖示，請由書附光碟 ch13/images 資料夾中的 VOLUME01.ICO 載入。

3. 利用按鈕的 Tag 屬性將答案寫在其中，譬如：在 btnCat(貓)按鈕的 Tag 屬性在程式編輯階段存入「cat」，以此類推，如此程式執行判斷按下哪個按鈕較易判斷答案。

4. 專案儲存後，將書附光碟 ch13/wav 資料夾中的 good.wav(答對)、bad.wav(答錯)、cat.wav (貓)、rabbit.wav(兔子)、elephant.wav(大象)、monkey.wav(猴子)、mouse.wav(老鼠)這七個語音檔放到目前製作專案的 bin\Debug 資料夾下。將題目的語音檔以所唸的英語單字命名，這樣就可以用變數的方法載入檔案。

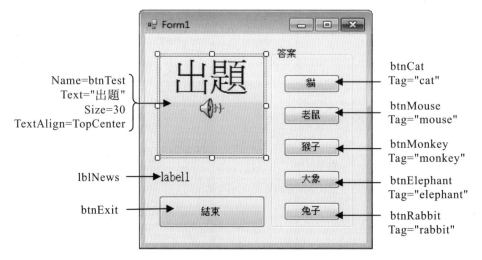

Step2 問題分析

1. 因為需要播放音效檔，所以要含入 System.Media。

2. 宣告 num 為成員變數用來記錄題號，若題數超過就重新開始，預設值為-1。

3. 宣告 test 為字串陣列，並設定題目為陣列值。

4. 為避免題目未出，使用者就先做答，所以宣告一個布林值成員變數 ans 來記錄題目是否唸過，預設值為 true。

5. 定義 MyClick 自定事件處理函式，為所有答案按鈕的共用事件。此函式先內判斷 ans 是否等於 false，若 ans 為 true 表示使用者已按「出題」鈕且未答題，接著再做答案的對錯判斷，判斷答案方式是當 Tag 屬性值等於 test[num] 陣列值（表答對）時，就播放 good.wav；答錯就播放 bad.wav。若 ans 等於 true 時就出現錯誤訊息，並發出系統音效提醒使用者。

5. 在表單載入執行的 Form1_Load 事件處理函式中，設定答案按鈕 btnCat, btnMouse, btnMonkey, btnElephant, btnRabbit 共享 MyClick 事件處理函式。

6. 在 ⌐出題¬ btnTest_Click 事件處理函式中，當 ans 為 true 題號就加 1 並讀語音檔（即下題題目）；若 ans 為 false 只讀語音檔（即原題目）。

Step3 撰寫程式碼

```
FileName : PlaySound.sln
1using System.Media;
2
3namespace PlaySound
4{
5   public partial class Form1 : Form
6   {
7     public Form1()
8     {
9       InitializeComponent();
10     }
11
12     int num = -1;     // 記錄題號
13     string[] test =
          { "elephant", "monkey", "cat", "rabbit", "mouse" }; // 設定題目為陣列值
14     bool ans = true;  // 記錄使用者是否答題
15     // 定義MyClick自定事件處理函式
16     // 供btnCat, btnMouse, btnMonkey, btnElephant, btnRabbit的Click事件共用
17     private void MyClick(object sender, EventArgs e)
18     {
19       System.Media.SoundPlayer sp = new System.Media.SoundPlayer();
20       Button btn = (Button)sender;
21       if (ans == false)
22       {
23         if (btn.Tag == test[num])
24         {
```

```
25          sp.SoundLocation = "good.wav";
26          sp.Play();
27          lblNews.Text = "您真內行!!";
28      }
29      else
30      {
31          sp.SoundLocation = "bad.wav";
32          sp.Play();
33          lblNews.Text = "請再好好加油!";
34      }
35      ans = true;          // ans 為 true 表已作答
36  }
37  else
38  {
39      SystemSounds.Asterisk.Play();
40      lblNews.Text = "請先按 出題 鈕!";
41  }
42  }
43
44  private void Form1_Load(object sender, EventArgs e)
45  {
46      SystemSounds.Beep.Play();    //發嗶聲提醒使用者
47      lblNews.Text = "按 出題 鈕開始測驗!";
48      btnCat.Click += new EventHandler(MyClick);
49      btnMouse.Click += new EventHandler(MyClick);
50      btnMonkey.Click += new EventHandler(MyClick);
51      btnElephant.Click += new EventHandler(MyClick);
52      btnRabbit.Click += new EventHandler(MyClick);
53  }
54
55  private void btnTest_Click(object sender, EventArgs e)
56  {
57      System.Media.SoundPlayer sp = new System.Media.SoundPlayer();
58      if (ans == true)        // 當 ans=true 題號就加1 並讀語音檔 (即下一題)
59      {
60          if (num != 4)
61              num += 1;
62          else
63              num = 0;
64          sp.SoundLocation = test[num] + ".wav";
65          sp.Play();
66          ans = false;        // ans 為 true 表尚未作答
67      }
68      else                    // ans 為 false 只讀語音檔 (即原題目)
69      {
70          sp.SoundLocation = test[num] + ".wav";
71          sp.Play();
72      }
```

```
73          lblNews.Text = "第 " + (num + 1) + " 題";
74      }
75
76      private void btnExit_Click(object sender, EventArgs e)
77      {
78          Application.Exit();
79      }
80  }
81}
```

13.5.2　播放多媒體

在 Visual C# 可以引用 COM 的 Windows Media Player 元件，透過此元件可以製作多媒體播放程式。引用 Windows Media Player 元件的步驟如下：

1.　選擇項目

在工具箱上按右鍵，由快顯功能表中執行「選擇項目(I)…」指令，會開啓「選擇工具箱項目」對話方塊。

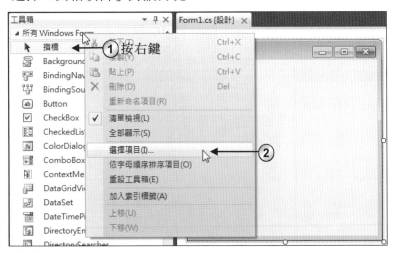

2.　選擇項目

在「選擇工具箱項目」對話方塊中，先切換到「COM 元件」標籤頁，勾選「Windows Media Player」元件，然後按下　確定　鈕。

3. 建立 Windows Media Player 控制項

此時工具箱中會新增 Windows Media Player 工具，請將此工具拖曳到表單上建立 Windows Media Player 控制項。拖曳控點調整控制項大小，若是想要 Windows Media Player 控制項填滿整個表單，可以將 Dock 屬性設為 Fill。

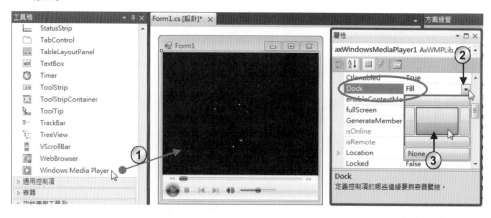

4. 設定屬性

在屬性視窗中按 🖼 圖示鈕，會開啟對話方塊可以設定各種屬性來操作 Windows Media Player 元件：

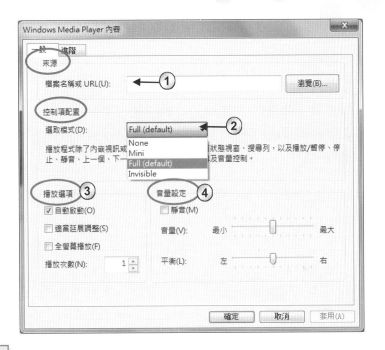

畫面說明

❶ 來源：可為檔案名稱或 URL(U)，用來設定欲播放多媒體的檔案路徑。

【註】程式中設定 axWindowsMediaPlayer1 檔案來源的寫法如下：

```
axWindowsMediaPlayer1.URL = "C:\\test.avi" ;
```

❷ 選取模式：有下列四種模式：

模式	功能說明
Full 預設值	有狀態視窗、播放、停止、靜音、音量控制、上一段、下一段、快轉、倒帶等所有完整的多媒體操作控制列。
None	沒有任何可以操作多媒體播放的控制列，只顯示播放視訊的畫面。
Mini	只有狀態視窗、播放、停止、靜音及音量控制等控制項。
Invisible	多媒體的畫面全部隱藏。多媒體的畫面全部隱藏。

【註】程式中將 axWindowsMediaPlayer1 選取模式設為 Full，其寫法如下：

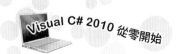
```
axWindowsMediaPlayer1.uniMode="Full" ;
```

❸ 播放選項

① 自動啟動(<u>O</u>)：程式執行時自動播放影片。

② 適當延伸調整(<u>S</u>)：播放時自動調整長寬。

③ 全螢幕播放(<u>F</u>)：程式執行時以全螢幕播放。

④ 播放次數(<u>N</u>)：設定播放次數。

❹ 音量設定：用來調整音量大小、左右聲道以及是否靜音。

範例演練

檔名：PlayMovie.sln

製作一個可播放多媒體的應用程式。執行功能表中 [檔案/開啟] 指令，由開啟檔案視窗中選取書附光碟 ch13 資料夾下的 FISHEAT.AVI 影片檔，可播放魚的覓食介紹。功能表中的選取模式功能有：None、Mini、Full、Invisible 四種選項。

上機實作

Step1 設計輸出入介面

1. 在表單放入一個 Windows Media Player 元件，其 Name 屬性為「axWindowsMediaPlayer1」；再將 Dock 屬性設為「Fill」使該元件填滿整個表單。

2. 在表單下方放入一個 OpenFileDialog 控制項來供使用者選擇影片檔，其 Name 屬性為「openFileDialog1」。

3. 建立如下圖所示之功能表選項：

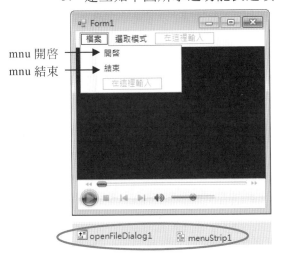

Step2 撰寫程式碼

```
FileName : PlayMovie.sln
01 private void mnu開啓_Click(object sender, EventArgs e)
02 {
03    if (openFileDialog1.ShowDialog() == DialogResult.OK)
04    {
05       axWindowsMediaPlayer1.URL = openFileDialog1.FileName;
06    }
07 }
08
09 private void mnu結束_Click(object sender, EventArgs e)
10 {
```

```
11    Application.Exit();
12 }
13
14 private void mnuNone_Click(object sender, EventArgs e)
15 {
16    axWindowsMediaPlayer1.uiMode = "None";
17 }
18
19 private void mnuMini_Click(object sender, EventArgs e)
20 {
21    axWindowsMediaPlayer1.uiMode = "Mini";
22 }
23
24 private void mnuFull_Click(object sender, EventArgs e)
25 {
26    axWindowsMediaPlayer1.uiMode = "Full";
27 }
28
29 private void mnuInvisible_Click(object sender, EventArgs e)
30 {
31    axWindowsMediaPlayer1.uiMode = "Invisible";
32 }
```

程式說明

1. 1~7 行　　：功能表中按【檔案/開啟】時執行此事件處理函式。

2. 3~6 行　　：檢查是否按 <確定> 鈕？ 若是，將選取的檔名指定給多媒體
　　　　　　　播放器控制項的 URL 屬性。

13.6 課後練習

一、選擇題

1. 關於 Visual C# 的座標系統下列哪個敘述正確？
   (A) 向上為正　(B) 向左為正　(C) 以容器的座標為基準
   (D) 最右下角座標為(640,480)。

2. Color.FromArgb(255,255,0,255)代表下列哪個顏色？(A) 透明黃色
   (B) 不透明黃色　(C) 不透明紅色　(D) 不透明紫色。

3. 若想使用系統的顏色，可以使用下列哪種設定方法？

(A) FromArgb　(B) FromKnownColor　(C) FromHtml
(D) Color.顏色常值。

4. 若想要繪製直線時，要先宣告下列哪個物件？
   (A) Brush　(B) Brushes　(C) Pen　(D) Rectangle。

5. 在 Visual C# 中繪製經過任意點的曲線，可使用下列哪個方法？
   (A) DrawArc　(B) DrawBezier　(C) DrawCurve
   (D) DrawPolygon。

6. 程式碼 g.DrawPie(p,10,30,60,60,270,180)，繪出的圖形會像：
   (A) ⟩　(B) ◖　(C) ⌒　(D) ⌐ 。

7. 程式碼 g.FillEllipse(b,100,200,120,60)，繪出的圖形會像：
   (A) ◯　(B) ⬭　(C) ⬤　(D) ⬬ 。

8. 若執行 RotateTransform(10)兩次後，而後繪製的圖形會旋轉幾度？(A) 0
   度　(B) 10 度　(C) 20 度　(D) 100 度。

9. 若想播放系統音效，可以下列哪個類別的 Play 方法？
   (A) PlaySystem　(B) SoundPlayer　(C) SystemPlayer
   (D) SystemSounds 。

10. 若要設定 Windows Media Player 控制項的選取模式，可設定下列哪個屬
    性？(A) Player　(B) SelectionMode　(C) uniMode
    (D) URL 。

二、程式設計

1. 完成符合下列條件的程式

   ① 使用者可以設定 X 位移值，範圍-10 到 10，預設值為 1。

   ② Y 位移值由-10 到 10，預設值為 1。

   ③ 比例縮放值由 8 到 12，預設值為 10。

   ④ 旋轉角度值由 0 到 10，預設值為 4。

⑤ 當按 繪圖 鈕時，會依照使用者的設定，繪製 16 個漸層矩形。

⑥ 當按 清除 鈕時，會清除圖形以便重繪。

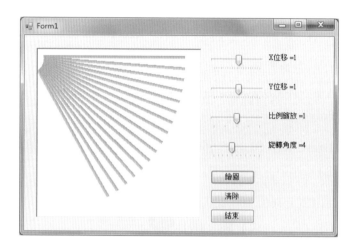

2. 完成符合下列條件的程式

① 使用者可以設定圓形的半徑，範圍 50-120，預設值為 100。

② 使用者可以設定頂點的個數，範圍 4-30，預設值為 16。

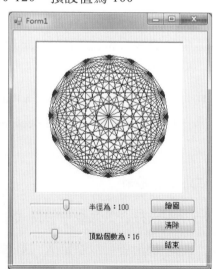

③ 當按 繪圖 鈕時，會在各頂點間繪製直線。

④ 當按 清除 鈕時，會清除圖形以便重繪。

p.s.

①頂點的 x 座標為半徑 Math.Cos(角度)

②頂點的 y 座標為半徑 Math.Sin(角度)

③每個頂點用直線和其他頂點相連。

3. 完成符合下列條件的程式

　① 模仿第 5 節的範例，作一個聽力測驗，題目會以亂數方式出題。

　② 按 ┌重聽┐ 鈕，題目會重讀一次。

　③ 按 ┌核對┐ 鈕，會核對使用者輸入的答案是否正確。除顯示回饋訊息外，還顯示答對題數。按 ┌核對┐ 鈕後，┌重聽┐、┌核對┐ 鈕改為沒有作用，而 ┌下一題┐ 鈕有作用。

　④ 按 ┌下一題┐ 鈕，會讀下一題目。第一輪題目出完後，第二輪只出答錯的題目，全部答對就不再出題。按 ┌下一題┐ 鈕後，┌重聽┐、┌核對┐ 鈕改為有作用，而 ┌下一題┐ 鈕沒有作用。

　⑤ 按 ┌重新┐ 鈕，題目會重新亂數出題。

※程式開始時畫面：　　　　　※答對時的畫面：　　　　　※答錯時的畫面：

筆記頁

CHAPTER

資料庫應用程式

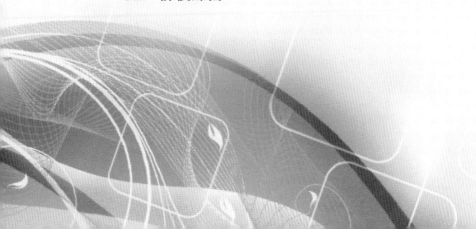

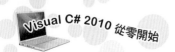
14.1 ADO .NET 簡介

ADO .NET 是微軟 .NET 的資料庫存取架構，它是採用離線存取的方式，ADO .NET 可分成 .NET Data Provider(資料來源提供者)和 DataSet 資料集兩個部分。其中 .NET Data Provider 是存取資料來源的一組類別程式庫，包含 Connection、DataAdapter、Command、DataReader 物件；而 DataSet 資料集物件就好像是記憶體中的資料庫。目前 ADO .NET 最新版本為 4.0 版。

如下圖，當我們想要取出資料表的記錄時，可以透過 DataAdapter 物件中的 SelectCommand、InsertCommand、DeleteCommand、UpdateCommand 四個 Command 物件。然後使用 DataAdapter 物件的 Fill 方法，將 SelectCommand 所擷取的資料表填入到記憶體中的 DataSet 資料集，接著您可將記憶體 DataSet 繫結到表單指定的控制項上面即可，以便讓您操作記憶體 DataSet 並進行離線的資料存取。

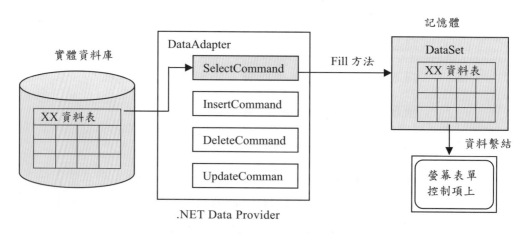

圖一：由資料庫讀取資料到記憶體 DataSet

反之，當我們想要將異動後的 DataSet 存(寫)回資料庫時，可以透過 DataAdapter 物件的 Update 方法，Update 方法會根據 DataAdapter 物件的 InsertCommand、DeleteCommand、UpdateCommand 三個 Command 物件將離線更新後存放在記憶體中 DataSet 的資料一次寫回指定的資料庫。

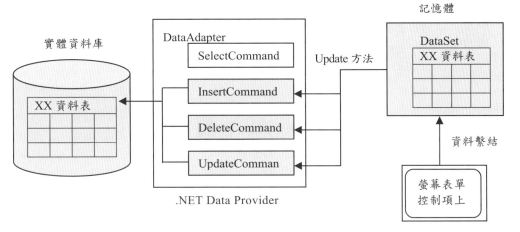

圖二：將記憶體 DataSet 中的資料存回資料庫

上面的架構圖感覺好像要寫好多程式的樣子，其實不用。透過 Visual C# 2010 Express 整合開發環境中所提供的資料工具 `BindingSource`、`DataGridView`、`BindingNavigator` 控制項，透過這些控制項並配合 [資料集設計工具] 就可以快速建立 ADO .NET 資料庫應用程式，並且自動產生 Connection、DataAdapter、Command、DataSet 物件的相關程式碼，使用起來相當方便、快速。上述控制項說明如下：

1. BindingSource 控制項

   提供連接資料庫，將取得資料庫中的記錄一次放入記憶體中的 DataSet，以及將記憶體中的 DataSet 資料一次寫回指定資料庫中。

2. DataGridView 控制項

   用來繫結顯示目前 DataSet 中的資料。

3. BindingNavigator 控制項

　　提供在表單上巡覽記憶體 DataSet 的功能，如第一筆、上一筆、下一筆、最末筆的巡覽操作；也可以新增、刪除、修改記憶體 DataSet 的資料。

資料表必須要有主索引(主鍵)，如此資料工具連接該資料表才會擁有新增、修改、刪除資料表記錄的功能。

14.2 建立 SQL Express 資料庫

　　Visual C# 2010 Express 內建可讓使用者建立 Microsoft SQL Server 2008 Express Edition(簡稱 SQL Server Express)，它是一個功能強大且可靠的資料庫管理工具，它可透過 Viusal C# 2010 Express 直接管理 SQL Server Express 的物件。例如建立資料庫、資料表、檢視表、預存程序…等，SQL Server Express 可用來存放視窗應用程式用戶端及 ASP .NET Web 應用程式和本機資料的存放區，且提供豐富的功能、資料保護及提高存取效能。SQL Server Express 很適合學生、SOHO 族和個人工作室使用，可免費隨應用程式重新散發。

14.2.1 如何建立 SQL Server Express 資料庫

　　透過下面步驟，學習如何建立一個名稱為 Database1.mdf 的 SQL Server Express 資料庫，以供專案名稱為 CreateDB 的專案使用。

上機實作

Step1 新增專案

　　新增「Windows Form」應用程式專案，專案名稱設為「CreateDB」。

Step2 新增資料庫

執行功能表的【專案(P)/加入新項目(W)】指令開啟下圖「加入新項目」視窗，請選取 🗄 服務架構資料庫 選項，並將「名稱(N)：」設為「Database1.mdf」，將此 SQL Server Express 資料庫檔案儲存於專案中。

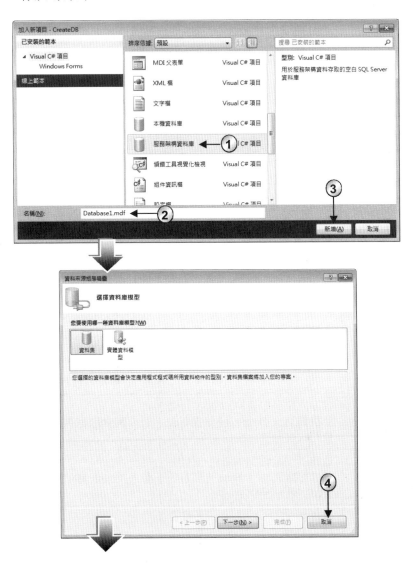

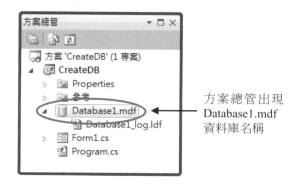

方案總管出現
Database1.mdf
資料庫名稱

14.2.2 認識資料表欄位的資料型別

　　在資料庫中建立資料表之前，需知道資料表欄位可允許使用的資料型別，將有助於我們在建立資料表時，使用合適的資料表欄位。由於 SQL Server 提供的資料型別很多，本書只介紹下列資料表欄位常用的資料型別：

資料型別	使用時機	有效範圍
bit	儲存布林型別資料。	0、1、NULL
int	儲存整數型別資料。	-2,147,483,648～+2,147,483,647
float	儲存倍精確度資料。	-1.79769313486231E+308 ～-4.94065645841247E-324 +4.94065645841247E-324 ～+1.79769313486231E+308
char(n)	儲存固定字串資料，1 個字元儲存空間為 1 Byte，沒有填滿的資料會自動補上空白的字元。	最大長度是 8000 個字
varchar(n)	儲存不固定的字串資料，1 個字元儲存空間為 1 Byte，儲存多少個字就佔多少空間。	最大長度是 8000 個字
nchar(n)	儲存固定的 Unicode 字串資料，1 個字元儲存空間為 2 Bytes，沒有填滿的資料會自動補上空白的字元。	最大長度是 4000 個字

nvarchar(n)	儲存不固定的 Unicode 字串資料，1 個字元儲存空間為 2 Bytes，儲存多少個字元就佔用多少空間。	最大長度是 4000 個字
text	儲存不固定字串資料。	最大長度是 $1 \sim 2^{31}-1$ 個字元
ntext	儲存不固定 Unicode 字串資料。	最大長度是 $1 \sim 2^{30}-1$ 個字元
date	儲存日期資料。	
datetime	儲存日期與時間資料。	4 Bytes

14.2.3 如何建立 SQL Server Express 資料庫的資料表

建立好資料庫之後，延續上節範例，在 Database1.mdf 資料庫內建立名稱為「員工」的資料表，可用來存放每一位員工的所有記錄。

資料表欄位

「員工」資料表共有六個欄位，將「員工編號」欄位設為主索引欄位，主索引欄位必須是資料表中唯一且不重覆的欄位。

資料行名稱	資料型別	允許 Null
員工編號	nvarchar(10)	☐
姓名	nvarchar(10)	☑
信箱	nvarchar(50)	☑
薪資	int	☑
雇用日期	date	☑
是否已婚	bit	☑
		☐

上機實作

Step1 延續上例，開啟「CreateDB」專案。

Step2 執行功能表的【檢視(V)/其他視窗(E)/資料庫總管(D)】指令開啟「資料庫總管」視窗，請按下 ▷ 展開鈕，使專案可連接到 Database1. mdf資料庫。操作步驟如下：

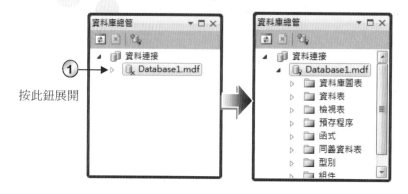

按此鈕展開

Step3 新增「員工」資料表，並在此資料表內新增員工編號、姓名、信箱、薪資、雇用日期、是否已婚六個欄位，並將員工編號設為主索引欄位。

1. 在下圖「資料表」按滑鼠右鍵由快顯功能表執行「加入新的資料表(T)」指令即進入資料表設計畫面。

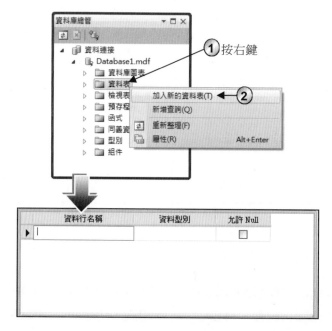

2. 在下圖新增欄位名稱為「員工編號」，並將該欄位資料型別設為「nvarchar(10)」。

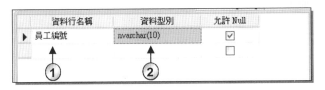

3. 如下圖，分別新增姓名、信箱、薪資、雇用日期、是否已婚
   五個欄位名稱以及對應的資料型別。

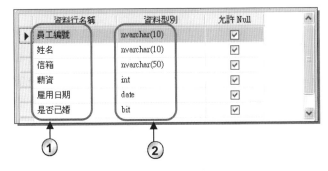

4. 在下圖的「員工編號」欄位上按滑鼠右鍵執行「設定主索引
   鍵(Y)」指令，將員工編號欄位設為主索引鍵欄位。

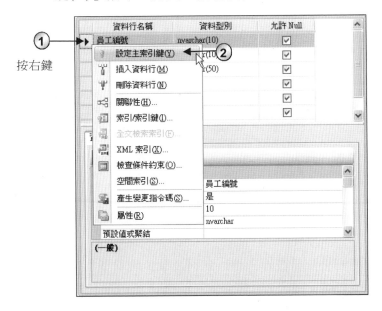

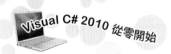
5. 按工具列的 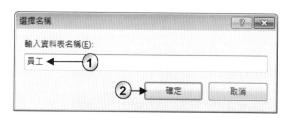 全部儲存鈕出現下圖「選擇名稱」對話方塊，
   將資料表名稱設為「員工」資料表。

Step4 由於 SQL Server Express 資料庫預設無法變更資料表的資料行名
稱或資料型別...等其他屬性，若您想變更資料表的資料行名稱或
資料型別，請先執行功能表的【工具(T)/選項(O)】指令開啟下圖
「選項」視窗，接著再依下圖操作將「防止儲存需要重新建立資
料表的變更(S)」核取方塊取消勾選，如此資料表相關屬性即可修
改。(此步驟只需做一次)

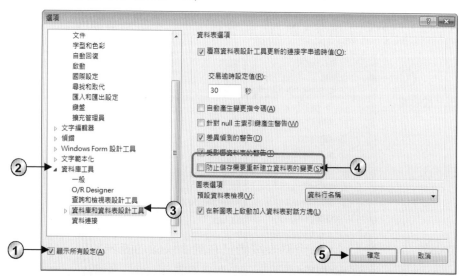

Step5 若要重新變更資料表的資料行名稱及欄位資料型別，可在指定的
資料表按右鍵，由快顯功能表執行「開啟資料表定義(O)」指令即
會出現資料表設計畫面。如下圖操作即是再次開啟「員工」資料
表的設計畫面。

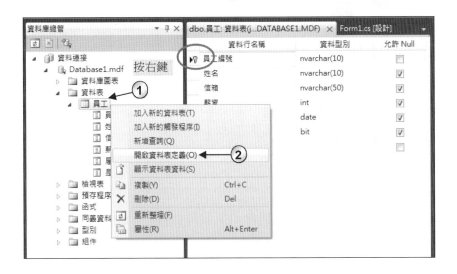

14.2.4 如何將資料記錄輸入到 SQL Server Express 資料表內

　　若設計好資料表，接著可以直接輸入資料記錄到資料表內，或是透過 ADO .NET 程式來進行新增、刪除、修改或查詢資料表內的資料記錄。延續上例練習輸入幾筆員工的記錄到員工資料表內。

上機實作

Step1 延續上例，開啟「CreateDB」專案。

Step2 執行功能表的【檢視(V)/其他視窗(E)/資料庫總管(D)】指令開啟「資料庫總管」視窗，請按下 Database1.mdf 的 ▷ 展開鈕，使專案可連接到 Database1.mdf 資料庫。

Step3 在下圖「員工」資料表按滑鼠右鍵由快顯功能表執行「顯示資料表資料(S)」進入資料表記錄的輸入畫面。

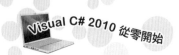

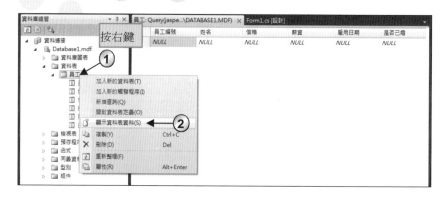

Step4 依下圖操作，輸入五筆員工記錄資料，但要注意，主索引鍵欄位資料不可以重複。

① 輸入資料

Step5 完成輸入資料之後，可按 [🖫] 全部儲存鈕將所輸入的員工記錄儲存。

14.3 第一個資料庫應用程式

了解 SQL Server Express 資料庫與資料表的建立之後，接著練習使用 Visual C# 2010 Express 整合開發環境中所提供的資料工具 [BindingSource]、[DataGridView]、[BindingNavigator] 控制項，透過這些控制項並配合 [資料集設計工具] 可以連接 Database1.mdf 資料庫的員工資料表，讓您快速建立 ADO .NET 資料庫應用程式，並且自動產生 Connection、DataAdapter、Command、DataSet 物件的相關程式碼。

(範例演練)   檔案：EmployeeDB.sln

使用資料工具 [⊞ BindingSource] 和 [▦ DataGridView] 以及 [⊞ BindingNavigator] 建立下圖簡易的員工資料庫應用程式。透過 BindingSource 擷取 Database1.mdf 員工資料表的記錄放入表單中「員工 DataGridView」控制項內。當使用者新增、修改、刪除「員工 DataGridView」內的員工記錄後，按 [更新] 鈕將「員工 DataGridView」內的員工記錄一次寫回 Database1.mdf 資料庫內的員工資料表。

	員工編號	姓名	信箱	薪資	雇用日期	是否已婚
▶	E001	柴一林	tsai@giga.net.tw	50000	2005/1/1	☐
	E002	周傑輪	jj@yahoo.com.tw	65000	2004/12/5	☑
	E003	羅宇詳	kk@pchome.com.tw	40000	2008/1/1	☐
＊						☐

按此鈕將「員工 DataGrid
View」內的資料一次寫回
Database1.mdf 員工資料表

資料表欄位

延續上例或是直接使用書附光碟 ch14 資料夾下的 Database1.mdf 資料庫，該資料庫中內含「員工」資料表，該資料表欄位如下，其中「員工編號」為主索引欄位。

資料行名稱	資料型別	允許 Null
▶🔑 員工編號	nvarchar(10)	☐
姓名	nvarchar(10)	☑
信箱	nvarchar(50)	☑
薪資	int	☑
雇用日期	date	☑
是否已婚	bit	☑
		☐

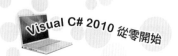

上機實作

Step1 延續上例「CreateDB」專案，或是新建立專案名稱為「EmployeeDB」的 Windows Form 應用程式專案。

Step2 新增 BindingSource 控制項

將工具箱資料工具中的 ⌨ BindingSource 拖曳到 Form1 表單上，此時表單下方會出現名稱為 bindingSource1 控制項。

Step3 連接資料來源

依下圖操作使用 bindingSource1 連接 Database1.mdf，再將「員工」資料表加入到指定的 database1DataSet(資料集物件)中。

1. 依圖示操作先選取表單下方的「bindingSource1」，然後在該控制項 DataSource 屬性的「加入專案資料來源...」按一下設定所要連接的資料來源。

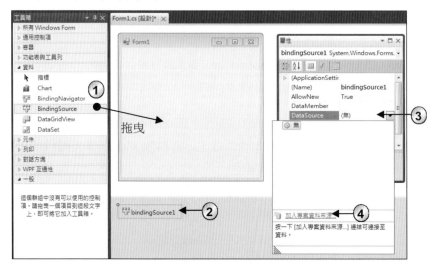

2. 依圖示操作，使「bindingSource1」連接書附光碟 ch14 資料夾下的 Database1.mdf；再將該資料庫中的「員工」資料表放入 database1DataSet 資料集物件中。

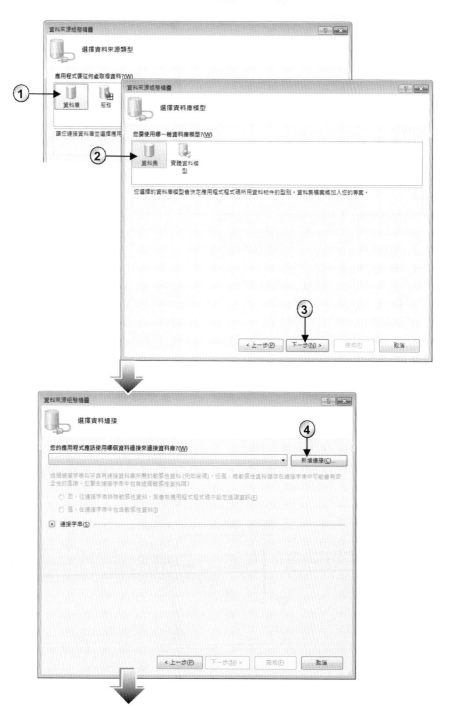

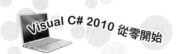

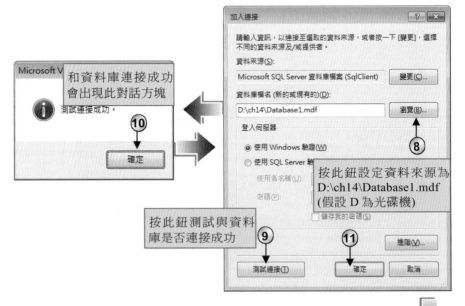

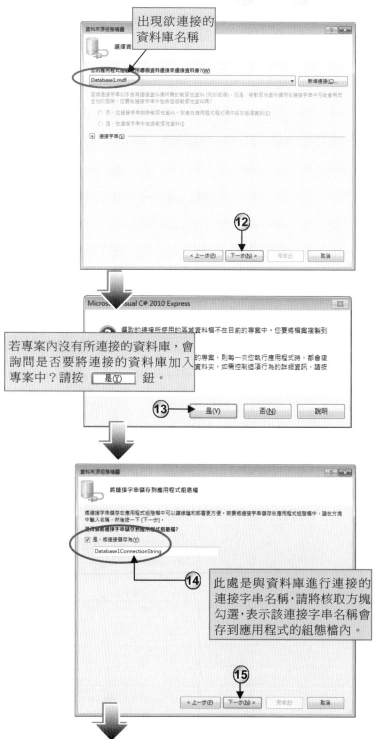

出現欲連接的資料庫名稱

若專案內沒有所連接的資料庫,會詢問是否要將連接的資料庫加入專案中?請按 是(Y) 鈕。

此處是與資料庫進行連接的連接字串名稱,請將核取方塊勾選,表示該連接字串名稱會存到應用程式的組態檔內。

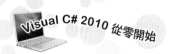

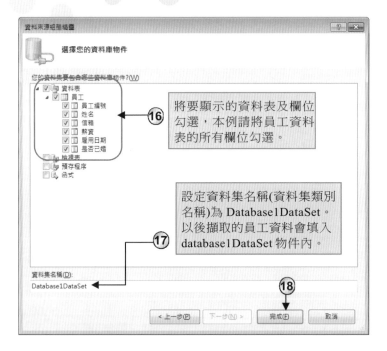

將要顯示的資料表及欄位勾選，本例請將員工資料表的所有欄位勾選。

設定資料集名稱(資料集類別名稱)為 Database1DataSet。以後擷取的員工資料會填入 database1DataSet 物件內。

3. 此時表單下方會出現「bindingSource1」及 database1DataSet 物件。bindingSource1 可讓您操作資料表的記錄，所擷取的員工資料會填入到記憶體的 database1DataSet 物件。(上圖所指定的 Database1DataSet 資料集名稱為 C# 產生的資料集結構描述檔，該檔會出現在方案總管內，表單下方的是 database1 DataSet 物件)

Database1DataSet 資料集結構描述檔

database1DataSet 物件

Step4 建立 DataGridView 顯示員工資料

1. 執行功能表的【資料(A)/顯示資料來源(S)】指令開啟「資料來源」視窗。

2. 將資料來源視窗內的「員工」資料表拖曳到 Form1 表單內產生「員工 DataGridView」控制項以及在表單下方自動產生「員工 BindingSource」、「員工 TableAdapter」、「tableAdapterManager」三個控制項：

① 員工 TableAdapter 和 tableAdapterManager 可用來將 Database1.mdf「員工」資料表的資料一次填入 database1 DataSet 物件內，也可以將 database1DataSet 記憶體內的員工資料一次寫回 Database1.mdf。

② 員工 BindingSource 用來操作「員工」資料表的單筆記錄巡覽、新增、刪除、修改。有關 BindingSource 記錄操作方式請參考 14.4 節。

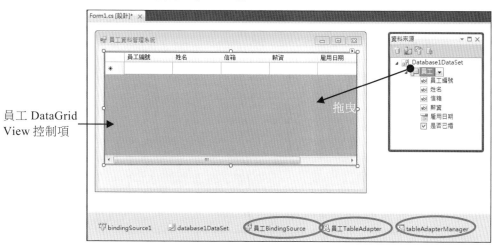

[註] TableAdapter 物件繼承自 DataAdapter，因此 TableAdapter 物件也擁有 DataAdapter 的功能。

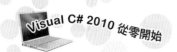

3. 當產生「員工 TableAdapter」物件後，此時表單的 Form1_Load 事件處理函式會自動加入下列灰底字的程式碼。在第 5 行是使用「員工 TableAdapter」的 Fill 方法將所擷取的員工資料表內的所有資料一次填入「database1DataSet.員工」DataTable 物件中。

```
01 private void Form1_Load(object sender, EventArgs e)
02 {
03    // TODO: 這行程式碼會將資料載入
04    // 'database1DataSet.員工' 資料表。您可以視需要進行移動或移除。
05    this.員工 TableAdapter.Fill(this.database1DataSet.員工);
06 }
```

Step5　執行程式

執行功能表的【偵錯(D)/開始偵錯(S)】執行程式，結果如下圖表單中的「員工 DataGridView」控制項上面會顯示員工資料表的所有記錄。觀看完畢後，請執行功能表的【偵錯(D)/停止偵錯(E)】回到整合開發環境。

Step6　加入 更新 按鈕並撰寫程式碼

1. 在表單中再新增一個 更新 鈕，其物件名稱設為「btnUpdate」。

2. 在 [更新] 鈕上快按滑鼠兩下進入 btnUpdate_Click 事件處理函
式再鍵入第 11 行敘述,使用「員工 TableAdapter」的 Update
方法將記憶體中的「database1DataSet」資料集物件一次寫回
到 Database1.mdf 的員工資料表。如此一來,可讓使用者在「員
工 DataGridView」上異動多筆員工記錄後,再按 [更新] 鈕將「員
工 DataGridView」上(即 database1DataSet 物件)編修後的員工
記錄一次寫回 Database1.mdf 內。

```
01 // 表單載入時執行
02 private void Form1_Load(object sender, EventArgs e)
03 {
04    // TODO: 這行程式碼會將資料載入
05    // 'database1DataSet.員工' 資料表。您可以視需要進行移動或移除。
06    this.員工 TableAdapter.Fill(this.database1DataSet.員工);
07 }
08 // 按 [更新] 鈕執行
09 private void btnUpdate_Click(object sender, EventArgs e)
10 {
11    this.員工 TableAdapter.Update(this.database1DataSet.員工);
12 }
```

Step7 執行程式

執行功能表的【偵錯(D)/開始偵錯(S)】執行程式。如下圖您可在
「員工 DataGridView」上編輯員工資料,按下 [更新] 鈕後,會將
「員工 DataGridView」上的員工資料寫回 Database1.mdf 的「員工」
資料表。

14.4 資料記錄的單筆巡覽、新增、修改與刪除

BindingSource 提供下面的成員可以讓您操作資料表的記錄，例如資料記錄的新增、刪除、修改、取得資料總筆數、取得資料目前位置以及提供移動記錄的方法。BindingSource 常用成員說明如下：

成員	說明
Position 屬性	取得目前記錄位置，記錄位置由 0 開始算起。
Count 屬性	取得資料記錄的總數。
MoveFirst 方法	移到第一筆記錄。
MovePrevious 方法	移到上一筆記錄。
MoveNext 方法	移到下一筆記錄。
MoveLast 方法	移到最後一筆記錄。
AddNew 方法	新增一筆空的記錄。
RemoveAt(index)方法	移除第 index 筆記錄。若 index 為 0，表示移除第 1 筆記錄。
EndEdit 方法	結束目前資料的編輯，並將控制項上的資料寫回記憶體的 DataSet 物件。此時您可以執行 TableAdapter 的 Update 方法將記憶體的 DataSet 一次寫回資料庫。

範例演練　　　　　　　　　　　　　　　檔名：EditDB1.sln

製作如下圖簡易的員工資料庫應用程式。您可以執行功能表的瀏覽項目來進行員工記錄第一筆、上一筆、下一筆、最末筆的切換；執行功能表編輯項目可以進行新增、刪除員工記錄；當員工的資料記錄編修完成可以執行功能表的 [更新到資料庫] 指令，將記憶體的資料一次寫回 Database1.mdf 的「員工」資料表。

上機實作

Step1　新增名稱為「EditDB1」的 Windows Form 應用程式專案。

Step2　使用 bindingSource1 連接 Database1.mdf；再將「員工」資料表加入到 database1DataSet(資料集物件)中。(可參閱上節範例的 Step2~ Step3)

Step3　顯示員工單筆資料

1. 執行功能表的【資料(A)/顯示資料來源(S)】指令開啟「資料來源」視窗。

2. 在資料來源的「員工」DataTable ▼ 鈕按滑鼠左鍵，並執行快顯功能表的【詳細資料】選項，將「員工」DataTable 的顯示方式切到單筆顯示。

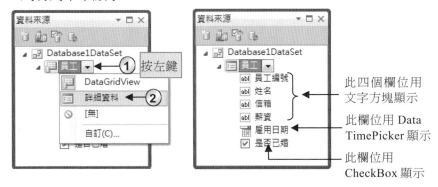

3. 將資料來源視窗內的「員工」資料表拖曳到 Form1 表單內。接著表單下方會產生「員工 BindingSource」、「員工 TableAdapter」、「tableAdapterManager」三個物件。且會自動產生下圖的控制項，且控制項會自動繫結至員工資料表所對應的欄位。

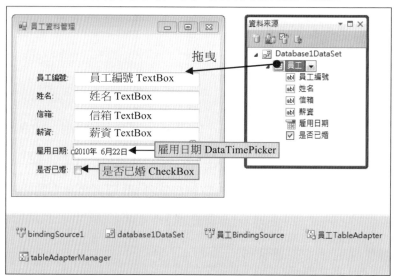

4. 執行功能表的【偵錯(D)/開始偵錯(S)】執行程式，結果如下圖表單上會顯示第一筆的員工記錄。觀看完畢後，請執行功能表的【偵錯(D)/停止偵錯(E)】回到整合開發環境。

Step4 建立下圖功能表選項

Step5 撰寫程式碼

```
FileName : EditDB1.sln
01    // 定義 RecordData() 方法用來顯示目前記錄的位置
02    void RecordData()
03    {
04        顯示記錄 ToolStripMenuItem.Text = "第" +
              (員工 BindingSource.Position + 1).ToString() + "第, 共" +
              員工 BindingSource.Count.ToString() + "筆";
05    }
06
07    private void Form1_Load(object sender, EventArgs e)
08    {
09        // TODO: 這行程式碼會將資料載入 'database1DataSet.員工' 資料表。
10        //您可以視需要進行移動或移除。
11        this.員工 TableAdapter.Fill(this.database1DataSet.員工);
12        RecordData();
13    }
14
15    private void 第一筆 ToolStripMenuItem_Click(object sender, EventArgs e)
16    {
17        員工 BindingSource.MoveFirst();
18        RecordData();
19    }
20
21    private void 上一筆 ToolStripMenuItem_Click(object sender, EventArgs e)
22    {
23        員工 BindingSource.MovePrevious();
24        RecordData();
25    }
```

```
26
27    private void 下一筆ToolStripMenuItem_Click(object sender, EventArgs e)
28    {
29        員工BindingSource.MoveNext();
30        RecordData();
31    }
32
33    private void 最末筆ToolStripMenuItem_Click(object sender, EventArgs e)
34    {
35        員工BindingSource.MoveLast();
36        RecordData();
37    }
38
39    private void 新增ToolStripMenuItem_Click(object sender, EventArgs e)
40    {
41        try
42        {
43            員工BindingSource.AddNew();
44        }
45        catch (Exception ex)
46        {
47            MessageBox.Show(ex.Message);
48        }
49    }
50
51    private void 刪除ToolStripMenuItem_Click(object sender, EventArgs e)
52    {
53        員工BindingSource.RemoveAt(員工BindingSource.Position);
54    }
55
56    private void 更新到資料庫ToolStripMenuItem_Click(object sender, EventArgs e)
57    {
58        try
59        {
60            員工BindingSource.EndEdit();
61            員工TableAdapter.Update(database1DataSet);
62            MessageBox.Show("資料更新成功");
63            Form1_Load(sender, e);
64        }
65        catch (Exception ex)
66        {
67            MessageBox.Show(ex.Message);
68        }
69    }
70
71    private void 結束ToolStripMenuItem_Click(object sender, EventArgs e)
72    {
```

```
73        Application.Exit();
74    }
```

程式說明

1. 41~48 行 ： 執行「員工 BindingSource.AddNew()」方法若輸入重複的
索引資料，此時則會發生執行時期的例外，因此在第 41~48
行我們使用簡易的 try{...}catch{...} 敘述來解快這個問
題。try 程式區塊用來放置可能發生例外的敘述，當執行時
期發生例外時即會執行 catch 下面的敘述。

2. 58~68 行 ： 執行 60,61 行將 database1DataSet 的資料一次寫入 Data
base1.mdf 員工資料表；若執行 60,61 行發生執行時期例
外，表示 database1DataSet 寫入 Database1.mdf 員工資料表
發生錯誤，此時會執行 67 行敘述。

14.5 BindingNavigator 控制項

BindingNavigator 提供巡覽記憶體 DataSet 的功能，如第一筆、上一筆、
下一筆、最末筆的巡覽操作；這個控制項也可以新增、刪除、修改記憶體
DataSet 的資料。

因為 BindingSource 物件可以操作記憶體的 DataSet，所以只要將
BindingNavigator 控制項的 BindingSource 屬性指定所要操作的
BindingSource 物件，即可透過 BindingNavigator 控制項直接操作
BindingSource 物件對應的記憶體 DataSet。

範例演練 檔名:EditDB2.sln

試使用 BindingNavigator 控制項來巡覽、新增、修改、刪除「員工」資料表的記錄。按 ⊕ 鈕可在記憶體 DataSet 新增一筆記錄;按 ✕ 鈕可在記憶體 DataSet 刪除一筆記錄;當編修 DataSet 資料之後可按「更新」功能項目,將記憶體 DataSet 資料一次寫回 Database1.mdf 員工資料表中;透過 |◀ ◀ 3 ⁄8 ▶ ▶| 工具列可巡覽 DataSet 的資料。

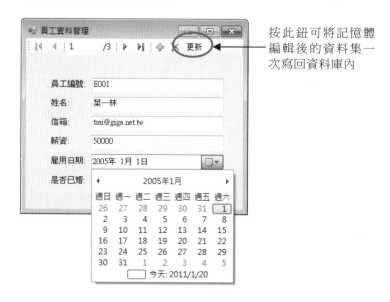

按此鈕可將記憶體編輯後的資料集一次寫回資料庫內

上機實作

Step1 新增名稱為「EditDB2」的 Windows Form 應用程式專案。

Step2 使用 bindingSource1 連接 Database1.mdf;再將「員工」資料表加入到 database1DataSet(資料集物件)中。

Step3 顯示員工單筆記錄

1. 執行功能表的【資料(A)/顯示資料來源(S)】指令開啟「資料來源」視窗。

2. 在資料來源的「員工」DataTable ▼ 鈕按滑鼠左鍵，並執行快
   顯功能表的【詳細資料】選項，將員工 DataTable 的顯示方式
   切換到單筆顯示模式。

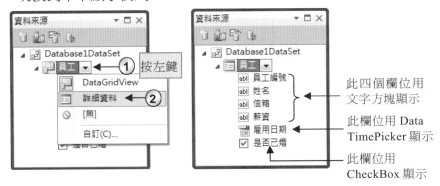

3. 將資料來源視窗內的「員工」資料表拖曳到 Form1 表單內。接
   著表單下方會產生「員工 BindingSource」、「員工 TableAdapter」、
   「tableAdapterManager」三個物件。且會自動產生文字方塊、
   DataTimePicker 和核取方塊控制項，且控制項會自動繫結至員工
   資料表所對應的欄位。

Step4 在表單建立 BindingNavigator 控制項

由工具箱拖曳 BindingNavigator 到表單上建立 BindingNavigator 控制
項，物件名稱預設為「bindingNavigator1」。接著將該控制項的
BindingSource 屬性設為「員工 BindingSource」，使 bindingNavigator1
可以操作 database1DataSet 物件。並在 bindingNavigator1 控制項新
增一個「更新」功能項目，其物件名稱為「toolStripButton1」。
(BindingNavigator 控制項的操作方式與 ToolStrip 控制項類似)

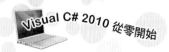

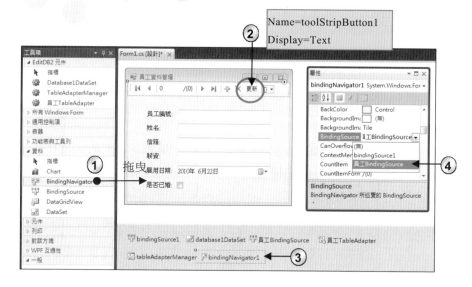

Name=toolStripButton1

Display=Text

Step5 撰寫程式碼

```
FileName : EditDB2.sln
01   // 表單載入時執行
02   private void Form1_Load(object sender, EventArgs e)
03   {
04       // TODO: 這行程式碼會將資料載入 'database1DataSet.員工' 資料表。
05       //您可以視需要進行移動或移除。
06       this.員工TableAdapter.Fill(this.database1DataSet.員工);
07   }
08   // 按 [更新] 功能項目執行
09   private void toolStripButton1_Click(object sender, EventArgs e)
10   {
11       try
12       {
13           員工BindingSource.EndEdit();                //結束編輯資料
14           員工TableAdapter.Update(database1DataSet);  //將資料寫回資料庫
15           MessageBox.Show("資料更新成功");
16       }
17       catch(Exception ex)
18       {
19           MessageBox.Show(ex.Message);
20       }
21   }
```

14.6　資料庫的關聯查詢

關聯式資料庫透過相同的欄位格式將兩個有關係的資料表關聯在一起，最大的好處就是可以減少重複登錄記錄到資料表內。一般常見的 Access、SQL Server、MySQL...等資料庫軟體都是屬於關聯式資料庫，這些資料庫軟體內的資料表皆可以進行關聯。在 ADO .NET 中提供 DataSet 物件就好像是記憶體中的資料庫，DataSet 中的 DataTable 物件即是存放在記憶體中的資料，您可以將記憶體中的 DataTable 物件進行關聯，如此即可進行資料庫的關聯查詢。請看下面這個例子來練習。

範例演練　　　　　　　　　　　　　　　　　檔名：RelationDB.sln

下面這個例子我們使用資料工具 BindingSource 取得 Northwind.mdf 資料庫的「訂貨主檔」和「訂貨明細」資料表的所有資料，然後將所有資料填入記憶體 DataSet 中的訂貨主檔 DataTable 及訂貨明細 DataTable 物件，接著再將兩個 DataTable 物件的「訂單號碼」欄位進行關聯。此時如下兩圖，當您選取表單中上方的 DataGridView 訂貨主檔中的某一筆訂單，下方的 DataGridView 會顯示該筆訂單號碼對應的訂貨明細所有資料。

1. Northwind.mdf 置於書附光碟 ch14 資料夾下。

2. 本例使用「Northwind.mdf」資料庫中的「訂貨主檔」及「訂貨明細」資料表。訂貨主檔的主索引為「訂單號碼」；訂貨明細的主索引是「訂單號碼」及「產品編號」組合。其欄位格式如下。

上機實作

Step1 新增名稱為「RelationDB」的 Windows Form 應用程式專案。

Step2 新增 BindingSource 控制項並連接 Northwind.mdf 資料來源

依下圖操作，將工具箱資料工具中的 BindingSource 拖曳到 Form1 表單上，此時表單下方會出現名稱為 bindingSource1 控制項，使用 bindingSource1 連接 Northwind.mdf；再將「訂貨主檔」及「訂貨明細」資料表加入到指定的 northwindDataSet(資料集物件)中。

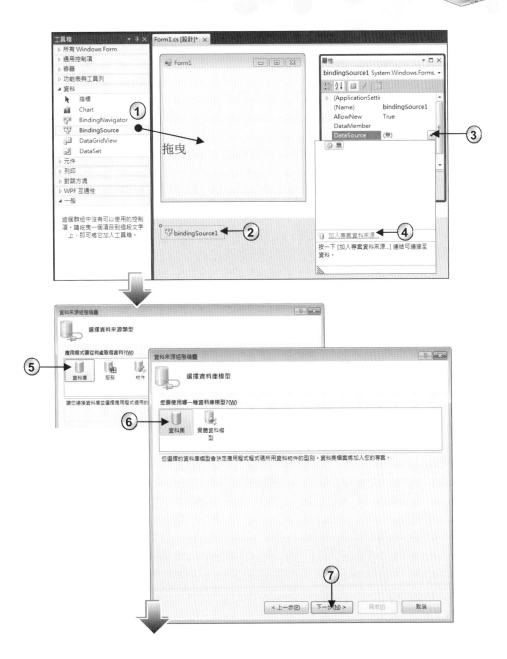

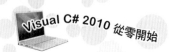

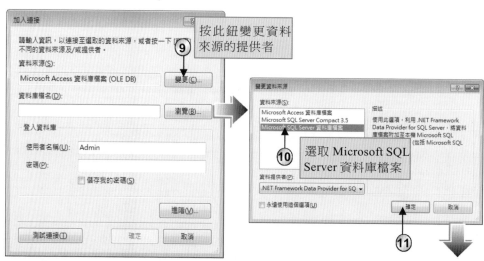

按此鈕變更資料來源的提供者

選取 Microsoft SQL Server 資料庫檔案

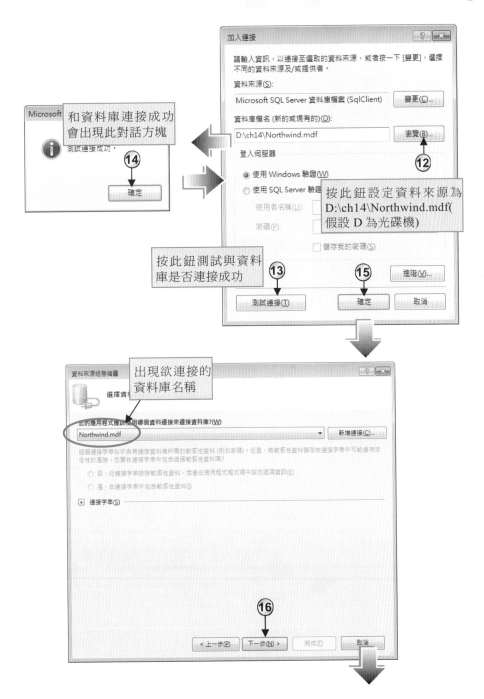

和資料庫連接成功會出現此對話方塊

Microsoft

測試連接成功。

⑭

確定

加入連接

請輸入資訊,以連接至選取的資料來源,或者按一下 [變更],選擇不同的資料來源及/或提供者。

資料來源(S):

Microsoft SQL Server 資料庫檔案 (SqlClient)　變更(C)...

資料庫檔名 (新的或現有的)(D):

D:\ch14\Northwind.mdf　瀏覽(B)...

⑫

登入伺服器

◉ 使用 Windows 驗證(W)

○ 使用 SQL Server 驗證

按此鈕設定資料來源為 D:\ch14\Northwind.mdf(假設 D 為光碟機)

使用者名稱(U):

密碼(P):

☐ 儲存我的密碼(S)

按此鈕測試與資料庫是否連接成功

⑬　⑮　進階(V)...

測試連接(T)　確定　取消

資料來源組態精靈

選擇資料

出現欲連接的資料庫名稱

您的應用程式應該使用哪個資料連接來連接資料庫?(W)

Northwind.mdf　　新增連接(C)...

這個連接字串似乎含有連接資料庫所需的敏感性資料 (例如密碼),但是,將敏感性資料儲存在連接字串中可能會有安全性的風險。您要在連接字串中包含這個敏感性資料嗎?

○ 否,從連接字串中排除敏感性資料,我會在應用程式程式碼中設定這項資訊(E)

○ 是,在連接字串中包含敏感性資料(I)

⊞ 連接字串(S)

⑯

< 上一步(P)　下一步(N) >　完成(F)　取消

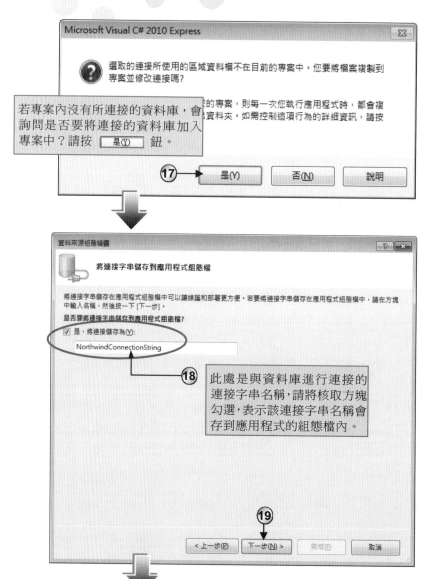

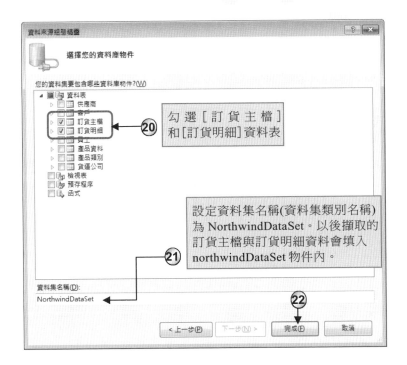

經上面圖示操作後,表單下方會出現「bindingSource1」及 northwindDataSet 物件。bindingSource1 可讓您操作資料表的記錄,將所擷取的「訂貨主檔」及「訂貨明細」資料填入到記憶體的 northwindDataSet 物件。(上圖所指定的 NorthwindDataSet 資料集名稱為 C# 產生的資料集結構描述檔,該檔會出現在方案總管內)

Step3 關聯兩個 DataTable 物件

這個步驟主要是將記憶體 northwindDataSet 物件中的訂單主檔及訂貨明細兩個 DataTable 物件關聯起來,並產生一個關聯物件其名稱為「訂貨主檔_訂貨明細」。如果您的 Northwind.mdf 實體資料庫已經將上述兩個資料表進行關聯,則 northwindDataSet 中的兩個資料表會預設產生關聯物件,因此這個步驟可以直接省略。至於產生關聯物件的操作步驟如下:

1. 在方案總管的 NorthwindDataSet.xsd 資料集結構描述檔快按兩下進入資料集設計工具中，此設計工具是用來描述 DataSet 物件類別的資料結構。

2. 由工具箱的 [資料集] 工具中拖曳一個　🔒 Relation 關聯控制項到目前的檔案中。

3. 接著出現「關聯」視窗，請依下圖操作將關聯物件名稱設為「訂貨主檔_訂貨明細」；並讓父資料表「訂貨主檔」的「訂單號碼」欄位關聯到子資料表「訂貨明細」的「訂單號碼」欄位。

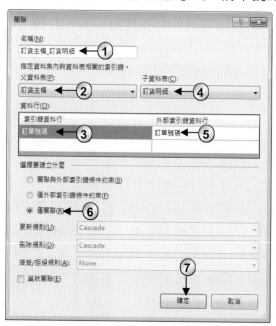

4. 如下圖，接著 NorthwindDataSet.xsd 資料集結構描述檔(資料
集設計工具)內的訂貨主檔及訂貨明細的資料結構描述會產生
關聯物件圖示。完成後請切換到 Form1.cs 表單。

Step4 建立繫結資料來源

1. 執行功能表的【資料(A)/顯示資料來源(S)】指令開啟「資料
來源」視窗。

2. 將資料來源視窗內的「訂貨主檔」DataTable 及訂貨主檔下所
關聯的「訂貨明細」DataTable 放入表單中。此時表單會自動
產生「訂貨主檔 DataGridView」控制項，此控制項會繫結到
訂貨主檔 DataTable；自動產生「訂貨明細 DataGridView」
控制項，此控制項會繫結到訂貨主檔所關聯的「訂貨明細」
DataTable。

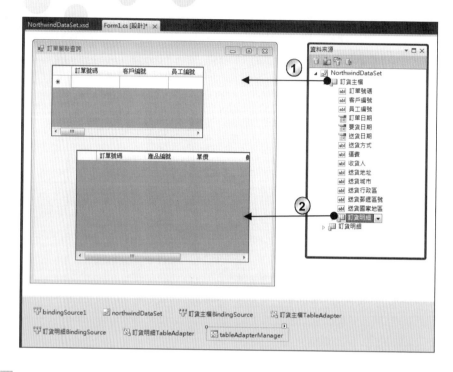

Step5 撰寫程式碼

在 Form1_Load 事件處理函式加入第 10 行敘述使「訂貨主檔 Data
GridView」控制項駐停表單上方；加入第 11 行敘述使「訂貨明細
DataGridView」控制項填滿整個表單。

```
FileName : RelationDB.sln
01   // 表單載入時執行
02   private void Form1_Load(object sender, EventArgs e)
03   {
04       // TODO: 這行程式碼會將資料載入 'northwindDataSet.訂貨明細' 資料表。
05       // 您可以視需要進行移動或移除。
06       this.訂貨明細TableAdapter.Fill(this.northwindDataSet.訂貨明細);
07       // TODO: 這行程式碼會將資料載入 'northwindDataSet.訂貨主檔' 資料表。
08       // 您可以視需要進行移動或移除。
09       this.訂貨主檔TableAdapter.Fill(this.northwindDataSet.訂貨主檔);
10       訂貨主檔DataGridView.Dock = DockStyle.Top;        // 控制項駐停在表單上方
11       訂貨明細DataGridView.Dock = DockStyle.Fill;        // 控制項填滿整個表單
12   }
```

14.7 課後練習

一、選擇題

1. Visual Studio 2010 可使用 ADO .NET 最新版本為？

   (A) 1.0 版　　　(B) 2.0 版　　　(C) 3.0 版　　　(D) 4.0 版

2. Visual Studio 2010 可使用 .NET Framework 最新版本為？

   (A) 1.0 版　　　(B) 2.0 版　　　(C) 3.0 版　　　(D) 4.0 版

3. 下列何者不是 DataAdapter 物件可使用的 Command 物件？

   (A) InsertCommand　　　　(B) DelectCommand

   (C) UpdateCommand　　　　(D) ActionCommand

4. 下列何者有誤？

   (A) DataSet 是記憶體的資料庫

   (B) ADO .NET 採離線式存取

   (C) ADO .NET 目前最新版為 3.0

   (D) Visual C# 2010 Express 內建可新增 SQL Server Express 資料庫

5. 表單上欲顯示 DataSet 的資料，可使用下列哪個控制項？

   (A) DataTable　　　　　(B) DataGridView

   (C) BindingSource　　　(D) BindingNavigator

6. 提供巡覽記憶體 DataSet 的功能，如第一筆、上一筆、下一筆、最末筆的巡覽操作；也可以新增、刪除、修改記憶體 DataSet 的資料，必須使用哪一個控制項？

   (A) DataTable　　　　　(B) DataGridView

   (C) BindingSource　　　(D) BindingNavigator

7. DataAdapter 物件的哪個方法可以將資料表的資料一次填入記憶體的 DataSet？

   (A) GetData　　　(B) Fill　　　(C) FillAll　　　(D) Update

8. DataAdapter 物件的哪個方法可以將記憶體 DataSet 的內容一次寫回指定的資料表？

(A) GetData   (B) WriteAll   (C) Fill   (D) Update

9. 「加入新項目」視窗的哪個選項可以新增 SQL Server Express 資料庫？

(A) Windows Form (B) 服務架構資料庫 (C) 資料集   (D)類別

10. 執行 BindingSource 成員的哪個方法，可將記錄移到下一筆？

(A) Next   (B) MoveNext   (C) MoveFirst   (D)First

二、程式設計

1. 試建立「客戶」資料表，該資料表欄位如下，其中「客戶編號」為主索引欄位。

資料行名稱	資料型別	允許 Null
客戶編號	nvarchar(5)	☐
公司名稱	nvarchar(50)	☑
連絡人	nvarchar(10)	☑
性別	nvarchar(4)	☑
職稱	nvarchar(10)	☑
地址	nvarchar(50)	☑
		☐

2. 延續上例，建立如下圖表單，並透過下圖的按鈕功能可對客戶資料表的記錄做單筆巡覽以及進行新增、修改、刪除。結果如下圖：

3. 將書附光碟ch14資料夾下Northwind.mdf的產品資料和產品類別兩個
   資料表關聯並顯示在兩個 DataGridView 中，若選取上方 DataGrid
   View 中某一筆產品類別的記錄，則下方 DataGridView 即顯示選取產
   品類別所關聯的所有產品資料，結果如下圖所示：

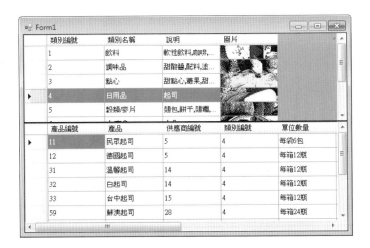

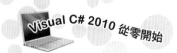

筆記頁

15

CHAPTER

LINQ 資料查詢技術

15.1 LINQ 簡介

在 .NET Framework 3.5 新版功能中，最具影響力的莫過於-LINQ (Language Integrated Query：語言整合式查詢)。LINQ 便是在 .NET 程式語言中加入查詢資料的能力，因此 .NET 語言如 VB 或 C# 便可以使用查詢運算式的語法來擴充資料的查詢能力，查詢運算式的語法和 SQL 敘述非常類似，且透過整合開發環境的智慧輸入功能，更能方便撰寫 LINQ 查詢運算式，比起撰寫單純的 SQL 查詢字串更加方便。

使用 LINQ 資料查詢技術最大的好處便是讓程式設計師能夠使用一致性的語法來查詢不同的資料來源，如查詢物件集合、陣列、XML、SQL Server 資料庫、DataSet…等，讓程式設計師不需要再學習不同的資料查詢技術以縮短學習曲線。LINQ 依適用對象可分成下列幾種技術類型：

1. LINQ to Objects
   可查詢實作 IEnumerable 或 IEnumerable<T> 介面的集合物件，如陣列、List、集合、檔案物件的查詢、排序…等。

2. LINQ to SQL
   可查詢實作 IQueryable<T> 介面的物件，也可以直接對 SQL Server 資料庫做查詢與資料編輯。

3. LINQ to DataSet
   可查詢記憶體內的 DataSet 或 DataTable。

4. LINQ to XML
   以前要查詢或排序 XML 文件必須透過 XPath 或 XQuery，現在透過 LINQ to XML 的查詢技術便可以查詢或排序 XML 文件，且 LINQ to XML 的使用方式與 LINQ to Objects、LINQ to SQL 和 LINQ to DataSet 非常類似。

由於篇幅的關係，本章介紹如何使用 LINQ to Objects 來查詢陣列與物件集合；介紹 ORM 設計工具來撰寫 LINQ to SQL 查詢運算式，達成查詢 SQL Server Express 資料庫的資料，而不談 LINQ to SQL 底層類別的細部實作，關於其他 LINQ 使用技巧，您可自行參閱專門探討 LINQ 的專書。

15.2 LINQ 查詢運算式的使用

LINQ 查詢運算式是以 from 子句啟始來指定範圍變數以及所要查詢的集合，在這個時候會將集合內的元素(或陣列)逐一巡覽放到範圍變數中進行查詢，可使用 orderby 子句來排序，使用 where 設定欲查詢的條件，使用 select 子句定義查詢結果的欄位，最後再將查詢結果傳回給等號左邊所指定的變數。無論是查詢或排序陣列中的元素、DataSet、DataTable、XML、集合物件或 SQL Server 資料庫...等資料來源，LINQ 查詢運算式的基本結構都很類似。其語法如下：

```
var 變數 =  from  [資料型別] 範圍變數 in 集合
        orderby 欄位名稱 1 [ ascending | descending ] [, 欄位名稱 2 [...] ]
        where <條件>
        select new { [別名 1 =] 欄位名稱 [, [別名 2 =] 欄位名稱 2 [...] ]};
```

上面語法有一點要注意的是，var 關鍵字只能在方法範圍內使用，使用 var 所宣告的變數是屬於隱含型別的區域變數，編譯器(Compiler)會自行判斷使用 var 所宣告變數內的資料，來決定該變數的資料型別，資料型別定義完成之後即無法改變。現以簡例說明：

① var i=5;　　　　　　// i 為 int 整數型別變數

② var name="Peter";　//name 為 string 字串型別變數

③ var score = new double {78.5, 69.5, 78.1}; //score 為 double 型別陣列

④ var n=5;　　　　　　　　//n 為 int 整數型別變數

　n = "Tom" ;　　　　　　 //編譯失敗，因為 n 為整數型別無法存放字串型別資料

　　　　　　　　　　　　　//變數的資料型別決定之後即無法改變

　　使用 var 宣告隱含型別的區域變數讓編譯器決定變數的資料型別，其最主要的原因是，我們無法知道 LINQ 查詢運算式所查詢的結果是陣列、物件、集合、DataSet 或是 XML 文件，因此必須將 LINQ 查詢運算式的查詢結果指定給 var 所宣告隱含型別的區域變數來決定查詢結果的資料型別。撰寫 LINQ 查詢運算式基本上包含下列三個步驟：

1. 定義資料來源

2. 撰寫 LINQ 查詢運算式

3. 執行查詢。

　　接著以上面三個步驟來說明如何使用 LINQ 查詢運算式來查詢與排序陣列中的元素。

　　　　　　　　　　　　　　　　　 檔名：Linq1.sln

建立 Salary 薪資陣列 Salary[0]~Salary[4] 共有五個陣列元素，練習使用 LINQ 查詢運算式對 Salary 陣列做遞增排序、遞減排序、找出大於 30000 的薪資、找出小於等於 30000 的薪資、計算平均薪資共有五種狀況作查詢，並將查詢結果顯示在表單的 richTextBox1 控制項上面。

開始時計算平均　　　　　　　遞增排序　　　　　　　　遞減排序

顯示大於 30,000 薪資　　　　　顯示小於等於 30,000 薪資

問題分析

撰寫 LINQ 查詢運算式包含三個步驟，一是定義資料來源，二是撰寫查詢運
算式，最後再執行查詢。現以找出 Salary 薪資陣列中大於 30000 的薪資為例
來加以解說。

Step1　定義資料來源

因 Salary 薪資陣列要提供給多個事件處理函式一起共用，因此請在
事件處理函式的外面建立如下 Salary 薪資陣列，以做為 LINQ 查詢的
資料來源。

```
int[] Salary = new int[] { 50000, 80000, 20000, 30000, 45000 };
```

Step2　撰寫查詢運算式

如下寫法，找出 Salary 薪資陣列中大於 30000 的薪資，並做遞增排
序，最後將查詢的結果傳回給 result 隱含型別區域變數。

```
var result = from s in Salary     // 將 Salary 陣列中元素逐一放入 s 做查詢
             orderby s descending // 遞增排序
             where s > 30000      // 找出大於 30000 的資料
             select s;            // 將符合條件的 s 傳回給 result
```

Step3 執行查詢

如下寫法透過 foreach{…} 敘述可將陣列(集合物件)中的元素一一列舉出來並顯示在 richTextBox1 豐富文字方塊控制項上。

```
foreach (var s in result)
{
    richTextBox1.Text += s.ToString() + "\n";
}
```

上述程式執行之後,則 richTextBox1 豐富文字方塊控制項上會顯示「80000, 50000, 45000」。

另外 LINQ 提供很多擴充方法,常用擴充方法說明如下:

方法	說明
Average	傳回 LINQ 查詢運算式結果的平均值。 延續上例,執行 result.Average() 會傳回 (80000+50000+45000)/3=58333.3333333。
Count	傳回 LINQ 查詢運算式結果的資料筆數。 延續上例執行 result.Count() 會傳回「3」。
Sum	傳回 LINQ 查詢運算式結果的加總。 延續上例執行 result.Sum() 會傳回「175000」。
Min	傳回 LINQ 查詢運算式結果的最小值。 若延續上例,執行 result.Min() 會傳回「45000」。
Max	傳回 LINQ 查詢運算式結果的的最大值。 若延續上例,執行 result.Max() 會傳回「80000」。

了解 LINQ 查詢運算式的使用之後，接著請依下面步驟完成此範例。

上機實作

Step1 設計輸出入介面

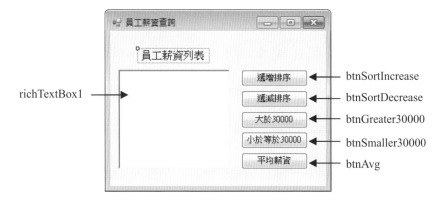

richTextBox1

btnSortIncrease
btnSortDecrease
btnGreater30000
btnSmaller30000
btnAvg

Step2 撰寫程式碼

```
FileName : Linq1.sln
01 int[] Salary = new int[] { 50000, 80000, 20000, 30000, 45000 };
02 // 表單載入時執行此事件處理函式
03 private void Form1_Load(object sender, EventArgs e)
04 {
05    richTextBox1.Text = "";
06    var result = from s in Salary
                       select s;
07    int i = 0;
08    foreach (var s in result)      // 將 s 中所有資料逐一顯示在 richTextBox1 控制項上
09    {
10         i++;
11         richTextBox1.Text += i.ToString() + ". " + s.ToString() + "\n";
12    }
13    richTextBox1.Text += "平均薪資:" + result.Average().ToString();  // 顯示平均
14 }
15 // 按遞增排序鈕執行此事件處理函式
16 private void btnSortIncrease_Click(object sender, EventArgs e)
17 {
18    richTextBox1.Text = "遞增排序:\n";
```

```
19    var result = from s in Salary      // 將Salary陣列所有元素遞增排序
                   orderby s ascending
                   select s;
20    int i = 0;
21    foreach (var s in result)          // 將s中所有資料逐一顯示在richTextBox1控制項上
22    {
23          i++;
24          richTextBox1.Text += i.ToString() + ". " + s.ToString() + "\n";
25    }
26 }
27 // 按遞減排序鈕執行此事件處理函式
28 private void btnSortDecrease_Click(object sender, EventArgs e)
29 {
30    richTextBox1.Text = "遞減排序：\n";
31    var result = from s in Salary      // 將Salary陣列所有元素遞減排序
                   orderby s descending
                   select s;
32    int i = 0;
33    foreach (var s in result)          // 將s中所有資料逐一顯示在richTextBox1控制項上
34    {
35          i++;
36          richTextBox1.Text += i.ToString() + ". " + s.ToString() + "\n";
37    }
38 }
39 // 按大於30000鈕執行此事件處理函式
40 private void btnGreater30000_Click(object sender, EventArgs e)
41 {
42    richTextBox1.Text = "大於30000薪資：\n";
43    var result = from s in Salary     // 將Salary陣列中薪資大於3萬元以遞減排序
                   orderby s descending
                   where s > 30000
                   select s;
44    int i = 0;
45    foreach (var s in result)          // 將s中所有資料逐一顯示在richTextBox1控制項上
46    {
47          i++;
48          richTextBox1.Text += i.ToString() + ". " + s.ToString() + "\n";
49    }
50    richTextBox1.Text+="共 "+result.Count().ToString()+" 人"; //取大於30000的筆數
51 }
52 // 按小於等於30000鈕執行此事件處理函式
53 private void btnSmaller30000_Click(object sender, EventArgs e)
54 {
55    richTextBox1.Text = "小於等於30000薪資：\n";
56    var result = from s in Salary      // 將Salary陣列中薪資小於等於3萬元以遞減排序
```

```
                 orderby s descending
                 where s <= 30000
                 select s;
57    int i = 0;
58    foreach (var s in result)
59    {
60          i++;
61          richTextBox1.Text += i.ToString() + ".  " + s.ToString() + "\n";
62    }
63    richTextBox1.Text+="共 "+result.Count().ToString()+"人";//取小於等於30000的筆數
64 }
65 // 按平均薪資鈕執行此事件處理函式
66 private void btnAvg_Click(object sender, EventArgs e)
67 {
68    Form1_Load(sender, e);   // 呼叫 Form1_Load 事件處理函式，兩者事件程式碼相同
69 }
```

15.3 LINQ to Objects

LINQ to Objects 可透過 LINQ 查詢運算式來查詢實作 IEnumerable 或 IEnumerable <T> 介面集合的物件，您可以使用 LINQ 來查詢任何可以列舉的集合，如上一範例的陣列、List<T>、ArrayList<T> 或是使用者自行定義的物件集合。

接著透過下面範例一步步解說如何使用 LINQ 查詢運算式來查詢與排序我們所定義的 Employee 類別的物件陣列(集合物件)。

範例演練

檔名：Linq2.sln

先定義 Employee 類別有員工編號、姓名、信箱、雇用日期、薪資、是否已婚 6 個屬性，在表單載入的 Form1_Load 事件處理函式建立 emp[0]~emp[4] 5 個員工物件記錄之後，接著可透過員工編號、薪資、雇用日期來做遞增排序，並將排序的結果顯示在豐富文字方塊上。也可在文字方塊內輸入要查詢的員工編號並按下 單筆查詢 鈕來查詢是否有該位員工，執行結果如下圖。

1. 下列三個圖是分別按下 員工編號、 薪資 、 雇用日期 鈕所進行的
   遞增排序結果。

2. 在文字方塊輸入欲查詢的員工編號後並按下 單筆查詢 鈕，若有該位員
   工，則將該位員工的編號、姓名、信箱、薪資屬性顯示在豐富文字方塊
   上，如左下圖；若找不到則顯示右下圖的對話方塊。

上機實作

Step1 建立名稱為「Linq2」的 Windows Form 應用程式專案。

Step2 設計 Employee.cs 員工類別檔

執行功能表的【專案(P)/加入類別(C)】指令新增 Employee.cs 類別檔，接著在 Employee 類別內定義員工編號、姓名、信箱、薪資、員工編號、是否已婚共有六個屬性。程式碼如下：

```
FileName : Employee.cs
01 using System;
02 using System.Collections.Generic;
03 using System.Linq;          //專案預設會引用System.Linq命名空間
04 using System.Text;
05
06 namespace Linq2
07 {
08   class Employee          //定義Employee員工類別
09   {
10     public string 員工編號 { get; set; }      // 員工編號屬性
11     public string 姓名 { get; set; }          // 姓名屬性
12     public string 信箱 { get; set; }          // 信箱屬性
13     public int 薪資{get; set;}                // 薪資屬性
14     public DateTime 雇用日期{get; set;}        // 雇用日期屬性
15     public bool 是否已婚 { get; set; }         // 是否已婚屬性
16   }
17 }
```

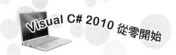

Step3 設計 Form1.cs 表單輸出入介面

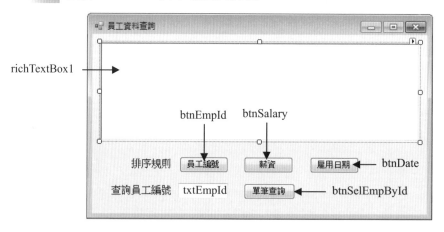

richTextBox1

btnEmpId　btnSalary

排序規則　員工編號　薪資　雇用日期　btnDate

查詢員工編號　txtEmpId　單筆查詢　btnSelEmpById

Step4 撰寫 Form1.cs 表單的事件處理函式

```
FileName : Form1.cs
01 Employee[] emp = new Employee[5];
02 // 表單載入時執行此事件處理函式
03 private void Form1_Load(object sender, EventArgs e)
04 {
05    emp[0] = new Employee { 姓名 = "菜一林", 信箱 = "jolin@yahoo.com.tw",
          是否已婚 = false, 員工編號 = "E001",
          雇用日期 = new DateTime(2007, 1, 1), 薪資 = 65000 };
06    emp[1] = new Employee { 姓名 = "羅字祥", 信箱 = "kklao@yahoo.com.tw",
          是否已婚 = true, 員工編號 = "E002",
          雇用日期 = new DateTime(2006, 1, 1), 薪資 = 75000 };
07    emp[2] = new Employee { 姓名 = "周傑輪", 信箱 = "jjjaa@yahoo.com.tw",
          是否已婚 = false, 員工編號 = "E003",
          雇用日期 = new DateTime(2008, 1, 1), 薪資 = 55000 };
08    emp[3] = new Employee { 姓名 = "王建名", 信箱 = "wange@yahoo.com.tw",
          是否已婚 = true, 員工編號 = "E004",
          雇用日期 = new DateTime(2006, 5, 3), 薪資 = 105000 };
09    emp[4] = new Employee { 姓名 = "李五六", 信箱 = "finde@yahoo.com.tw",
          是否已婚 = false, 員工編號 = "E005",
          雇用日期 = new DateTime(2008, 5, 2), 薪資 = 45000 };
10    richTextBox1.Text = "編號\t 姓名\t 信箱\t\t\t 雇用日期\t 薪資\t 是否已婚\n";
11    richTextBox1.Text +=
          "===================================================\n";
12    var result = from p in emp
```

```
               select p;
13    foreach (var p in result)
14    {
15         richTextBox1.Text += p.員工編號 + "\t" + p.姓名 + "\t" + p.信箱 + "\t" +
           p.雇用日期.ToShortDateString() + "         \t" +
           p.薪資.ToString() + "\t" + p.是否已婚.ToString() + "\n";
16    }
17 }
18 // 按員工編號鈕執行此事件處理函式
19 private void btnEmpId_Click(object sender, EventArgs e)
20 {
21    richTextBox1.Text = "編號\t 姓名\t 信箱\t\t\t 雇用日期\t 薪資\t 是否已婚\n";
22    richTextBox1.Text +=
           "=======================================================\n";
23    var result = from p in emp
                   orderby p.員工編號 ascending
                   select p;
24    foreach (var p in result)
25    {
26         richTextBox1.Text += p.員工編號 + "\t" + p.姓名 + "\t" + p.信箱 + "\t" +
                p.雇用日期.ToShortDateString() + "          \t" +
                p.薪資.ToString() + "\t" + p.是否已婚.ToString() + "\n";
27    }
28 }
29 // 按薪資鈕執行此事件處理函式
30 private void btnSalary_Click(object sender, EventArgs e)
31 {
32    richTextBox1.Text = "編號\t 姓名\t 信箱\t\t\t 雇用日期\t 薪資\t 是否已婚\n";
33    richTextBox1.Text +=
           "=======================================================\n";
34    var result = from p in emp
                   orderby p.薪資 ascending
                   select p;
35    foreach (var p in result)
36    {
37         richTextBox1.Text += p.員工編號 + "\t" + p.姓名 + "\t" + p.信箱 + "\t" +
                p.雇用日期.ToShortDateString() + "          \t" +
                p.薪資.ToString() + "\t" + p.是否已婚.ToString() + "\n";
38    }
39 }
40 // 按雇用日期鈕執行此事件處理函式
41 private void btnDate_Click(object sender, EventArgs e)
42 {
43    richTextBox1.Text = "編號\t 姓名\t 信箱\t\t\t 雇用日期\t 薪資\t 是否已婚\n";
```

```
44    richTextBox1.Text +=
         "=====================================================\n";
45    var result = from p in emp
            orderby p.雇用日期 ascending
            select p;
46    foreach (var p in result)
47    {
48         richTextBox1.Text += p.員工編號 + "\t" + p.姓名 + "\t" + p.信箱 + "\t" +
               p.雇用日期.ToShortDateString() + "      \t" +
               p.薪資.ToString() + "\t" + p.是否已婚.ToString() + "\n";
49    }
50 }
51 // 按單筆查詢鈕執行此事件處理函式
52 private void btnSelEmpById_Click(object sender, EventArgs e)
53 {
54    richTextBox1.Text = "";
55    var result = from p in emp
                where p.員工編號 == txtEmpId.Text
                select new
                {
                      p.員工編號, p.姓名, p.信箱, p.薪資
                };
61    if (result.Count() == 0)           //判斷查詢的結果是否為零筆
62    {
63         MessageBox.Show("沒有此員工");
64         return;
65    }
66    foreach (var p in result)
67    {
68         richTextBox1.Text += "編號:" + p.員工編號;
69         richTextBox1.Text += "\n姓名:" + p.姓名;
70         richTextBox1.Text += "\n信箱:" + p.信箱;
71         richTextBox1.Text += "\n薪資:" + p.薪資;
72    }
73 }
```

程式說明

1. 1 行　　　：建立 emp 為 Employee 類別的物件陣列，其陣列元素為 emp[0]
　　　　　　　　~emp[4]。

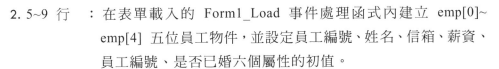

2. 5~9 行　：在表單載入的 Form1_Load 事件處理函式內建立 emp[0]~ emp[4] 五位員工物件，並設定員工編號、姓名、信箱、薪資、員工編號、是否已婚六個屬性的初值。

3. 12~16 行：透過 LINQ 查詢運算式查詢 emp 陣列內的所有資料，並將結果傳回給 result，接著再透過 foreach{...} 敘述將五位員工的資料顯示在 richTextBox1 控制項上。

4. 23 行　：透過 LINQ 查詢運算式將 emp 陣列內的員工資料依「員工編號」屬性做遞增排序。

5. 34 行　：透過 LINQ 查詢運算式將 emp 陣列內的員工資料依「薪資」屬性做遞增排序。

6. 45 行　：透過 LINQ 查詢運算式將 emp 陣列內的員工資料依「雇用日期」屬性做遞增排序。

7. 55 行　：透過 LINQ 查詢運算式來查詢 emp[0]~emp[4] 五位員工的「員工編號」屬性是否等於 txtEmpId.Text，且只要查詢員工物件的員工編號、姓名、信箱、薪資這四個屬性的資料。

8. 61~65 行：若查詢的結果為零，表示沒有該位員工物件，此時執行 63~64 行出現對話方塊並顯示 "沒有此員工" 訊息，接著使用 return 敘述離開目前的事件處理函式。

9. 66~72 行：將查詢的員工物件顯示在 richTextBox 控制項上。

15.4 LINQ to SQL

　　LINQ to SQL 的技術是以 ADO .NET 資料提供者模型所提供的服務為基礎。LINQ to SQL 是物件模型(Object Model)與關連式資料庫 Mapping 的技術，簡單的說就是資料庫、資料表、資料列、資料欄位、主鍵及關聯都可直接對應至程式設計中的物件，如此在撰寫新增、修

改、刪除以及查詢資料庫的程式時，完全不用撰寫 SQL 語法的 SELECT、INSERT、DELETE、UPDATE 敘述，可以不用處理資料庫程式設計的細節，讓你以直覺的物件導向程式來直接撰寫資料庫應用程式。但目前 LINQ to SQL 技術只支援微軟的 SQL Server 資料庫，並不支援其他廠商的資料庫。

下表即是 LINQ to SQL 物件模型對應至資料庫的物件。類別對應至資料表，類別的屬性對應至資料行(資料欄位)，類別方法對應至 SQL Server 資料庫的函式或預存程序。

LINQ to SQL 物件成員模型	資料庫物件
類別	資料表
屬性，即資料成員	資料行，即欄位
關聯	外部索引鍵的關聯性
方法，即成員函式	預存程序與函式

資料庫會與程式中的物件直接對應，首先必須將定義的類別宣告為 Entity 類別，讓類別對應至指定的資料表，讓類別屬性對應資料表欄位、讓類別方法對應預存程序或 SQL Server 的函式，接著透過 DataContext 類別將實體的 SQL Server 資料庫與類別進行實際對應，最後就可以透過 LINQ 查詢運算式來查詢 SQL Server 資料庫的資料了。若要完全以手動方式來撰寫 LINQ to SQL 那可真是大工程，在 Visual C# 2010 Express 或 Visual Studio 2010 整合開發環境皆提供了 ORM 設計工具，可以使用拖曳的方式動態產生 Entity 類別，使 Entity 類別直接對應至 SQL Server 資料庫實體的資料表，讓您專心於 LINQ to SQL 查詢運算式的撰寫。接著透過下面範例一步步帶領您如何使用 ORM 設計工具，並配合 LINQ to SQL 來查詢 SQL Server 資料庫的資料。

範例演練

檔名：Linq3.sln

使用 ORM 設計工具動態產生可對應至 Database1.mdf 實體資料庫的 DataClasses1DataContext 類別程式碼，透過 DataClasses1DataContext 類別產生的 dc 物件及配合 LINQ to SQL 查詢運算式來查詢「員工」資料表，可依員工編號、薪資、雇用日期來做遞增排序，並將排序的結果顯示於 dataGridView1；可查詢最高薪資、最低薪資、平均薪資及薪資加總。也可在文字方塊內輸入要查詢的員工編號並按下 單筆查詢 鈕來查詢是否有該位員工。

1. 可按下 員工編號 、 薪資 、 雇用日期 鈕進行依員工編號、薪資及雇用日期的遞增排序，並將排序結果顯示在 dataGridView1 上。

2. lblShow 標籤會顯示「員工」資料表中「薪資」欄位的最高薪資、最低薪資、平均薪資以及薪資加總的結果。

3. 在文字方塊輸入欲查詢的員工編號後並按下 單筆查詢 鈕，若有該位員工則將該位員工的編號、姓名、信箱、薪資屬性顯示在對話方塊上，如左下圖；若找不到則顯示右下圖的對話方塊。

15-17 ▷

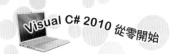

上機實作

Step1 建立名稱為「Linq3」的 Windows Form 應用程式專案。

Step2 連接資料來源

1. 執行功能表的【檢視(V)/其他視窗(E)/資料庫總管(D)】開啟「資料庫總管」視窗。

2. 在資料庫總管視窗的「資料連接」按右鍵，由快顯功能表執行【加入資料來源(A)...】指令開啟「加入連接」視窗，接著再連接到書附光碟 ch15 資料夾下的 Database1.mdf 資料庫。

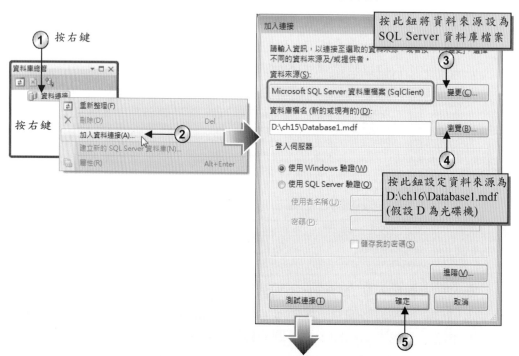

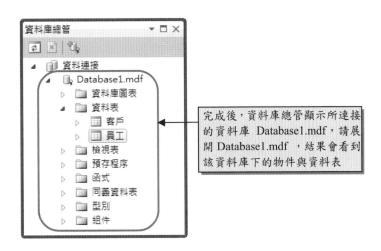

完成後，資料庫總管顯示所連接
的資料庫 Database1.mdf，請展
開 Database1.mdf，結果會看到
該資料庫下的物件與資料表

Step3 建立 LINQ to SQL 類別檔

1. 執行功能表的【專案(P)/加入新項目(W)】開啟「加入新項目」視
窗，接著請新增「LINQ to SQL 類別」，檔案名稱預設為
「DataClasses1.dbml」。

2. 如下圖，接著進入 ORM 設計工具畫面，請將「員工」資料表拖
曳到 ORM 設計工具畫面內。

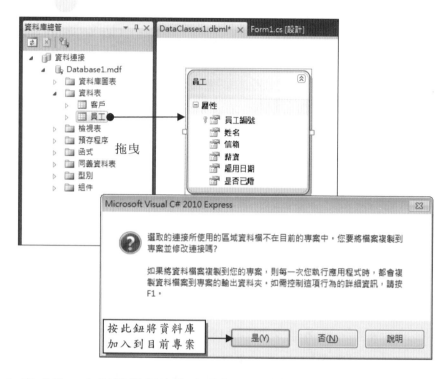

3. 完成後，方案總管視窗內自動加入 Database1.mdf 資料庫以及
DataClasses1.dbml，DataClasses1.dbml 可產生對應至 Database1.
mdf 實體資料庫的 DataClasses1DataContext 類別程式碼。

Step4　設計輸出入介面

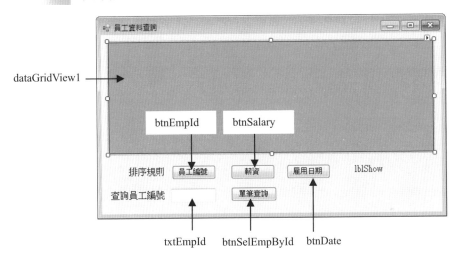

Step5　撰寫程式碼

```
FileName : Linq3.sln
01 DataClasses1DataContext dc = new DataClasses1DataContext();
02 // 表單載入時執行此事件處理函式
03 private void Form1_Load(object sender, EventArgs e)
04 {
05     var result1 = from p in dc.員工
                     select p;
06     dataGridView1.DataSource = result1;
07
08     var result2 = from p in dc.員工
                     select p.薪資;  //查詢薪資欄位
09     lblShow.Text = "最高薪資:" + result2.Max().ToString() +
                     "\n最低薪資:" + result2.Min().ToString() +
                     "\n平均薪資:" + result2.Average().ToString() +
                     "\n薪資加總:" + result2.Sum ().ToString();
10     lblShow.BorderStyle = BorderStyle.Fixed3D;
11     lblShow.BackColor = Color.Pink;
12 }
13 // 按員工編號鈕執行此事件處理函式
14 private void btnEmpId_Click(object sender, EventArgs e)
15 {
16     var result = from p in dc.員工
                    orderby p.員工編號 ascending
```

15-21 ▷

```
             select p;
17   dataGridView1.DataSource = result;
18 }
19 // 按薪資鈕執行此事件處理函式
20 private void btnSalary_Click(object sender, EventArgs e)
21 {
22   var result = from p in dc.員工
                    orderby p.薪資 ascending
                    select p;
23   dataGridView1.DataSource = result;
24 }
25 // 按雇用日期鈕執行此事件處理函式
26 private void btnDate_Click(object sender, EventArgs e)
27 {
28   var result = from p in dc.員工
                    orderby p.雇用日期 ascending
                    select p;
29   dataGridView1.DataSource = result;
30 }
31 // 按單筆查詢鈕執行此事件處理函式
32 private void btnSelEmpById_Click(object sender, EventArgs e)
33 {
34   var result = from p in dc.員工
                    where p.員工編號 == txtEmpId.Text
                    select p;
37   if (result.Count() == 0)
38   {
39             MessageBox.Show("沒有此員工");
40             return;
41   }
42   foreach (var p in result)
43   {
44             MessageBox.Show("編號:" + p.員工編號 + "\n姓名:" + p.姓名 +
                  "\n信箱:" + p.信箱 + "\n薪資:" + p.薪資);
45   }
46 }
```

程式說明

1.　1行　　：透過 DataClasses1DataContext 類別建立 dc 物件，此物件可對
　　　　　　　應至 Database1.mdf 實體資料庫，此時 dc 物件即是代表
　　　　　　　Database1.mdf 資料庫。

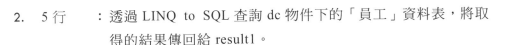

2.　5 行　　　：透過 LINQ to SQL 查詢 dc 物件下的「員工」資料表，將取得的結果傳回給 result1。

3.　6 行　　　：將查詢結果的 result1 繫結到 dataGridView1，此時 dataGridView1 控制項會顯示員工資料表的所有記錄。

4.　8 行　　　：透過 LINQ to SQL 查詢「員工」資料表的「薪資」欄位，將取得的結果傳回給 result2。

5.　9 行　　　：在 lblShow 標籤上顯示員工資料表「薪資」欄位的最高薪資、最低薪資、平均薪資以及薪資加總的結果。

6. 14~18 行 ：執行 btnEmpId_Click 事件處理函式，透過 LINQ to SQL 依「員工編號」欄位來遞增排序員工資料表的所有記錄，並將結果顯示在 dataGridView1 上。

7. 20~24 行 ：執行 btnSalary_Click 事件處理函式，透過 LINQ to SQL 依「薪資」欄位來遞增排序員工資料表的所有記錄，並將結果顯示在 dataGridView1 上。

8. 26~30 行 ：執行 btnDate_Click 事件處理函式，透過 LINQ to SQL 依「雇用日期」欄位來遞增排序員工資料表的所有記錄，並將結果顯示在 dataGridView1 上。

9.　34 行　　：透過 LINQ 查詢運算式來查詢員工資料表的「員工編號」欄位等於 txtEmpId.Text 的資料。

10. 37~41 行 ：若查詢的結果為零，表示沒有該位員工物件，此時執行 39,40 行出現對話方塊並顯示 "沒有此員工" 訊息，接著使用 return 敘述離開此事件處理函式。

11. 42~45 行 ：將查詢的員工資料顯示在對話方塊上。

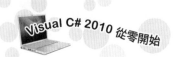

15.5 課後練習

一、簡答題

1. 何謂 LINQ？

2. LINQ 依適用對象可分成幾種技術。

3. 建立 Price 陣列如下：

    int[] Price = new Price[] {100, 5600, 780, 500, 6000, 250};
    試寫出上述陣列的遞增排序與遞減排序的 LINQ 查詢運算式。

4. 建立 Score 陣列如下：

    double[] Score = new double[] {89.1, 99.5, 56, 70.6, 60.0};
    試寫出查詢上述陣列最高分、最低分以及平均分數的 LINQ 查詢運算式。

5. 建立 Score 陣列如下：

    double[] Score = new double[] {89.1, 99.5, 56, 70.6, 60.0};
    試寫出查詢上述陣列及格與不及格的 LINQ 查詢運算式，且必須進行遞減排序。

二、程式設計

1. 完成符合下列條件的程式。

    ① 定義 Student 類別擁有學號、姓名、國文、英文、數學五個屬性。

    ② 使用 Student 類別建立 stu[0]~stu[4] 五位學生，並建立這五位學生的學號、姓名、國文、英文、數學等基本資料。

    ③ 使用 LINQ 查詢運算式將 stu[0]~stu[4] 五位學生的國文、英文、數學三科分數求得總分，並以總分來進行遞減排序，最後再將查詢結果顯示在 RichTextBox 控制項上。

2. 完成符合下列條件的程式。

① 使用 LINQ 查詢運算式查詢書附光碟 Northwind.mdf「員工」資料表的所有記錄。

② 使用 LINQ 查詢運算式查詢書附光碟 Northwind.mdf「產品資料」資料表「單價」大於等於 30 元的產品。

③ 使用 LINQ 查詢運算式查詢書附光碟 Northwind.mdf「客戶」資料表「連絡人職稱」等於 "董事長" 的客戶。

將上述的查詢結果顯示在 DataGridView 控制項上。

3. 完成符合下列條件的程式。

① 定義 Customer 類別擁有統一編號、公司名稱、聯絡人、職稱、電話五個屬性。

② 使用 Customer 類別建立 cust[0]~cust[4] 五位客戶，並建立這五位客戶的統一編號、公司名稱、聯絡人、職稱、電話等基本資料。

③ 使用 LINQ 查詢運算式將 cust[0]~cust[4] 五位客戶的記錄顯示於 RichTextBox 控制項上。

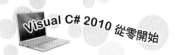

筆記頁

CHAPTER

ASP.NET Web 應用程式

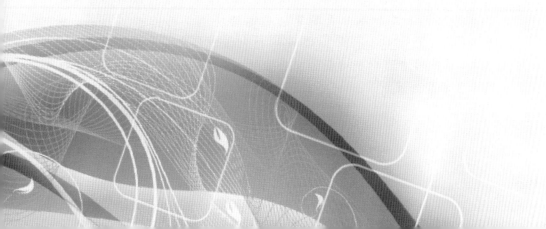

16.1 ASP.NET Web 應用程式

ASP.NET 是微軟新一代的 Web 應用程式開發技術，目前最新的版本為 ASP.NET 4.0，它除了簡易、快速開發 Web 應用程式的優點之外、更與 .NET 的技術緊密結合、提供多種伺服器控制項讓您製作功能強大的網頁資料庫。以往撰寫 Web 應用程式時，開發與測試環境必須架設伺服器才能執行，例如開發 ASP.NET 必須安裝 IIS 伺服器(Internet Information Server)來執行測試 *.aspx 網頁程式(ASP.NET 網頁副檔名為*.aspx)。微軟目前釋出免費的 ASP.NET Web 應用程式開發工具「Visual Web Developer 2010 Express」，它內建了「ASP.NET 程式開發伺服器」相當於一個虛擬伺服器可以用來測試執行 ASP.NET 網頁，當所撰寫的 Web 應用程式開發完成後再部署至 IIS 伺服器即可；更可以類似開發 Windows Form 應用程式的方式來拖曳控制項、點選事件的方式來開發 Web 應用程式。

本章並不會介紹網頁美術編排的技巧，只著重如何快速開發網頁資料庫的功能。若您想學習 ASP .NET，可連到「http://www.microsoft.com/visualstudio/en-us/products/2010-editions/visual-web-developer-express」網址下載 Visual Web Developer 2010 Express 的安裝程式進行安裝。

範例演練　　　　　　　　　　　　　　　　網站：ch16/CustomerWeb

製作如下圖可新增、修改、刪除、分頁瀏覽客戶資料的 ASP.NET 網頁。這個例子使用資料工具 `SqlDataSource` 擷取 Database1.mdf 資料庫 (SQL Express 資料庫)的「客戶」資料表並顯示在 `GridView` 控制項內，在 `GridView` 控制項製作編輯、修改的按鈕，讓使用者可以編修客戶資料表的記錄；並加入分頁瀏覽的超連結功能；再透過 `Button` 及 `TextBox`、`DropDownList`、`RadioButtonList` 控制項製作新增客戶資料的操作介面，讓使用者可以新增新的客戶資料；若資料新增失敗則會顯示錯誤訊息來警告。

1. 新增客戶成功後，可將新客戶記錄放入 GridView 控制項內。結果：

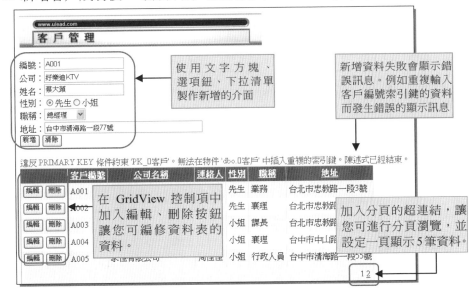

2. 按 編輯 鈕後，GridView 控制項的該筆客戶資料即進入修改狀態，
   其中性別欄會出現 ⊙先生○小姐 選項鈕讓您修改資料；職稱欄會出現
   業務 ▼ 下拉式清單讓您修改資料；而其他欄位以文字方塊狀態出
   現讓您修改資料。客戶資料編修完成之後可按 更新 鈕，將修改後的
   資料寫回資料庫。

3. 按 刪除 鈕後，可將 GridView 控制項中所指定的客戶資料刪除。

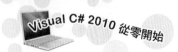

資料表欄位

Database1.mdf資料庫置於書附光碟ch16資料夾下，該資料庫中內含「客戶」資料表，該資料表欄位如下，其中「客戶編號」為主索引欄位。

資料行名稱	資料型別	允許 Null
客戶編號	nvarchar(5)	☐
公司名稱	nvarchar(50)	☑
連絡人	nvarchar(10)	☑
性別	nvarchar(4)	☑
職稱	nvarchar(10)	☑
地址	nvarchar(50)	☑
		☐

上機實作

Step1 新增新網站

1. 安裝 Visual Web Developer 2010 Express 完成後，執行開始功能表的 [開始/所有程式(P)/Microsoft Visual Studio 2010 Express/Microsoft Visual Web Developer 2010 Express] 進入 Visual Web Developer 2010 Express 的整合開發環境內。

2. 執行功能表的【檔案(F)/新網站(W)】指令開啟「新網站」視窗。

3. 按照下列數字依序操作。先選擇「ASP.NET 空網站」；網站的存檔位置設為「檔案系統」；開發的語言設為「Visual C#」；網站路徑設為「C:\C#2010\ch16\CustomerWeb」，即表示將網站名稱設為「CustomerWeb」，該網站路徑設為「C:\C#2010\ch16」；完成後再按 確定 鈕。

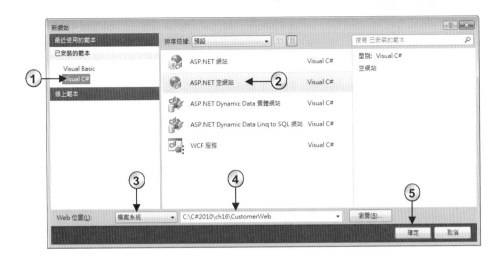

TIPS　如果上圖的「Web 位置(L)」設為「HTTP」，則可以將網站建立在 IIS 伺服器的虛擬目錄中。

Step2 加入網站資源

在這個範例會連接 Database1.mdf 資料庫，以及網頁上方會顯示一個 title1.jpg 圖片，所以請您將書附光碟「ch16」資料夾下的 title1.jpg 複製到目前網站路徑「C:\C#2010\ch16\CustomerWeb」資料夾下；而 Database1.mdf 和 Database1_log.LDF 複製到目前網站路徑「C:\C#2010\ch16\CustomerWeb\App_Data」。(App_Data 資料夾請自行新建在 CustomerWeb 網站資料夾下)

Step3 重新整理網站

執行功能表的【檢視(V)/其他視窗(E)/方案總管(P)】指令開啟「方案總管」視窗，然後按下方案總管視窗的 ⊡ 重新整理鈕，使方案總管內顯示上一個步驟加入網站的 Database1.mdf 及 title1.jpg 的網站資源。

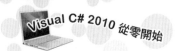

Step4 新增 Default.aspx 的 Web Form 網頁

1. 在網站名稱上按右鍵由快顯功能表中執行 [加入新項目(W)...]
   指令開啟「加入新項目」視窗。

2. 在「加入新項目」視窗中新增使用「Visual C#」語言的 Web Form
   網頁(ASP.NET 網頁)，網頁名稱設為「Default.aspx」。

Step5 切換 Default.aspx 的 Web Form 設計畫面

開啟 Default.aspx 網頁若顯示 ASP.NET 的標記語法時，請您按下
整合開發環境下方的「設計」，接著會切換到 Web Form 的設計畫
面，在 ASP.NET 中一張網頁也可稱為 Web Form。Web Form 的控
制項操作、事件撰寫與 Windows Form 視窗應用程式的做法一樣。

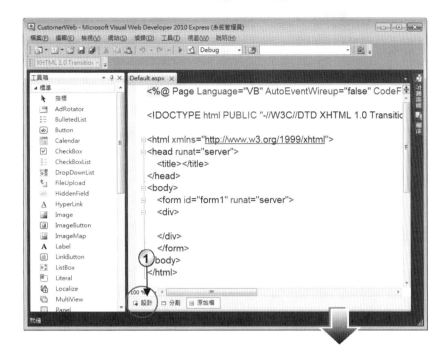

工具箱內的控制項
就可以放入 Web
Form 的設計畫面

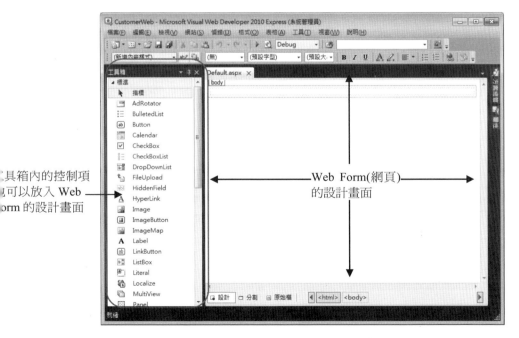

Web Form(網頁)
的設計畫面

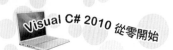

TIPS 在方案總管視窗中您會發現 Default.aspx 和 Default.aspx.cs 兩個檔案，其中 Default.aspx 是編排網頁標籤的設計檔，也就是用來佈置網頁外觀的標記檔，一般網頁使用的 HTML, CSS, JavaScript 或 ASP .NET 控制項標記皆放置於此檔中；另一個 Default.aspx.cs 檔通常用來放置控制項事件處理函式。

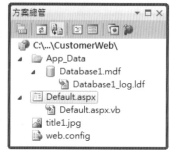

Step6 使用 SqlDataSource 連接 Database1.mdf資料庫

1. Web Form 和 Windows Form 所使用的資料庫連接工具不一樣，在 Web Form 可以透過 SqlDataSource 控制項來連接資料來源。請依下圖操作使用 SqlDataSource 建立 SqlDataSource1 來取得網站 Database1.mdf「客戶」資料表所有記錄。

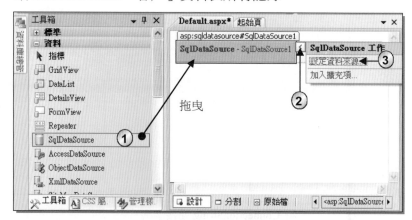

2. 依圖示操作連接網站下 App_Data 資料夾的 Database1.mdf 資料庫。

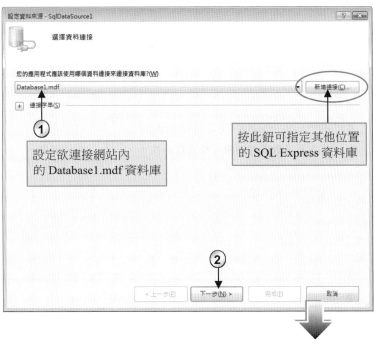

① 設定欲連接網站內
的 Database1.mdf資料庫

按此鈕可指定其他位置
的 SQL Express 資料庫

②

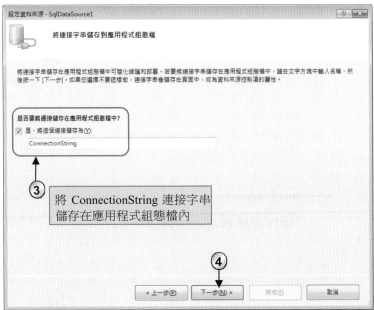

③ 將 ConnectionString 連接字串
儲存在應用程式組態檔內

④

3. 依下列圖示操作，設定 SqlDataSource1 擷取「客戶」資料表的所有欄位，並產生 INSERT、UPDATE、DELETE、SELECT 敘述。

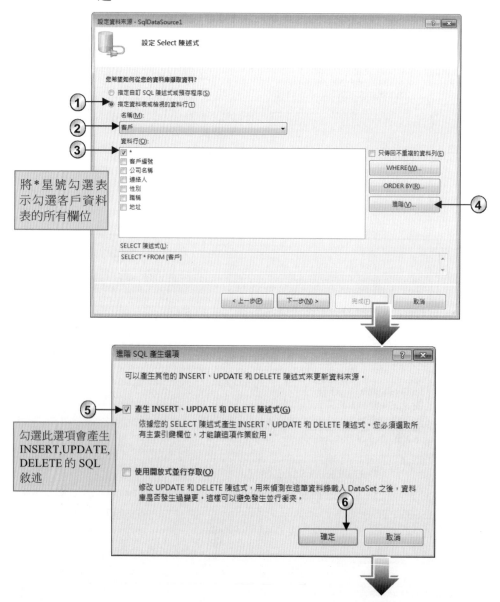

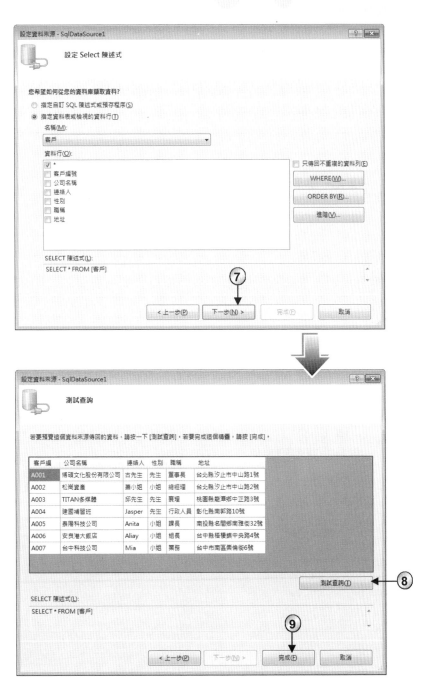

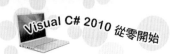

4. 完成上述操作步驟後，SqlDataSource1 會連接 Database1.mdf 資料庫，並擷取該資料庫的「客戶」資料表，而且會自動加入 INSERT(新增)、UPDATE(修改)、DELETE(刪除)、SELECT(查詢)的 SQL 敘述。

TIPS Windows Form 應用程式使用 Name 屬性來設定控制項的物件名稱；ASP.NET 網頁使用 ID 屬性來設定控制項的物件名稱。

Step7 繫結資料來源

接著我們希望網頁上能顯示客戶資料表的所有資料且可以讓使用者編修客戶資料；並以一頁顯示五筆記錄來分頁瀏覽客戶資料表。

1. 請依下圖數字順序操作，先拖曳 GridView 控制項到 Web Form 內，其物件名稱為「GridView1」(即 ID 屬性)；並設定 GridView1 的選擇資料來源為「SqlDataSource1」，讓 GridView1 可以顯示客戶資料表的記錄；最後再勾選「啟用分頁」、「啟用排序」、「啟用編輯」、「啟用刪除」四個核取方塊，即可讓 GridView1 擁有分頁瀏覽、排序、修改及刪除的功能。

2. 依下圖數字依序操作,將 GridView1 的自動格式化設為「摩卡」,來美化 GridView1 控制項。

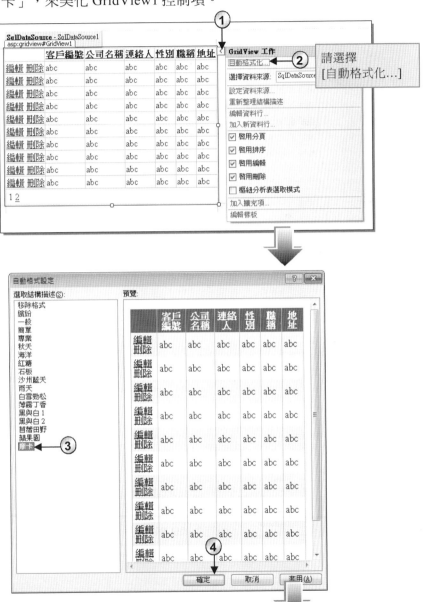

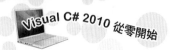
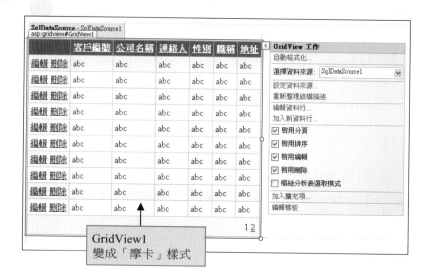

GridView1
變成「摩卡」樣式

3. 如下圖操作將編輯、刪除超連結改成使用按鈕型態顯示。

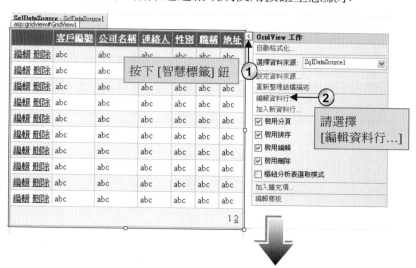

按下 [智慧標籤] 鈕

請選擇
[編輯資料行...]

4. 選取 GridView1，然後將該控制項的 PageSize 屬性設為 5，表示 GridView1 控制項一頁最多只會顯示五筆記錄。

Step8 執行結果

1. 執行功能表的【偵錯(D)/開始偵錯(S)】測試程式的執行結果。

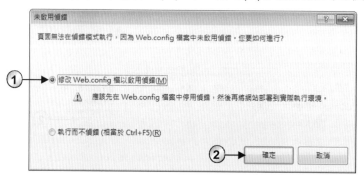

2. 出現執行結果，您可以按 刪除 鈕刪除指定的客戶記錄；如下圖若按下 編輯 鈕會出現 更新 、 取消 鈕及該客戶記錄會出現文字方塊，讓您決定是否修改指定的客戶記錄？

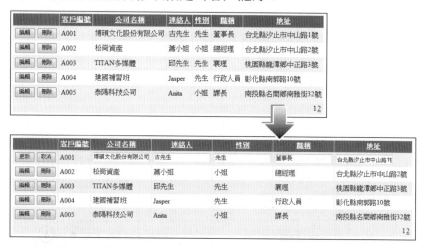

3. 在上圖按下 編輯 鈕後進入編輯狀態，此時公司名稱、連絡人、性別、職稱、地址皆是以文字方塊的方式讓使用者進行修改資料，在下一個步驟我們將性別的編輯狀態更改為 ◉先生○小姐，職稱編輯狀態更改為 業務 ▾ 下拉式清單。請您關閉瀏覽器回到 Visual Web Developer 2010 Express 的整合開發環境內。

Step9 修改性別欄位的 EditItemTemplate 樣板(編輯樣板)

依下面步驟將性別欄位的編輯狀態改成使用 ⊙先生○小姐 顯示。

1. 如下圖操作,進入「欄位」視窗並將性別欄位轉成 TemplateField。

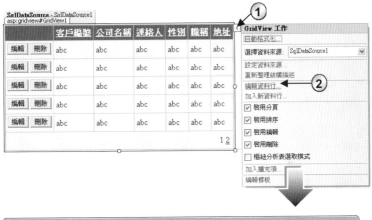

2. 如下圖操作,請選取 GridView1 並按滑鼠右鍵,由快顯功能表執行 [編輯樣板(l)/Column[4]-性別] 指令進入「性別」欄位的樣板模式。

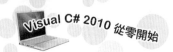

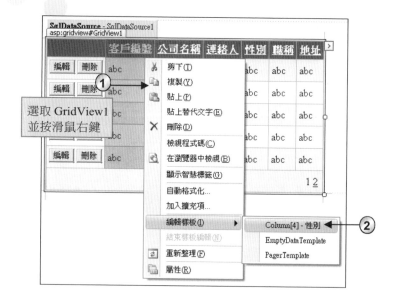

3. 如下圖將 GridView1-Column[4]-性別的 EditItemTemplate 樣板 模式內的文字方塊刪除，然後放入 RadioButtonList1 控制項， 再依圖示操作新增「先生」及「小姐」選項。EditItemTemplate 為 GridView1 控制項編輯狀態顯示的畫面。

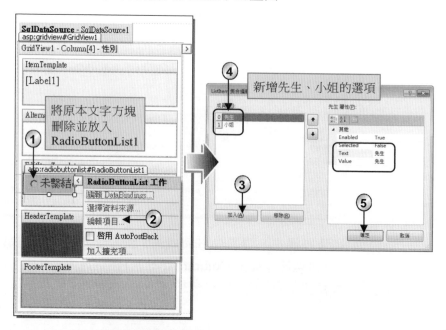

4. 選取 RadioButtonList1 選項鈕清單控制項，將該控制項的
   RepeatDirection 屬性設為 Horizontal，RepeatLayout 屬性 Flow，
   使 RadioButtonList1 控制項以水平狀態顯示。

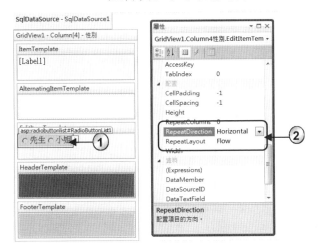

5. 如下圖操作，請選取 RadioButtonList1 控制項並執行 [編輯
   DataBindings...] 指令，接著將 RadioButtonList1 控制項的
   SelectedValue 屬性繫結至「客戶」資料表的「性別」欄位。

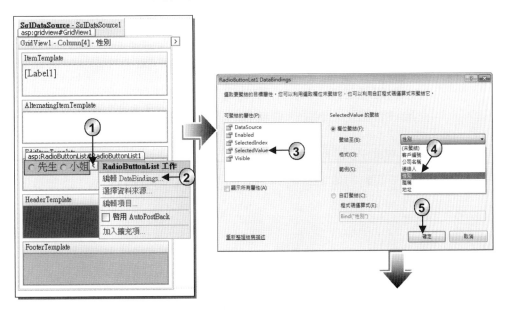

6. 選取 GridView1 控制項的智慧標籤，接著按下「結束樣板編輯」指令，回到 GridView1 最原始的狀態。

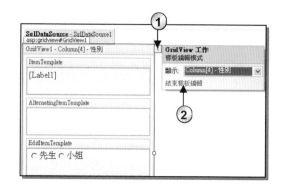

7. 執行功能表的【偵錯(D)/開始偵錯(S)】測試程式的執行結果。結果發現按下 編輯 鈕後進入編輯狀態，此時性別欄位編輯狀態更改為 ⊙先生○小姐 。

		客戶編號	公司名稱	連絡人	性別	職稱	地址
更新	取消	A001	博碩文化股份有限公司	古先生	⊙先生○小姐	董事長	台北縣汐止市中山路1號
編輯	刪除	A002	松崗資產	蕭小姐	小姐	總經理	台北縣汐止市中山路2號
編輯	刪除	A003	TITAN多媒體	邱先生	先生	襄理	桃園縣龍潭鄉中正路3號
編輯	刪除	A004	建國補習班	Jasper	先生	行政人員	彰化縣南郭路10號
編輯	刪除	A005	泰陽科技公司	Anita	小姐	課長	南投縣名間鄉南雅街32號

12

Step10 修改職稱欄位的 EditItemTemplate 樣板(編輯樣板)

仿照 Step9 步驟方式，將職稱欄位的 EditItemTemplate 樣板編輯模式改使用 DropDownList1 業務 下拉式清單顯示，該清單有董事長、總經理、襄理、課長、組長、組員、業務、行政人員等八個項目可以選擇，最後再將 DropDownList1 控制項的 SelectedValue 屬性繫結至「客戶」資料表的「職稱」欄位。

Step11 在 Web Form 網頁上加入圖片

如下圖將方案總管內的 title.jpg 圖檔拖曳到 GridView1 控制項的上方。

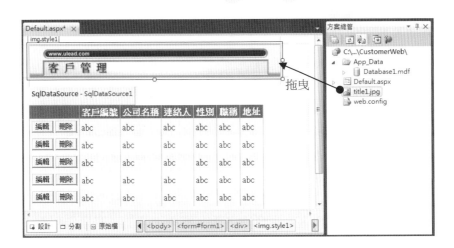

Step12 設計新增客戶資料的新增操作介面

使用 Button 按鈕控制項、 TextBox 文字方塊控制項、 A Label 標籤控制項、 DropDownList 下拉式清單控制項、 RadioButtonList 選項鈕清單控制項佈置如下圖 Default.aspx 的 ASP.NET Web Form，並依下圖為控制項的物件名稱 ID 屬性命名。

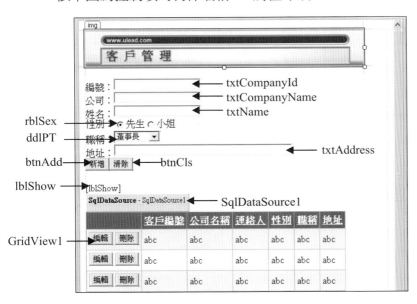

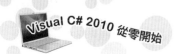

Step13 觀察 SQL 語法之 INSERT 命令的參數

使用 SqlDataSource1 可產生 INSERT、UPDATE、DELETE、SELECT 命令，讓我們能新增、修改、刪除、查詢資料庫的記錄。在 Step7 我們已經設定 GridView1 控制項擁有修改及刪除的功能。接著我們要將 txtCompanyId、txtCompanyName、txtName、rblSex、ddlPT、txtAddress 等控制項所輸入的資料新增到 Database1.mdf 的客戶資料表，作法就是將控制項的資料內容指定給 INSERT 命令的參數，該參數即會放入資料表指定的欄位內。因此我們必須要了解 INSERT 命令的參數有那些。請依下圖操作觀看 INSERT 命令有哪些參數。

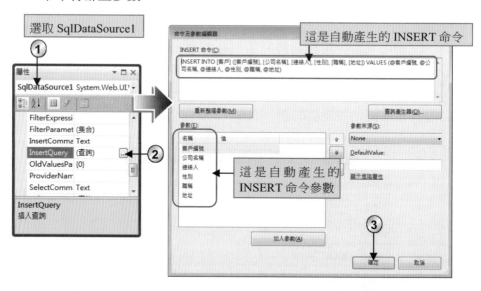

由上可知有 INSERT 命令有 @客戶編號、@公司名稱、@連絡人、@性別、@職稱、@地址六個參數，這六個參數所設定的值會新增到「客戶」資料表。

經過上述步驟後，切換到 Default.aspx 原始檔的畫面，結果會產生將近 100 多行的 TextBox、Button、Label、RadioButtonList、DropDownList、SqlDataSource 以及各類型樣板的 ASP .NET Web 控制項的宣告式語法，關於這些宣告式語法的詳細介紹可參閱由博碩出版的 ASP.NET 3.5 從零開始使用 C#或 ASP.NET 4.0 從零開始使用 C#一書，書中有介紹宣告語法與控制項設定的對應方式，透過書中可讓您更了解 ASP.NET 的開發。

在此建議若您對開發 ASP .NET Web 應用程式有興趣的話，應先學習 HTML、CSS，這是因為網頁的編排與美化配置還是要透過 HTML、CSS 來達成，而 ASP .NET 的控制項主要還是要處理伺服器端程式、商業邏輯流程及存取資料庫，當學會 HTML、CSS 接著再學習 ASP .NET 會比較容易上手。但實際開發時可以配合 Dreamweaver 或 Expression Web 網頁設計工具產生 HTML 及 CSS 來配置網頁，最後再交由 Visual Web Developer 2010 Express 或 Visual Studio 2010 的整合開發環境工具來開發 ASP.NET Web 應用程式會比較快速。

Step14 撰寫程式碼

接著請撰寫 新增 及 清除 按鈕控制項的 Click 事件處理函式內的程式碼。

```
FileName : Default.aspx.cs
01 public partial class _Default : System.Web.UI.Page
02 {
03    // 按 [新增] 鈕執行
04    protected void btnAdd_Click(object sender, EventArgs e)
05    {
06        try
07        {
08            SqlDataSource1.InsertParameters["客戶編號"].DefaultValue =
                  txtCompanyId.Text;
09            SqlDataSource1.InsertParameters["公司名稱"].DefaultValue =
                  txtCompanyName.Text;
10            SqlDataSource1.InsertParameters["連絡人"].DefaultValue =
                  txtName.Text;
11            SqlDataSource1.InsertParameters["性別"].DefaultValue =
                  rblSex.SelectedItem.Value;
12            SqlDataSource1.InsertParameters["職稱"].DefaultValue =
                  ddlPT.SelectedItem.Value;
```

```
13          SqlDataSource1.InsertParameters["地址"].DefaultValue =
                txtAddress.Text;
14          SqlDataSource1.Insert();
15          lblShow.ForeColor = System.Drawing.Color.Blue;
16          lblShow.Text = "新增成功";
17          btnCls_Click(sender, e);
18      }
19      catch (Exception ex)
20      {
21          lblShow.ForeColor = System.Drawing.Color.Red;
22          lblShow.Text = ex.Message;
23      }
24  }
25  // 按 [清除] 鈕執行
26  protected void btnCls_Click(object sender, EventArgs e)
27  {
28      txtCompanyId.Text = "";
29      txtCompanyName.Text = "";
30      txtName.Text = "";
31      txtAddress.Text = "";
32      lblShow.Text = "";
33  }
34 }
```

程式說明

1. 8~16行 ： 使用 SqlDataSource1 的 InsertParameters 屬性來指定
   INSERT 命令參數所對應的值，例如：txtCompanyId.Text
   的內容要指定給客戶編號參數；最後再執行 SqlData
   Source1 的 Insert()方法即可新增資料，若新增資料成功則
   lblShow 會以藍色字顯示 "新增成功" 訊息。

2. 19~23行： 若發生例外時，使用 Exception 例外類別的 Message 屬性
   將錯誤訊息指定給 lblShow.Text，將 lblShow 以紅色字顯
   示，使得 lblShow 標籤上顯示新增資料失敗的錯誤訊息。

16.2 開啟 ASP.NET Web 網站

前一節我們使用 Visual Web Developer 2010 Express 所設計的 ASP.NET Web 應用程式為網站資料夾的架構,由於只有單純的*.aspx 及其它的資源檔,因此 Web 應用程式是以網站的方式存在,下面介紹如何開啟 ASP.NET Web 網站。

上機實作

Step1 進入 VWD 2010 整合開發環境

請執行開始功能表的 [開始/所有程式(P)/Microsoft Visual Studio 2010 Express/Microsoft Visual Web Developer 2010 Express] 進入 Visual Web Developer 2010 Express 的整合開發環境內。

Step2 開啟網站

Visual Web Developer 2010 Express 內建 ASP.NET 程式開發伺服器,因此在任何路徑下的資料夾都可以開啟為網站。

1. 現以開啟 16.1 節儲存在「C:\C#2010\ch16\CustomerWeb」網站為例,請執行功能表的【檔案(F)/開啟網站(E)】開啟「開啟網站」視窗。

2. 本例的網站存放在檔案系統中,因此請先選取「檔案系統」,再選取「C:\C#2010\ch16\CustomerWeb」網站資料夾,最後再按 開啟 鈕進入 Visual Web Developer 2010 Express 整合開發環境並開啟該網站。

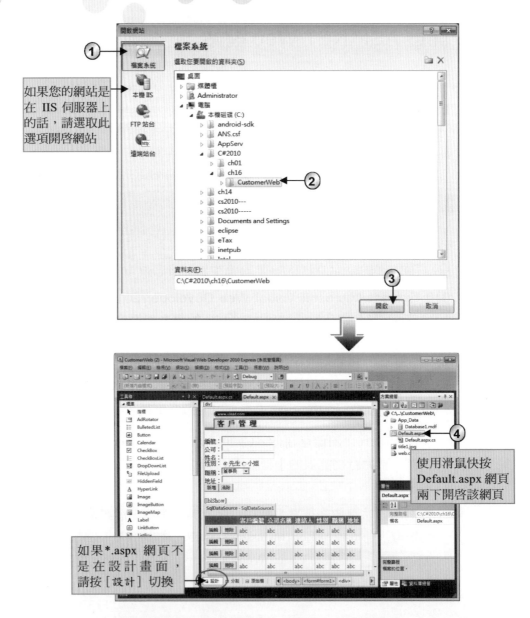

如果您的網站是在 IIS 伺服器上的話，請選取此選項開啟網站

使用滑鼠快按 Default.aspx 網頁兩下開啟該網頁

如果 *.aspx 網頁不是在設計畫面，請按［設計］切換

3. 使用滑鼠快按兩下開啟方案總管下欲編輯的 ASP.NET Web Form 網頁，接著再進行 Web Form 網頁的編修，完成之後記得執行功能表的【檔案(F)/全部儲存(L)】將編修後的網頁進行存檔。

16.3 DetailView 控制項的使用

| DetailsView | 與 | FormView | 這兩個控制項提供豐富的資料操作功能，例如：新增、修改、刪除、分頁巡覽資料表的記錄，但一次只能顯示一筆記錄，這兩個控制項的操作方式相同。FormView 控制項可以自訂新增、修改、刪除、分頁…等多種樣板的畫面，可以配合 HTML 或 CSS 編排出較具設計感的網頁；而 DetailsView 是以表格的方式來編排各欄位，使用起來較方便，因此本節以介紹 DetailsView 控制項為主。

範例演練　　　　　　　　　　　　　　　網站：ch16/EmployeeWeb

製作一個可新增、修改、刪除、分頁瀏覽員工資料的 ASP.NET 網頁。本例使用資料工具 | SqlDataSource | 擷取 Database1.mdf 資料庫的「員工」資料表並顯示在 | DetailsView | 控制項內，並在 | DetailsView | 控制項製作新增、編輯、修改的按鈕，讓使用者可以編修員工資料表的記錄；並加入分頁瀏覽的超連結功能。操作說明如下：

(網站 ch16/EmployeeWeb)　　　　　　　　　　　　　　　中中中

1. 如下圖在網頁上按下 新增 鈕，此時網頁會出現新增畫面讓您輸入要新增的資料，輸入完成之後可按 插入 鈕將指定的資料存入資料庫內。按 取消 鈕可放棄新增資料。

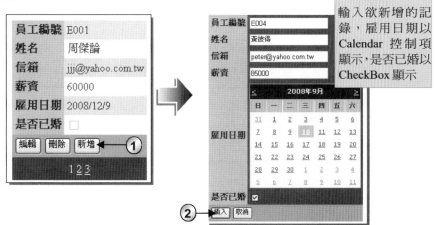

輸入欲新增的記錄，雇用日期以 Calendar 控制項顯示，是否已婚以 CheckBox 顯示

2. 在左下圖按 編輯 鈕時，會出現 更新 、取消 鈕以及該筆員工記錄的編輯畫面，當員工資料修改後可按 更新 鈕將資料更新到 Database1.mdf 的「員工」資料表；按 取消 鈕可放棄修改資料。

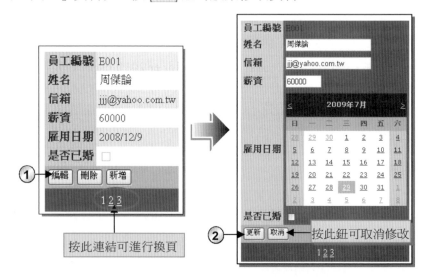

3. 按 刪除 鈕可刪除指定的員工記錄；控制項的下方會有巡覽的超連結可以讓您連結到指定的某一筆員工記錄。

資料表欄位

Database1.mdf資料庫置於書附光碟 ch16 資料夾下，該資料庫中內含「員工」資料表，該資料表欄位如下表，其中「員工編號」為主索引欄位。

資料行名稱	資料型別	允許 Null
▶🔑 員工編號	nvarchar(10)	☐
姓名	nvarchar(10)	☑
信箱	nvarchar(50)	☑
薪資	int	☑
雇用日期	date	☑
是否已婚	bit	☑

上機實作

Step1 新增新網站

1. 請執行開始功能表的 [開始/所有程式(P)/Microsoft Visual Studio 2010 Express/Microsoft Visual Web Developer 2010 Express] 進入 Visual Web Developer 2010 Express 整合開發環境內。

2. 執行功能表的【檔案(F)/新網站(W)】指令開啟「新網站」視窗。

3. 請選擇「ASP.NET 空網站」；網站的存檔位置設為「檔案系統」；開發的語言設為「Visual C#」；網站路徑設為「C:\C#2010\ch16\EmployeeWeb」，即表示將網站名稱設為「EmployeeWeb」，該網站路徑設為「C:\C#2010\ch16」；完成後再按 [確定] 鈕。

4. 在方案總管的網站名稱上按右鍵由快顯功能表中執行 [加入新項目(W)...] 指令開啟「加入新項目」視窗，接著在「加入新項目」視窗中新增使用「Visual C#」語言的 Web Form 網頁 (ASP.NET 網頁)，網頁名稱設為「Default.aspx」。

Step2 加入網站資源

本範例連接 Database1.mdf 資料庫(SQL Express 資料庫)，請將書附光碟「ch16」資料夾下的 Database1.mdf 和 Database1_log.LDF 複製到目前網站路徑「C:\C#2010\ch16\EmployeeWeb\App_Data」資料夾下；然後按下方案總管視窗的 🔁 重新整理鈕，使方案總管內顯示放入網站的 Database1.mdf 資料庫來當做網站資源。

Step3 切換 Web Form 設計畫面

開啟 Default.aspx 網頁若顯示 ASP.NET 的標記語法時，請按下整合開發環境下方的「設計」接著會切換到 Default.aspx 的 Web Form 設計畫面。

Step4 連接 Database1.mdf，擷取「員工」資料表記錄

1. 依圖示先建立 SqlDataSource1 控制項；接著按該控制項上的智
慧標籤鈕，再按下 [設計資料來源…] 選項。

2. 依圖示操作連接網站 App_Data 資料夾下的 Database1.mdf 資
料庫。

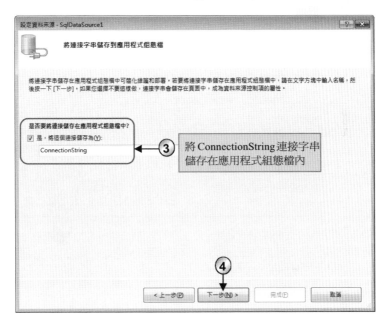

將 ConnectionString 連接字串
儲存在應用程式組態檔內

3. 依下列圖示操作,設定 SqlDataSource1 擷取「員工」資料表的
所有欄位,並產生 INSERT、UPDATE、DELETE、SELECT
敘述的語法。

將 * 號勾選,表示
勾選員工資料表的
所有欄位

進階 SQL 產生選項

可以產生其他的 INSERT、UPDATE 和 DELETE 陳述式來更新資料來源。

⑤ ☑ 產生 INSERT、UPDATE 和 DELETE 陳述式(G)

根據您的 SELECT 陳述式產生 INSERT、UPDATE 和 DELETE 陳述式。您必須選取所生主索引鍵欄位,才能讓這項作業啟用。

將此核取方塊勾選會產生可以新增、修改、刪除的 SQL 敘述

☐ 使用開放式並行存取(O)

修改 UPDATE 和 DELETE 陳述式,用來偵測在這筆資料錄載入 DataSet 之後,資料庫是否發生過變更。這樣可以避免發生並行衝突。

⑥ ➔ 確定   取消

設定資料來源 - SqlDataSource1

設定 Select 陳述式

您希望如何從您的資料庫擷取資料?
◯ 指定自訂 SQL 陳述式或預存程序(S)
◉ 指定資料表或檢視的資料行(T)
　名稱(M):
　員工
　資料行(O):
☑ *
☐ 員工編號
☐ 姓名
☐ 信箱
☐ 薪資
☐ 雇用日期
☐ 是否已婚

☐ 只傳回不重複的資料列(E)

WHERE(W)...
ORDER BY(R)...
進階(V)...

SELECT 陳述式(L):
SELECT * FROM [員工]

⑦
< 上一步(P)   下一步(N) >   完成(F)   取消

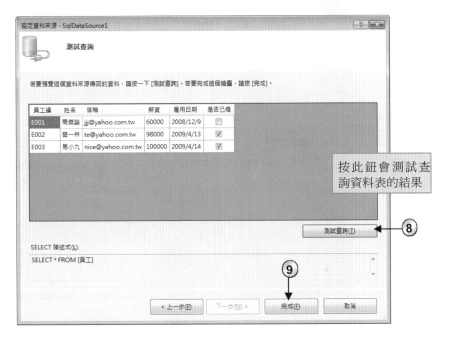

完成上述步驟後，SqlDataSource1 會連接 Database1.mdf 資料庫，並擷取該資料庫的「員工」資料表，並加入 INSERT 新增、UPDATE 修改、DELETE 刪除的 SQL 敘述。

Step5 繫結資料來源

接著我們希望網頁上能顯示員工資料表的所有資料並可以讓使用者編修員工資料；並以一頁顯示一筆記錄來分頁瀏覽員工資料表。其步驟如下：

1. 請依下圖數字順序操作，先拖曳 [📄 DetailsView] 控制項到 Web Form 內，其物件名稱為「DetailsView1」；並設定該控制項的 [選擇資料來源] 為「SqlDataSource1」，讓 DetailsView1 可以顯示員工資料表的記錄；最後再勾選「啟用分頁」、「啟用插入」、「啟用編輯」、「啟用刪除」四個核取方塊，即可讓 DetailsView1 擁有分頁瀏覽、新增、修改及刪除的功能。

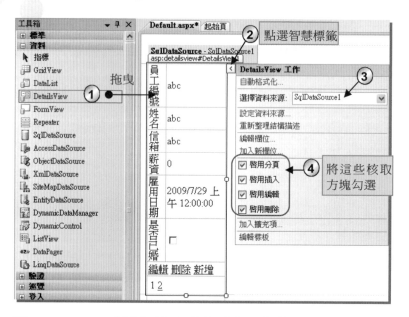

2. 將 DetailsView1 控制項的自動格式化設為「專業」，來美化該控制項；接著再將 DetailsView1 的 Width 屬性值清除，使 DetailsView1 控制項能依資料內容的多寡做延伸。

3. 如下圖操作將編輯、刪除、新增超連結改成使用按鈕型態顯示。

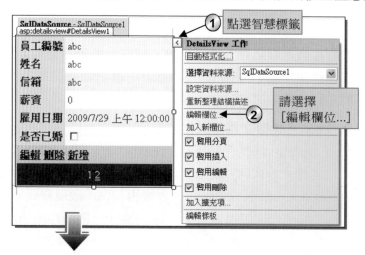

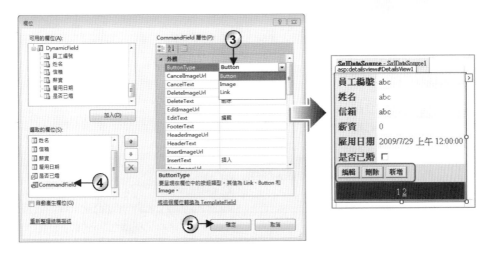

4. 執行功能表的【偵錯(D)/開始偵錯(S)】測試程式的執行結果。

5. 在上圖按下 新增 、 編輯 鈕後進入新增或編輯狀態，此時雇用日期欄位並不會顯示 Calendar 月曆控制項讓使用者設定雇用日期，再下一個步驟我們將雇用日期的新增和編輯狀態更改為 Calendar 月曆控制項。請您關閉瀏覽器回到 Visual Web Developer 2010 Express 整合開發環境內。

Step6 修改雇用日期 InsertItemTemplate 樣板(新增樣板)

接著請依下面步驟將雇用日期欄位的新增狀態改成使用 Calendar 月曆控制項顯示。

1. 如下圖操作，進入「欄位」視窗並將「雇用日期」欄位轉成 TemplateField。

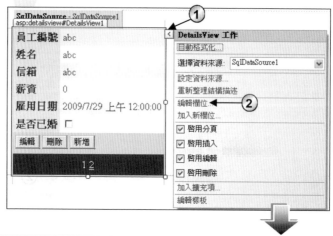

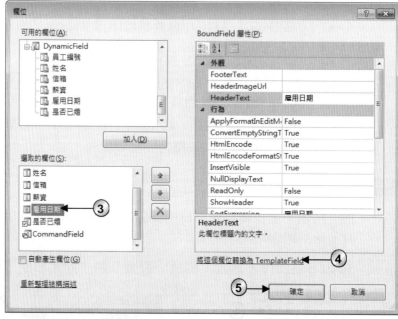

2. 如下圖操作，請選取 DetailsView1 並按滑鼠右鍵，由快顯功能表執行 [編輯樣板(I)/Field[4]-雇用日期] 指令進入「雇用日期」欄位的樣板模式。

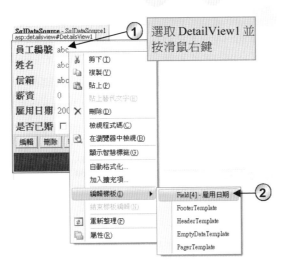

3. 如下圖將 DetailsView1-Field[4]-雇用日期的 ItemTemplate 樣板模式內的標籤選取,接著依下圖操作,使繫結至雇用日期的標籤以簡短日期格式顯示。

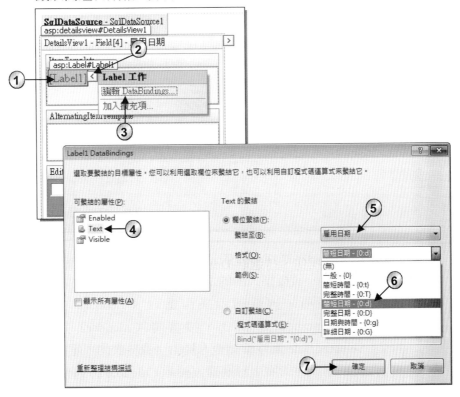

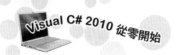

4. 如下圖將 GridView1-Field[4]-雇用日期的 EditItemTemplate 樣板模式內的文字方塊刪除，然後放入 Calendar1 月曆控制項，再依圖示操作選取 Calendar1 並執行 [編輯 DataBindings...] 指令，接著將Calendar1月曆控制項的SelectedDate屬性繫結至「員工」資料表的「雇用日期」欄位，使編輯狀態的雇用日期欄位顯示 Calendar1 月曆控制項。

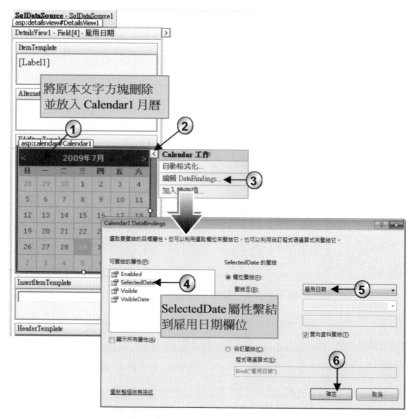

5. 依下圖順序操作，將GridView1-Field[4]-雇用日期的 InsertItem Template 樣板模式內的文字方塊刪除，然後放入 Calendar2 月曆控制項，再依圖示操作選取 Calendar2 並執行 [編輯 DataBindings...] 指令，接著將 Calendar2 月曆控制項的 SelectedDate 屬性繫結至「員工」資料表的「雇用日期」欄位。使新增狀態的雇用日期欄位顯示 Calendar2 月曆控制項。

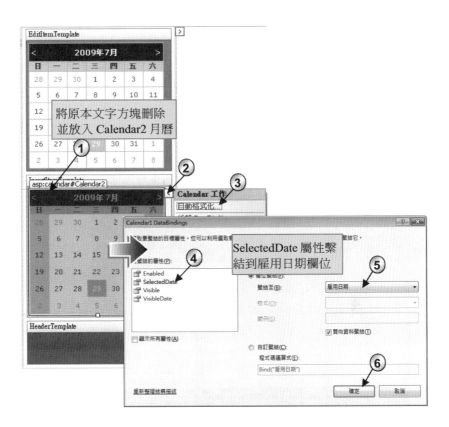

6. 結束樣板編輯，接著執行功能表的【偵錯(D)/開始偵錯(S)】測
試程式的執行結果。

16.4 Web Form 網頁資料表的關聯查詢

以往在 ASP 網頁上製作兩個資料表的關聯查詢非常的麻煩，必須使
用 SQL 語法、建立兩個 Recordset 物件或透過其他技巧來完成。現在在
ASP .NET 中只要使用 DetailsView 、 GridView 及 SqlDataSource 控制項
便可輕鬆完成兩個資料表在網頁的關聯查詢作業。

範例演練   檔名：ch16/ProductWeb

製作可瀏覽產品資料的 ASP.NET 網頁。在本例使用兩個 [SqlDataSource] 擷取 Northwind.mdf 資料庫的「產品類別」及「產品資料」。「產品類別」顯示在 [DetailsView] 控制項內，用來當做關聯的主表；「產品資料」顯示在 [GridView] 控制項內，用來當做是關聯的明細表。當使用者切換產品類別的分頁連結時，下方明細表即顯示對應的產品資料。其操作說明如下：

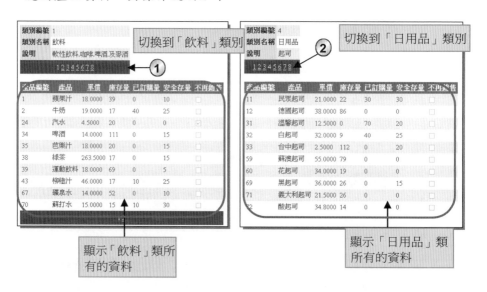

資料表欄位

Northwind.mdf 置於書附光碟 ch16 資料夾下，該資料庫中內有「產品類別」及「產品資料」兩個資料表。產品類別的主索引為「類別編號」，產品資料的主索引為「產品編號」，兩個資料表的關聯欄位是「類別編號」。資料表關聯圖如下：

上機實作

Step1 新增新網站

1. 執行功能表的【檔案(F)/新網站(W)】指令開啟「新網站」視窗。

2. 請選擇「ASP.NET 空網站」;網站的存檔位置設為「檔案系統」; 開發的語言設為「Visual C#」;網站路徑設為「C:\C#2010\ ch16\ProductWeb」,即表示將網站名稱設為「ProductWeb」, 該網站路徑設為「C:\C#2010\ch16」;完成後再按 ⌈ 確定 ⌋ 鈕。

3. 在這個範例會連接 Northwind.mdf 資料庫,請您將書附光碟 「ch16」資料夾下的 Northwind.mdf 和 Northwind_log.ldf 複製 到目前網站路徑「C:\C#2010\ch16\ProductWeb\App_Data」資料 夾下;然後按方案總管視窗的 ⌘ 重新整理鈕,使方案總管內 顯示放入網站的 Northwind.mdf 資料庫來當做網站資源。

4. 在方案總管的網站名稱上按右鍵由快顯功能表中執行 [加入新 項目(W)...] 指令開啟「加入新項目」視窗,接著在「加入新項 目」視窗中新增使用「Visual C#」語言的 Web Form 網頁 (ASP.NET 網頁),網頁名稱設為「Default.aspx」。

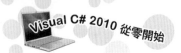

5. 當開啟 Default.aspx 網頁若顯示 ASP.NET 的標記語法時,請您按下整合開發環境下方的「設計」,接著會切換到 Default.aspx 的 Web Form 設計畫面。

Step2 連接 Northwind.mdf 資料庫,擷取「產品類別」資料表

先建立 SqlDataSource1 控制項,並設定該控制項的資料來源為 Northwind.mdf 的「產品類別」資料表,並設定如下圖「產品類別」資料表要顯示的資料行為類別編號、類別名稱、說明三個欄位。

Step3 設定 DetailsView1 的資料來源是 [產品類別] 資料表

1. 依下圖操作,先拖曳 [圖 DetailsView] 控制項到 Web Form 內,其物件名稱為「DetailsView1」;並設定該控制項的 [選擇資料來源] 為「SqlDataSource1」,讓 DetailsView1 可以顯示產品類別的記錄;最後再將「啟用分頁」核取方塊勾選,即可讓 DetailsView1 擁有分頁的功能。

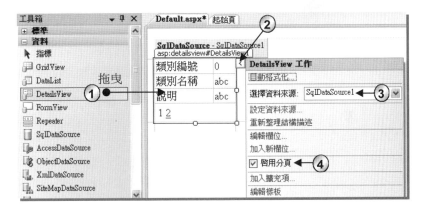

2. 設定 DetailsView1 自動格式化功能,來美化 DetailsView1 控制項;接著再將 DetailsView1 的 Width 屬性值清除,使 Details View1 控制項能依資料內容的長度做延伸。

Step4 連接 Northwind.mdf 資料庫,擷取「產品資料」資料表

依下圖操作指定 SqlDataSource2 控制項擷取 Northwind.mdf「產品資料」資料表,產品資料的篩選條件是依 DetailsView1 控制項的「類別編號」為依據。

1. 依圖示先建立 SqlDataSource1 控制項;再按該控制項上的「智慧標籤」鈕,再選取 [設計資料來源...] 選項。

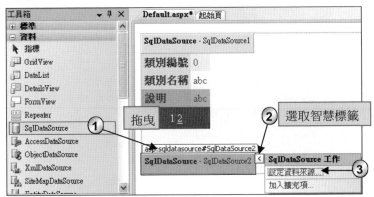

2. 依圖示操作連接網站 App_Data 資料夾下的 Northwind.mdf 資料庫。

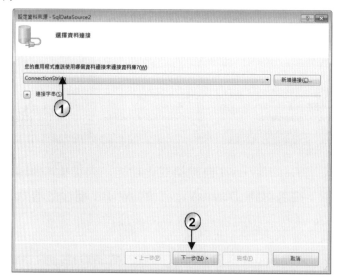

3. 依下列圖示操作，設定 SqlDataSource2 擷取「產品資料」資料表的產品編號、產品、單價、庫存量、已訂購量、安全存量、不再銷售...等欄位。且產品資料篩選的條件是依 DetailsView1 的「類別編號」欄位。

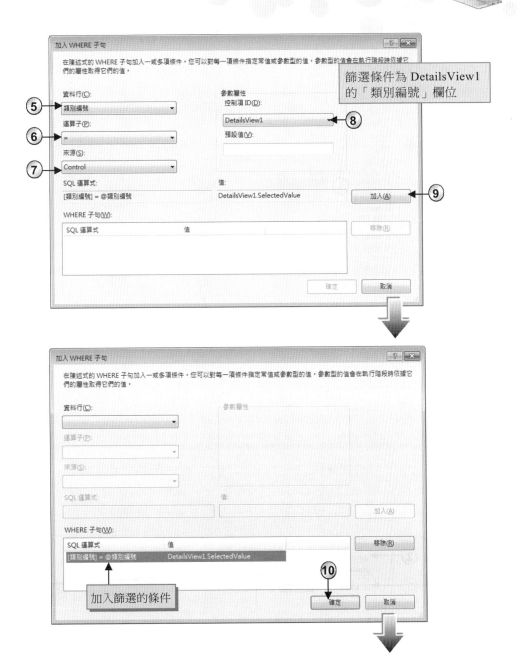

篩選條件為 DetailsView1
的「類別編號」欄位

加入篩選的條件

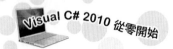
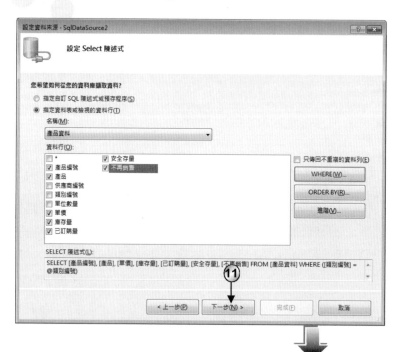

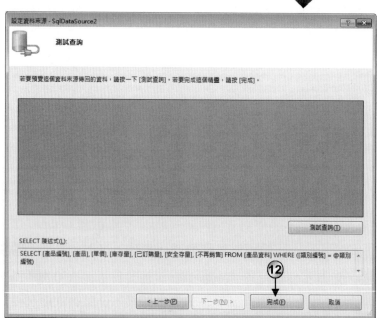

Step5 設定 GridView1 的資料來源為 [產品資料] 資料表

1. 請依下圖數字順序操作，在 Web Form 建立「GridView1」；並設定該控制項的 [選擇資料來源] 為「SqlDataSource2」，讓 GridView1 可以顯示產品資料的記錄；最後再將「啟用分頁」核取方塊勾選，即可讓 GridView1 擁有分頁的功能。

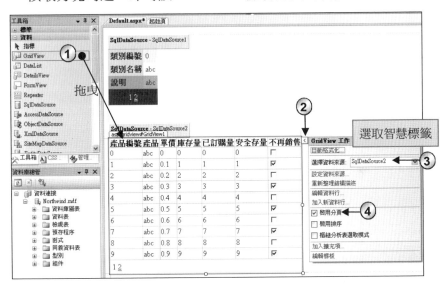

2. 為 GridView1 設定自動格式化功能，來美化 GridView1 控制項。

Step6 執行功能表的【偵錯(D)/開始偵錯(S)】測試程式的執行結果。

16.5 課後練習

1. 製作下圖網頁。若帳號輸入 "yahoo", 密碼輸入 "1234"，此時帳號密碼正確即連結到奇摩網站；若帳號密碼輸入錯誤，此時會顯示 "登入失敗" 訊息。

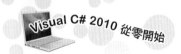

帳號：＿＿＿＿＿＿＿＿

密碼：＿＿＿＿＿＿＿＿

登入 清除

提示：ASP.NET 使用 Response.Redirect("網址"); 做連結。

2. 製作下圖的員工管理頁面，資料表有會員編號, 姓名, 信箱, 薪資, 是否已婚五個欄位；網頁的功能有新增、修改、刪除員工資料表的記錄，其中新增資料的是否結婚欄請使用選項鈕表示。

編號：＿＿＿＿＿＿
姓名：＿＿＿＿＿＿
信箱：＿＿＿＿＿＿
薪資：＿＿＿＿
結婚：
○ 已婚
◉ 未婚
新增 重填

新增是否結婚的選項鈕可以使用 RadioButton 和 RadioButtonList 控制項製作，上述兩者控制項的使用方式與 Windows Form 控制項使用方式類似

	會員編號	姓名	信箱	薪資	是否已婚
編輯 刪除	A001	銀河行	wltasi@yahoo.com.tw	50000	☑
編輯 刪除	A002	王小明	wi@pili.com.tw	40000	☐
編輯 刪除	A003	黃彼得	peter@pili.com.tw	30000	☐

有編輯和刪除的功能

3. 製作查詢訂貨資料的 ASP.NET 網頁。在網頁上顯示 Northwind.mdf 資料庫的「訂貨主檔」及「訂貨明細」資料表的所有記錄，並關聯兩個資料表「訂單號碼」欄位；當使用者切換訂貨主檔的分頁連結時，訂貨明細即顯示該訂貨主檔對應的所有記錄。

APPENDIX

C#常用類別方法

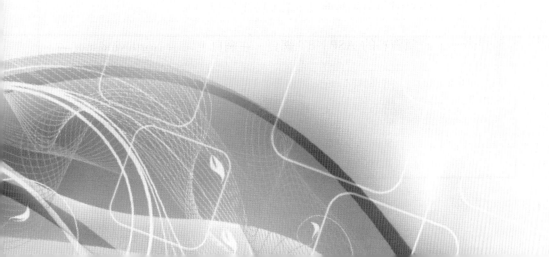

一. Math 數學類別

方法	說明
Math.Abs(num)	用來將 num 的絕對值傳回。 例：Math.Abs(-3.6) ⇨ 傳回 3.6
Math.Sqrt(num)	用來將 num 的平方根傳回。 例：Math.Sqrt(25) ⇨傳回 5
Math.Pow(a,b)	用來傳回 a^b 次方。 例：Math.Pow(2, 3) ⇨ 2^3 ⇨ 傳回 8
Math.Max(x, y)	傳回 x、y 兩數中的最大值。 例：Math.Max(9, -5) ⇨ 傳回 9
Math.Min(x, y)	傳回 x、y 兩數中的最小值。 例：MathMin(9, -5) ⇨ 傳回-5
Math.PI 屬性	取得圓周率 π 的值，即為 3.14159265358979。 例：30° = 30 * (Math.PI/180)
Math.E	取得自然對數 e 的值，為 2.718281828459。
Math.Sign(n)	用來判斷 n 是否大於、等於或小於零。若 ① 傳回值為 1，表示 n > 0 ② 傳回值為 0，表示 n = 0 ③ 傳回值為-1，表示 n < 0。 例：Math.Sign(-5) ⇨ 傳回-1 　　Math.Sign(5) ⇨ 傳回 1
Math.Floor(n)	用來傳回小於或等於 n 的最大整數。
Math.Ceiling(n)	用來傳回大於或等於 n 的最小整數。
Math.Round(n)	用來傳回 n 的整數部份，n 的小數部份四捨六入。
Math.Sin(angle) Math.Cos(angle) Math.Tan(angle)	用來傳回 angle 弳度量的正弦函式值。 用來傳回 angle 弳度量的餘弦函式值。 用來傳回 angle 弳度量的正切函式值。例： ① angle = 60 * (Math.PI/180) // 即 angle = 60° ② Math.Sin(angle) ⇨ 傳回 0.866025418354902

	③ Math.Cos(angle) ⇨ 傳回 0.499999974763217
	④ Math.Sin(45 * (Math.PI/180)) ⇨ 傳回 0.707106781186547
Math.Exp(x)	可傳回 e^x，e 是自然對數。
Math.Log(x)	可傳回 $\text{Log}_e x$ 的值。
Math.Log10(x)	可傳回 $\text{Log}_{10} x$ 的值。

二. string 字串類別

下面表格簡例使用 string str="Visual C# 2010"; 敘述宣告 str 字串變數。

屬性/方法	說明
Length 屬性	用來取得字串中有幾個字元。不論是英文字或中文字，一個字元的長度皆視為 1。 int n=str.Length; //n=14
ToUpper()方法	將字串中的英文字母轉成大寫英文字母。 string s=str.ToUpper(); //s="VISUAL C# 2010"
ToLower()方法	將字串中的英文字母轉成小寫英文字母。 string s=str.ToLower(); //s="visual c# 2010"
TrimStart()方法	將字串最左邊的空白刪除。
TrimEnd()方法	將字串最右邊的空白刪除。
Trim()方法	將字串左右兩邊的空白刪除。
Substring(a, n)方法	從字串中的第 a 個字元開始，往右取出 n 個字元。 string s=str.Substring(7,2); //s="C#"

Replace(舊字串, 新字串)方法	從字串中的舊字串改以新字串取代。
	string s=str.Replace("C#", "Basic");
	//s="Visual Basic 2010"

Remove(a, n)方法	從字串中的第 a 個字元開始，移除 n 個字元。 string s=str.Remove(1,6); //s="VC# 2010"

三. DateTime 日期時間類別

屬性	說明
Today	傳回目前系統的日期。 例：Console.WriteLine(DateTime.Today.ToString()); 　　//取得目前系統日期
Now	傳回目前系統的日期和時間。 例：Console.WriteLine(DateTime.Now.ToString()); 　　//取得目前系統日期和時間

Year
Month
Day
DayOfWeek
Hour
Minute
Second
	傳回西元年
	傳回月(1~12)
	傳回日
	傳回星期的英文字
	傳回時(0~23)
	傳回分(0~59)
	傳回秒(0~59)
	
	例：
	DateTime d = DateTime.Now;
	//若現在是 2011/7/30 下午 01:41:22, 星期六
	Console.WriteLine(d.Year);　　//印出年 2011
	Console.WriteLine(d.Month);　　//印月 7
	Console.WriteLine(d.Day);　　　//印出日 30
	Console.WriteLine(d.DayOfWeek);//印出 Saturday
	Console.WriteLine(d.Hour);　　//印出小時 13
	Console.WriteLine(d.Minute);　//印出分 41
	Console.WriteLine(d.Second);　//印出秒 22

四. Random 亂數類別

下面寫法是使用 Random 類別建立物件名稱為 rnd 的亂數物件。

Random rnd = new Random();

Random 類別常用的方法如下：

方法	說明

Next	可傳回亂數。
	例：
	rnd1.Next()　　　　// 可傳回非負數的亂數
	rnd1.Next(n)　　　 // 可傳回 0 到 n-1 的亂數
	rnd1.Next(n1, n2)　// 可傳回 n1 到 n2-1 的亂數

NextDouble	可傳回 0.0 和 1.0 之間的亂數。

五. 資料型別轉換方法

資料要進行運算時，運算子前後的資料型別要一致才不會發生不可預期的錯誤，在 C# 中可以透過下面的型別轉換方法，將要進行運算的字串資料轉換成合適的資料型別，常用轉換類別方法如下。下表語法中的 str 引數表示字串變數。

方法	說明
byte.parse(str)	將字串轉換成 byte 型別資料。
int.parse(str)	將字串轉換成整數(int)型別資料。
uint.parse(str)	將字串轉換成不帶正負號的整數(uint)型別資料。
long.parse(str)	將字串轉換成長整數(long)型別資料。
ulong.parse(str)	將字串轉換成不帶正負號的長整數(ulong)型別資料。
float.parse(str)	將字串轉換成單精確度(float)型別資料。

double.parse(str)	將字串轉換成倍精確度(double)型別資料。
Decimal.parse(str)	將字串轉換成 Decimal 型別資料。
bool.parse(str)	將字串轉換成布林(boolean)型別資料。
DateTime.parse(str)	將字串轉換成日期時間(DateTime)型別資料。
物件.ToString()	將變數、運算式或物件轉換成字串(string)型別資料。

六. 取得資料型別方法

　　若想知道某個變數或是運算式結果的資料型別，可以使用 GetType()方法，其語法如下：

方法	說明
變數.GetType()	傳回變數、物件或運算式結果的資料型別。例： ① string s="C#"; 　 Console.Write(s.GetType());　　　　//印出 System.String ② Console.Write((5 > 7).GetType()); //印出 System.Boolean